"工学结合　校企合作"课程改革教材
职业教育园林专业规划教材

园林苗圃育苗技术

主　编　任叔辉
副主编　傅雨露
参　编　曹　玲　张孟仁
　　　　司守霞　戴爱瑜
主　审　刘少华

机械工业出版社

本书是以园林植物种苗生产为主线，以项目教学为载体，强调实用技术的操作性和技能培养的灵活性，适当兼顾基本理论知识和新技术的应用，力求做到理论与实践一体化。本书的主要内容包括种苗生产的基本知识，园林苗圃的建立与经营，园林植物种实（子）采集与调制，种子品质检验、贮藏与运输，播种育苗、扦插育苗、嫁接育苗、压条育苗、分株育苗、容器育苗、组织培养育苗，造型苗木培育、苗木出圃与假植等项目教学内容以及园林植物的种质资源与良种繁育，园林植物引种、驯化，苗木移植和大苗培育，苗木整形修剪等扩展阅读材料。

本书是职业院校园林专业的主干课程教材，也可供相近专业和短期培训班选用，同时也可以作为园林职业从业人员的参考用书。

为方便教学，凡选用本书作为授课教材的老师均可登录 www.cmpedu.com 以教师身份注册下载电子课件。编辑热线：010－88379197。

图书在版编目(CIP)数据

园林苗圃育苗技术/任叔辉主编. —北京：机械工业出版社，2011.5（2018.7 重印）
"工学结合　校企合作"课程改革教材．职业教育园林专业规划教材
ISBN 978-7-111-34362-2

Ⅰ.①园…　Ⅱ.①任…　Ⅲ.①园林植物-育苗-高等职业教育-教材
Ⅳ.①S680.4

中国版本图书馆 CIP 数据核字(2011)第 077046 号

机械工业出版社(北京市百万庄大街 22 号　邮政编码 100037)
策划编辑：曹新宇　朱元刚　责任编辑：曹新宇
版式设计：霍永明　责任校对：佟瑞鑫
封面设计：马精明　责任印制：常天培
北京铭成印刷有限公司印刷
2018 年 7 月第 1 版第 3 次印刷
184mm×260mm · 14.75 印张 · 363 千字
标准书号：ISBN 978-7-111-34362-2
定价：35.00 元

凡购本书，如有缺页、倒页、脱页，由本社发行部调换
电话服务
社服务中心：(010) 88361066
销售一部：(010) 68326294
销售二部：(010) 88379649
读者购书热线：(010) 88379203

网络服务
门户网：http://www.cmpbook.com
教材网：http://www.cmpedu.com
封面无防伪标均为盗版

前 言

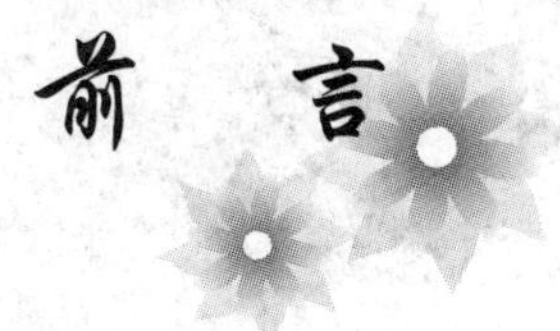

园林苗圃育苗技术是职业院校园林相关专业的主干课程，本书的编写是依据“以能力为本位、以职业实践为主线、以项目式教学为主体的专业课程体系”的总体思想，结合生产和教学实践，对教材的编写体例、内容安排、课程教学方式、教学组织形式、教学方法等方面进行了有益的探索。尝试以园林植物种苗生产为主线，以完成苗圃生产中的某一生产任务为教学载体，坚持“做中学、学中做”，突出职业教育特色，力求做到理论与实践一体化，强化学生的实践能力和职业技能培养，提高学生的实际动手能力，更好地服务于培养从事园林生产一线工作的高素质劳动者和技能型人才。本书吸取了近年种苗生产的最新实用技术和科学研究成果，还结合了我国人力资源和社会保障部园林职业技能鉴定标准和园林职业技能鉴定规范。本书是职业院校园林专业的主干课程教材之一，也可供相近专业和短期培训班选用，同时也是有关部门专业技术人员的参考用书。

本书的主要内容包括种苗生产的基本知识，园林苗圃的建立与经营，园林植物种实（子）采集与调制，种子品质检验、贮藏与运输，播种育苗、扦插育苗、嫁接育苗、压条育苗、分株育苗、容器育苗、组织培养育苗，造型苗木培育、苗木出圃与假植等项目教学内容以及园林植物的种质资源与良种繁育，园林植物引种、驯化，苗木移植和大苗培育，苗木整形修剪等扩展阅读材料。

本书由任叔辉任主编，傅雨露任副主编。编写分工是：任叔辉（绪论、单元3、单元4），傅雨露、司守霞（单元8、单元9），张孟仁（单元1），曹玲（单元2、单元5、单元6、单元10）、戴爱瑜（单元7、扩展阅读材料）。刘少华对全书进行审定并为教材编写提供了许多宝贵素材。

由于编者水平有限，书中疏漏和错误之处在所难免，敬请读者批评指正。

编 者

目　录

绪　论

城市园林绿化是城市公用事业、环境建设和国土绿化事业的重要组成部分。一个天蓝、水清、草绿、气爽、清新优美、健康舒适、文明和谐的现代化城市，离不开绿化。运用城市绿化手段，借助绿色植物向城市输入自然因素，净化空气、涵养水源、防治污染，调节城市小气候，对于改善城市生态面貌，美化生活环境，增进居民身心健康，促进城市物质文明和精神文明建设，具有十分重要的意义。城市绿化的水平和质量，已成为评价城市的环境质量、风貌特点、发达程度和文明水平的重要标志。园林苗圃作为园林绿化苗木的生产基地和城市园林绿地系统的一部分，承担着园林绿化苗木的繁殖和培育，源源不断地为城市园林绿化提供绿化用苗，是城市园林绿化建设事业可持续发展的重要保障。

一、园林种苗生产在园林绿化、美化和环境保护中的地位和作用

1. 园林种苗生产是城市园林绿化建设的物质基础

一个环境优美、特色鲜明、功能完善的生态园林城市，不仅要配置大量乔木、灌木、藤本以及草本植物等园林植物素材，而且要选择多种多样的苗木类型和苗木造型，才能充分发挥园林植物本身的形体、线条、色彩等自然美，创造出与周围环境相适宜、相协调的环境空间，使城市装扮得更加美丽。这些都需要有专门的园林苗圃培育和提供丰富多样的园林绿化种苗。园林种苗生产是城市园林发展的基础性、战略性资源和重要的物质基础，是生态园林建设的源头。离开了这个源头，城市生态园林建设和国土绿化将成为无源之水、无木之木。园林种苗是园林植物优良遗传基因的载体，是决定园林植物生长快慢和品质优劣的内在因素的集成。如果说农业种子的优劣决定一年的收成，那园林植物种苗的优劣对园林生态建设和城市园林景观的影响则是几年、十几年甚至几十年。园林植物种苗质量不仅关系到当前的园林绿化成效，更影响到长远的园林生态、经济、社会等综合效益的发挥。

2. 园林种苗生产对于城市绿化具有导向作用

城市园林绿化不但要尽可能地配置各种植物，而且要选择多种多样的苗木类型和苗木造型，把城市装扮得更加美丽，创造更加宜人的生存环境，既带有地域特征，又具有很强的艺术性。由于不同地域的气候相差悬殊，适生植物种类存在很大差别，城市园林绿化的骨干树种和基调树种多是城市所在地的特色树种，以尊重自然、彰显城市绿化的地方特色。城市园林绿化中也可以适当引进外来植物，与当地植物进行科学、艺术的配置，构建以人为本、环境优先的生态园林城市。园林苗圃可以通过苗木的引种、驯化、培育、推广和应用，在一定程度上左右着城市园林绿化的发展方向，这就要求种苗生产跟上生态建设发展的节奏，生产观赏价值高、品质优良、适应性强、抗性强的优质苗木，源源不断地提供满足城市园林绿化需求的园林绿化苗木。

3. 园林苗圃是城市绿地系统的一部分

城市绿地系统是由不同类型、性质和规模的各种绿地共同构成的一个稳定而持久的城市绿色环境体系，包括城市中所有园林植物种植地块，具有生态、社会、经济、游憩、观赏等

综合效益，扩大和完善城市绿化系统可有效地将绿地和自然融入城市。《中华人民共和国城市绿化条例》将城市绿地大致分为公共绿地、居住区绿地、单位附属绿地、防护绿地、风景林地、生产绿地等。

园林苗圃作为生产绿地，属于城市绿地系统的有机组成部分，它既是苗木生产基地，也是城市绿地系统的后花园，具有公园的功能。人们可以通过观赏得到美的享受，从而极大丰富城市园林绿化内容，提高绿化整体水平。

由上可见，为了美化城市面貌，不断调节和改善城市生态环境，城市园林绿化中不仅需要数量足够的园林苗木供应，而且需要丰富多样的苗木种类。园林苗圃是专门为城市园林绿化定向繁殖和培育各种各样的优质绿化材料的基地，在城市园林绿化、美化和环境保护中具有非常突出的地位和作用。

二、我国种苗生产现状和发展趋势

1. 园林种苗生产快速发展，生产经营主体多元化

城市园林绿化建设的快速发展，带动了市场对绿化苗木的需求，种苗价格看好，苗木生产、经营者收益增高，调动了人们从事苗木生产的积极性。苗木业在我国已成为具有巨大潜力的朝阳产业，国内不少大型企业也开始投资“绿色银行”的苗圃生产，许多地区把苗木作为产业化调整的主要方向。许多园林苗圃和科研单位充分发挥种苗生产导向性和前瞻性优势，苗木新品种培育层出不穷，优良品种推广日趋加快，栽培管理技术不断提高，促进了苗木产量的提升、生产效率的提高，也刺激、拉动了园林苗圃产业的快速发展。据统计，近几年来我国苗木生产总面积翻了一番还多，产量增加了近2/3。

随着国家对生态环境建设重视程度的提高和农业产业结构调整力度的加大，苗木生产格局发生了根本性的转变。苗木生产的经营主体由过去的以国有苗圃为主，转向国有、集体、个体共同参与，而且社会参与苗木生产的比重不断提高。大量民间资本的投入成为苗木品种更新、生产技术革新的巨大动力。

2. 园林苗圃培育的树种、品种越来越多

近年来，园林植物良种繁育和推广健康发展，一方面是重视国外优良种质资源的引进，另一方面是科研、生产部门加强常规育种和现代生物技术的结合，植物品种选育水平不断提高，还有乡土、珍稀树种的广泛应用，使种苗生产者经营的树种、品种越来越多。如素有“中国花木第一县”之称的河南省鄢陵县，地处亚热带和北温带过渡区，阳光充足、泉甘土肥，是“南树北移、北树南迁”的天然驯化基地。2010年数据显示，该县苗木种植面积已达到3.87万hm^2，有绿化苗木、盆景盆花、鲜花切花、草皮草毯四大系列2400多个品种，年产值达30亿元。

目前国内种苗生产发展趋势表现为：①重视大规格苗木培育。大规格苗木作为园林绿化的骨架树种，在园林城市绿化中需求增大，胸径15cm以上的白皮松、云杉、油松、华山松、白蜡、千头椿、银杏、国槐、栾树、法桐、元宝枫、香樟、桂花、广玉兰、雪松、合欢、榉树、女贞等备受市场青睐。②园林主管部门为增强城市季相变化，丰富绿化色彩效果，在绿化工程中增加大量的色叶树种，带动彩叶树种快速发展。③随着绿化工程对苗木要求标准的提升，对苗木的整体性、存活率要求越来越高。容器苗具有栽植不受季节限制、整体性好、成活率高等特点，国内大规格的容器苗经过多年尝试，应用日趋广泛。④随着绿化

向美化的延伸，花灌木需求量增大，并且呈现多品种需求态势，如木本绣球、猬实、荚蒾、溲疏、锦带、海棠、丁香、花石榴、木槿、紫薇、夹竹桃、木芙蓉、醉鱼木、海州常山等花色艳、花期长、花型特异的种类，和具有较强色彩效果和较好适应性的灌木种类，如红叶石楠、金叶女贞、大花六道木、地中海荚蒾、火棘、亮绿忍冬、金焰绣线菊、金叶龟甲冬青等，需求呈增长趋势。⑤具有较强的抗逆性以及美丽叶色、花、果的多年生草本、宿根花卉、球根花卉等地被植物发展势头强劲。

3. 区域化生产、集约化经营，呈现良好的发展态势

我国的园林苗木生产逐步趋向于规划布局科学化、合理化，经营管理集约化、规范化，苗木生产区域特征明显，产品结构多样且具有明显的地区特色。目前我国绿化苗木生产面积较大的省份有浙江、江苏、山东、河南、河北、广东、湖南、湖北、辽宁、四川等。我国的苗木市场可分为三个大的产销中心：一是以长江三角洲地区为主要市场的江浙地区；二是以京津为主要市场的豫冀鲁三省；三是以珠江三角洲为主要市场的两广地区。

因各地气候、资源和区位市场条件的差异，各地品种结构存在很大的区别。河北、山东和河南等长江以北省份的育苗面积中，造林苗木的比例要占大多数。南方省份树木品种相对丰富，城市绿化和四旁植树等园林绿化苗木比例较高。总体上讲，北方多数省份以杨柳槐为主，南方诸省各有特色，如江苏以雪松、广玉兰、龙柏、小檗等为主，浙江以黄杨、桂花、杜鹃、红枫、金叶女贞和木兰科树种等为主，各地都根据自身优势发展绿化苗木产业。

4. 种苗信息传播加快，苗圃设计、育苗技术不断创新

近年来，国家有关部门举办的种苗交易、信息博览会逐年增多，大大促进了种苗生产、经营者的信息交流和技术合作。网络、报刊、电视、广播等多种媒体的宣传、报道，使人们获得的信息量增多，在新品种的引进、种苗购置、苗木交易等方面都逐渐理智、成熟。

在许多城市周边地区，一些苗圃发挥苗圃兼有苗木种植和观光的双重功效，利用苗圃地本身拥有的乔木、灌木、草本花卉等形成的良好生态景观，把苗圃的设计和开放式的公园结合起来，辅之以园路、园艺小品等，创造出理想的休憩环境，满足人们观赏、休闲娱乐等多方面需要，使之成为城市居民节假日生态旅游的理想场所，获得了很好的生态效益、经济效益和社会效益。

园林苗圃的快速发展，有力带动了园林苗木繁殖和培育技术创新与推广。常规育种和现代生物技术相结合进行良种繁育及其配套栽培技术的推广，组培苗工厂化生产基地的建设和组培繁育技术及先进的生物技术在苗木快速繁育中的应用，以及人工种子和种子大粒化技术、保护地育苗技术、温室全自控的育苗技术、容器育苗技术、无土育苗技术、新型轻质基质育苗技术、全自动装播扦插生产技术等现代育苗技术的应用，大大提高了园林苗木培育水平，提高了种苗产量和质量，降低了生产成本，增强了市场竞争力。

三、《园林苗圃育苗技术》的内容、任务及学习方法

园林苗圃育苗技术的主要内容包括种苗生产的基本知识，园林苗圃的建立与经营、园林植物种实（子）采集与调制、品质检验、贮藏与运输，播种育苗、扦插育苗、嫁接育苗、压条育苗、分株育苗、容器育苗、组织培养育苗，造型苗木培育、苗木出圃等项目教学内容以及园林植物的种质资源与良种繁育，园林植物引种、驯化，苗木移植和大苗培育，苗木整形修剪等扩展阅读材料。

园林苗圃育苗技术的主要任务是通过学习，掌握苗圃育苗的基本知识、基本理论和实践技能，具备从事种苗生产与经营的基本技能，能在园林苗圃生产一线，熟练开展园林植物种实（子）采集、调制、品质检验、贮藏与调运等生产经营活动，能根据生产需要和苗圃实际情况培育播种苗、扦插苗、嫁接苗、压条苗、分株苗、容器苗、组织培养苗等不同种类和不同规格的苗木，为城市园林绿化提供品种丰富、品质优良的绿化苗木。

园林苗圃育苗技术是一门专业性、实践性很强的专业课程，在项目式教学过程中，可结合当地生产实际和教学计划安排，以实用、够用为主，因地制宜采用产教结合、行为导向教学、现场教学、模拟教学等多种教学模式，通过理论学习掌握种苗培育的基本知识和技能，通过项目实训提高在真实生产环境中动手操作能力，灵活掌握苗木生产工作中所应具备的基本操作技术和实践技能。注意培养学生的创新精神、综合实践能力和解决问题的能力，从而提高教学质量和教学效率。

种苗生产周期较长，季节性强，不同植物的种子生产和不同类型的苗木培育技术差异很大，因此，在学习过程中要尽量联系园林植物、植物生态等有关课程的相关知识，结合实习实训和生产实践，多观察、对比、记录、分析，反复操作，才能熟练准确地掌握生产第一线的应用技术。做到在“做中学”、“学中做”，提高在实际工作中运用所学的知识分析问题和解决问题的能力。

单元1 园林苗圃的建立与经营

苗圃是苗木生产的基地，是城市绿化建设中植物材料的主要来源地，也是城市绿地系统的重要组成部分。城市园林苗圃的布局与规划，应根据城市绿化建设的规模和发展目标而定。各城市要搞好园林建设工作必须对所要建立的园林苗圃数量、用地面积和位置作一定的规划，使其均匀分布在城市近郊、交通方便的地方，便于分别供应附近地区所需要的苗木，以达到就地育苗，就地供应，减少苗木的长途运输，降低生产成本，提高成活率的效果。

园林苗圃根据经营的苗木规格可以分为大苗苗圃、小苗苗圃；根据培育的植物性质可以分为花卉苗圃（花圃）、木本植物苗圃和草坪地被苗圃等；根据面积大小一般分为大、中、小型苗圃，大型苗圃面积在20hm^2（200000m^2）以上，中型苗圃面积在3～20hm^2，小型苗圃面积在3hm^{2}以下。

园林苗圃的总面积要依城市的大小和用苗量的多少来合理安排。国家《城市园林苗圃育苗技术规程》规定："一个城市的园林苗圃面积应占建成区面积的2%～3%"。根据这个标准可以计算出一个城市的园林苗圃面积的总数。各城市设置园林苗圃时，要根据城市规模大小和城市用苗量大小，适当考虑布局。做到不同性质、不同规格的苗木生产结构合理，大、中、小型苗圃相结合，并考虑园林苗圃的规模化效益，为城市园林绿化提供规格多样、品种丰富、质量优良的苗木。

项目1 园林苗圃的建立

学习目标

1. 掌握分析苗圃地选择的基本条件。
2. 掌握苗圃生产区和辅助区区划的要求。
3. 掌握苗圃技术档案的管理要求。

【学习任务】

1. 任务描述

根据所参观的苗圃，分析苗圃地选择的条件，通过苗圃调查绘制苗圃区划图，根据苗圃技术档案分析苗圃生产经营情况。

2. 任务流程图

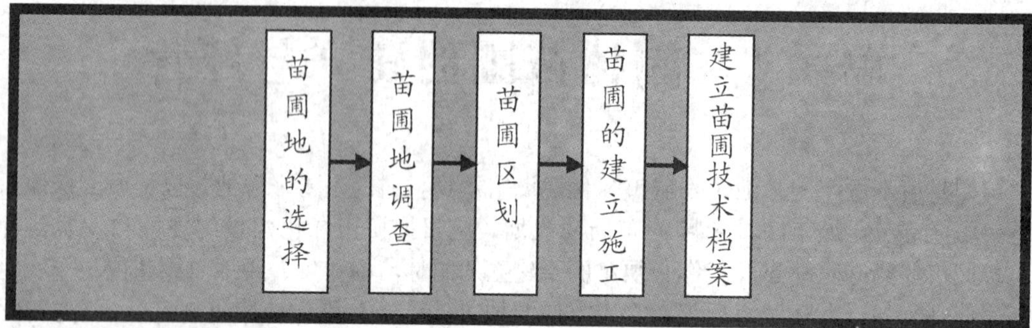

【环境设备】

材料：实习苗圃的介绍材料。

用具：罗盘仪、皮尺、测绳、测杆、直尺、量角器、计算器等。

【学习过程】

一、苗圃地的选择

选择苗圃地时，应对苗圃地的各种条件进行深入细致的调查，经全面的分析研究后加以确定。这对使用年限较长，经营面积较大，投资和设备较多的苗圃尤为重要，必须认真而慎重地考虑选择条件较好的苗圃地。

1. 苗圃地的位置及经营条件

（1）交通条件　苗圃应设在交通方便的地方，以便于育苗所需要的物资材料和苗木的运输。要特别注意道路上有无妨碍大苗运输的空中障碍和低矮涵洞等类似问题。

（2）人力条件　苗圃需要劳动力较多，尤其是育苗繁忙季节需要大量临时工。因此，苗圃应设在靠近居民点的地方，以保证有充足的劳动力来源，同时便于解决电力、畜力和住房等问题。

（3）周边环境　尽量远离污染源，防止污染对苗木生长产生不良影响。

2. 自然条件

（1）地形地势　固定苗圃应设在地势平坦、自然坡度在3°以下、排水良好的地方。坡度太大容易引起水土流失，也不利于灌溉和机械作业。

山地、丘陵地区，因条件所限，苗圃应尽量设在山脚下的缓坡地，坡度在5°以下。如坡度较大，则应修筑带状水平梯田。苗圃忌设在易积水的低洼地、风害严重的风口、光照很弱的山谷等地段。在坡地上选择苗圃地时，宜选东南坡。东南坡向光照条件好，昼夜温差小，土壤湿度也较大。

（2）土壤　土壤供给苗木生长所需的水、肥、气、热，因此，土壤的质地、肥力、酸碱度等各种因素对苗木生长都有重要的影响。建立苗圃，对土壤的选择十分重要。

土壤的结构和质地，对土壤中的水、肥、气、热状况影响很大。通常团粒结构的土壤通气性和透水性良好，且温热条件适中，有利于土壤微生物的活动和有机质的分解，土壤肥力较高，土壤地表径流少，灌溉时渗水均匀，有利于种子发芽出土和幼苗的根系发育，也便于

土壤耕作、松土除草和起苗作业。沙土营养贫瘠，表面温度高，肥力低，保水能力差，不利于苗木生长。重黏土结构紧密，透水性和通气性不良，干旱时地表易板结或龟裂，积水后地表泥泞，排水不良，不利于幼苗出土和苗木生长。含盐分过多的重盐碱土，对苗木易产生毒害作用，影响苗木生长，甚至造成苗木死亡。实践证明，苗圃地宜选择较肥沃的沙质壤土、轻壤土和壤土，土层厚度在50cm以上。沙质土、重黏土和盐碱土均不宜作苗圃地。

土壤酸碱度对苗木生长影响很大，不同植物适应土壤酸碱度的能力也不同。一些阔叶树以中性或微碱性土壤为宜，如丁香、月季等适宜pH值为7～8的碱性土壤；一些阔叶树和多数针叶树适宜在中性或微酸性土壤上生长，如杜鹃、茶花、栀子花都要求pH值为5～6的酸性土壤。

土壤过酸或过碱都不利于苗木生长，因为土壤过酸（pH值≤4.5）时，土壤中植物生长所需的氮、磷、钾等营养元素的有效性下降，铁、镁离子等溶解度过于增加，危害苗木生长的铝离子活性增强，这些都不利于苗木生长。土壤碱性过大（pH值≥8）时，磷、铁、铜、锰、锌、硼等元素的有效性显著降低，苗圃地病虫害增多，苗木发病率增高。过高的碱性和酸性都会抑制土壤中有益微生物的活动，从而影响氮、磷、钾和其他元素的转化和供应。

（3）水源　苗圃对水分供应条件要求很高，必须有良好的供水条件。水质要求为淡水，含盐量一般不超过0.1%，最高不超过0.15%，水源无污染或污染较轻。最好在靠近河流、湖泊、池塘和水库的地方建立苗圃，便于引水灌溉。如果没有上述水源条件，就应该考虑打井灌溉。

地下水位过高，土壤的通透性差，根系生长不良，地上部分易发生徒长现象，秋季苗木木质化不充分易受冻害。当土壤蒸发量大于降水量时会将土壤中盐分带至地面，造成土壤盐渍化，在多雨时又易造成涝灾。地下水位过低，土壤易于干旱，必须增加灌溉次数及灌水量，提高了育苗成本。最合适的地下水位一般情况下为沙土1～1.5m、沙壤土2.5m左右、黏性土壤4m左右。

（4）病虫害　在选择苗圃时，应进行土壤病虫害的调查，尤其应查清蛴螬、蝼蛄、地老虎、蟋蟀等主要地下害虫的危害程度和立枯病、根腐病等病菌的感染程度。病虫危害严重的土地不宜作苗圃地，或者采取有效的消毒措施后再作苗圃地。

二、苗圃地调查

圃地地点确定后，在进行区划之前，应先对苗圃用地进行踏查，并收集各种资料，使区划有的放矢。

1. 踏勘

由设计人员会同施工和经营人员到已确定的圃地范围内进行实地踏勘和调查访问工作，大致了解圃地的历史、现状、地势、土壤、植被、水源、交通、病虫害以及周围的环境，提出改造各项条件的初步意见。

2. 测绘平面图

平面图是进行苗圃规划设计的依据。比例尺要求为1/500～1/2000，等高距为20～50cm。对设计直接有关的山、河、湖、井、道路、房屋、坟墓等地形及地物应尽量绘入。

3. 土壤调查

根据圃地的自然地形、地势及指示植物的分布，选定典型地点挖土壤剖面，观察和记载土层厚度、土壤质地、土壤结构、土壤酸碱度（pH 值）、地下水位等，必要时可分层采样进行分析。通过调查，弄清圃地土壤的种类、分布、肥力状况和土壤改良的途径，并在地形图上绘出土壤分布图，以便合理使用土地。

4. 病虫害调查

主要调查圃地内地下害虫及周围植物病虫害的种类及感染程度。

5. 气象资料的收集

向当地的气象部门收集有关的气象资料，如平均温度、极端温度、无霜期、冻土层厚度、降水量及季节分布等。此外，还应向当地群众了解圃地的特殊小气候情况。

三、苗圃区划

为了合理使用土地，保证育苗计划的完成，对苗圃的用地面积必须进行正确的计算，以便于土地征用、苗圃区划和苗圃施工等具体工作的顺利进行。苗圃区划应充分考虑以下因素，即按照机械化作业的特点和要求，合理安排生产区，如果现在还不具备机械化作业的条件，也应为今后的发展留下余地；合理地配置排灌系统，使之遍布整个生产区，同时应考虑与道路系统相协调；各类苗木的生长特点必须与苗圃地的土壤水分条件相吻合。苗圃区划时，苗圃的用地包括生产用地和辅助用地两部分。

1. 生产用地的区划

生产用地即直接用来生产苗木的地块，一般可设置播种区、营养繁殖区、移植区、大苗区、母树区、引种驯化区等各作业区。

（1）播种区　是培育播种苗的生产区。幼苗对不良环境的抵抗力弱，要求精细管理，播种区应选择在地势较平坦、背风向阳、灌溉方便、土质疏松、土层深厚肥沃，靠近管理区的地段。

（2）营养繁殖区　是培育扦插苗、压条苗、分株苗和嫁接苗的生产区，与播种区要求基本相同，应设在土层深厚、土质疏松、湿润、灌溉方便的地方，但不如播种区要求严格。嫁接苗区主要是培育砧木苗的播种区，要求土质良好，便于接后覆土，地下害虫要少，以免危害砧木苗而造成嫁接失败。扦插苗区应着重考虑灌溉和遮阳条件。压条、分株育苗法育苗量较小，可利用零星地块育苗。具体应考虑树种的习性来安排，如杨、柳类的营养繁殖区，可适当选用较低洼的地方；珍贵或成活困难的苗木应靠近管理区，并且要便于设置温床、荫棚等特殊设备。

（3）移植区　是培育各种移植苗的生产区，通过播种、营养繁殖和设施育苗培育出来的小苗，需经过移植培育成根系发达、规格较大的苗木。移植区内的苗木依规格要求和生长速度的不同，往往每隔 2~3 年还要再移几次，逐渐扩大株行距，增加营养面积，所以移植区占地面积较大。一般可设在土壤条件中等、地块大而整齐的地方。松柏类等常绿树应设在比较高燥且土壤深厚的地方，以便于带土球出圃。

（4）大苗区　是培育经过整形修剪的大规格苗木的作业区。在大苗区培育的苗木出圃前通常不再进行移植，培育年限较长。大苗区的特点是培育的苗木规格高，根系发达，苗木栽植株行距大，占地面积多。大苗区对土壤要求不严，为了出圃时运输方便，最好能设在靠

近苗圃的主要干道或苗圃的外围。

(5) 母树区 有些苗圃为了获得优良的种子、插条、接穗等繁殖材料，常设立采种、采条的母树区。母树区占地面积小，可选择土壤深厚、肥沃及地下水位较低的零散地块。有些树种可结合防护林带和沟边、渠旁、路边进行栽植。大规模生产提供优良无性繁殖材料的采穗圃，需专门安排成片的地块。

(6) 引种驯化区 用于优良树种和新品种的引种、试验和推广。一般单独设立试验区或引种区。

(7) 设施育苗区 是利用温室、荫棚、自动喷灌设施进行育苗的生产区。设施育苗区应设在管理区附近，要求用水、用电方便。

此外，有的综合性苗圃还可设立标本区、果苗区、花卉区等。

2. 辅助用地的区划

苗圃的辅助用地（非生产用地）主要包括道路系统、排灌系统、防护林带、管理区的房屋场地等，这些用地是为辅助苗木生产所占用的土地，要求既要能满足生产的需要，又要设计合理，减少用地面积。

(1) 道路系统的设置 苗圃中的道路是连接各种作业区与各类育苗设施的动脉。一般设有一级道路、二级道路、三级道路和环行路。

1）一级道路。是苗圃的主干道，多以管理区为中心，连接管理区和苗圃出入口，位于苗圃中轴线上。一般设置一条或相互垂直的两条主干道，路面宽一般为6～8m，标高高于作业区20cm。

2）二级道路。通常与主干道相垂直，与各作业区相连接。路面宽一般为4m，标高高于作业区20cm。

3）三级道路。是工作人员进入作业区的作业路，与二级路连接，路面宽一般为2m。

4）环行路。又称环行道。在大型苗圃中，为了车辆、机具等机械回转方便，可依需要在苗圃设置环行路，路面宽一般为4～6m。

在设计苗圃道路时，要在保证管理和运输方便的前提下尽量节省用地。中小型苗圃可不设二级道路，但一级道路不可过窄。一般苗圃中道路的占地面积，不应超过苗圃总面积的7%～10%。

(2) 灌溉系统的设置 苗圃必须有完善的灌溉系统，以保证苗木对水分的需要。灌溉系统包括水源、提水设备和引水设施三部分。

1）水源。主要有地面水和地下水两类。地面水指河流、湖泊、池塘、水库等，以无污染又能自流灌溉的最为理想。不能自流灌溉的用抽水设备引水灌溉。一般地面水温度较高，与作业区土温相近，水质较好，且含有一定养分，有利于苗木生长。

地下水指泉水、井水等。地下水的水温较低，宜设蓄水池以提高水温，然后用于灌溉。水井应设在地势高的地方，以便自流灌溉。水井设置要均匀分布，以缩短引水和送水的距离。

2）提水设备。现在多使用抽水机（水泵），可依苗圃的需要，选用不同规格的抽水机。

3）引水设施。有地面渠道引水和管道引水两种。

① 渠道引水：修筑渠道是沿用已久的引水方式。土筑明渠修筑简便，投资少，但其流速较慢，蒸发量、渗透量较大，占地多，须注意经常维修。为了提高流速，减少渗漏，现在

多加以改进，在水渠的沟底及两侧铺上水泥或做成水泥槽。

引水渠道一般分为三级。一级渠道（主渠）是永久性大渠道，从水源直接把水引出，一般主渠宽1.5~2.5m。二级渠道（支渠）通常也为永久性的，把水由主渠引向各作业区，一般支渠宽1~1.5m。三级渠道（毛渠）是临时性的小水渠，一般宽度为1m左右。主渠和支渠是用来引水和送水的，水槽底应高出地面，毛渠则直接向圃地灌溉，其水槽底应平于地面或略低于地面，以免把泥沙冲入苗床，埋没苗木。

各级渠道的设置常与各级道路相配合，渠道的方向与作业区方向一致，各级渠道常成垂直，支渠与主渠垂直、毛渠与支渠垂直，同时毛渠应与苗木的种植行垂直，以便灌溉。

② 管道引水：主管和支管均埋入地下，其深度以不影响机械化耕作为度，开关设在地表，使用方便。

喷灌和滴灌均是使用管道进行灌溉的方法。喷灌是近二十多年来发展较快的一种灌溉方法，利用机械把水喷射到空中形成细小雾状，进行灌溉。滴灌是使水通过细小的滴头将水滴逐渐地施于地面，渗入土壤中的灌溉技术。这两种方法一般可省水20%~40%，基本上不产生深层渗漏和地表径流，少占耕地，减少土壤板结，增加空气湿度，有利于苗木的生长和增产。但喷灌、滴灌投资均较大，喷灌效果常常受风的影响，应加注意。管道灌溉近年来国内外均发展较快，是今后园林苗圃灌溉的发展趋势。

（3）排水系统的设置　排水系统对地势低、地下水位高及降水量多而集中的地区极为重要。排水系统由大小不同的排水沟组成，排水沟分明沟和暗沟两种，目前采用明沟较多。排水沟的宽度、深度和设置，应根据苗圃的地形、土质、雨量、出水口的位置等因素确定，应以保证雨后能很快排除积水而又少占土地为原则。大排水沟宽1m以上，深0.5~1m，设在圃地最低处，直接通入河、湖或市区排水系统。中排水沟通常设在路旁，与大排水沟和小排水沟相通。作业区内小排水沟宽0.3~1m，与小区步道相通。在地形、坡向一致时，排水沟和灌溉渠往往各居道路一侧，形成沟、路、渠并列，这是比较合理的设置，既利于排灌，又区划整齐。排水沟与路、渠相交处应设涵洞或桥梁。排水系统占地一般为苗圃总面积的1%~5%。

（4）防护林带的设置　为了避免苗木遭受风沙危害，应设置防护林带，以降低风速，减少地面蒸发和苗木蒸腾，创造适宜的小气候条件和生态环境。防护林带的设置规格，依苗圃的大小和风害程度而异。一般小型苗圃与主风方向垂直设一条林带；中型苗圃在四周设置林带；大型苗圃除在周围设置环圃林带外，还应在圃内结合道路等设置与主风方向垂直的辅助林带。如有偏角，不应超过30°。一般防护林防护范围是树高的15~17倍。

林带的结构以乔、灌木混交半透风式林带为宜，既可减低风速又不因过分紧密而形成回流。林带宽度和密度依苗圃面积、气候条件、土壤和树种特性而定，一般主林带宽8~10m，株距1.0~1.5m，行距1.5~2.0m；辅助林带多为1~4行乔木，宽2~4m即可。

（5）苗圃管理区的设置　该区包括房屋建筑和圃内场院等部分。前者主要指办公室、宿舍、食堂、仓库、种子贮藏室、工具房、车棚等。后者包括劳动集散地、运动场以及晒场、肥场等。苗圃管理区应设在交通方便，地势高燥，接近水源、电源的地方或不适宜育苗的地方。中小型苗圃的建筑一般设在苗圃出入口的地方，大型苗圃的建筑最好设在苗圃中央，以便于苗圃经营管理。积肥场等应放在较隐蔽和便于运输的地方。

管理区占地一般为苗圃总面积的1%~2%。

3. 绘制苗圃设计图

（1）绘制设计图前的准备　在绘制设计图前首先要明确苗圃的具体位置、圃界、面积、育苗任务、苗木供应范围；了解育苗的种类、培育的数量和出圃的规格；确定苗圃的生产和灌溉方式，苗圃建筑和设备等设施，以及苗圃工作人员的编制等。同时应有建圃任务书，各种有关的图面材料，如地形图、平面图、土壤图、植被图等，搜集有关的自然条件、经营条件以及气象资料和其他有关资料等。

（2）苗圃设计图的绘制　在各有关资料搜集完整的基础上，通过对具体条件的全面综合分析，确定苗圃的区划设计方案。以测绘的平面图为底图，先在地形图上绘出主要道路、渠、沟、林带、建筑、场院等位置，再根据生产区区划的情况绘出各作业区的位置，即得到苗圃设计草图。多方征求意见，进行修改，最后确定正式设计方案，绘制正式的设计图。

正式设计图应依地形图的比例尺，将道路、沟渠、林带、作业区、建筑区、育苗区等按比例绘制，排灌方向要用箭头表示。在图纸上应列有图例、比例尺、方向标等。各区应加以编号，以便说明各育苗区的位置。

四、苗圃的建立施工

苗圃施工的主要项目是各类建筑和道路、沟渠的修建，水、电、通信的引入，防护林带的种植和土地平整等。房屋的建设宜在其他各项之前进行。

1. 房屋建设

苗圃建设初期，可以搭建临时用房，以满足苗圃建设前期的调查、规划、道路修建等基本工作的需要。逐步建设长期用房，如办公楼、水源站点和温室等。

2. 圃路的施工

施工前先在设计图上选择两个明显的地物或两个已知点，定出主干道的实际位置，再以主干道的中心线为基线，进行圃路系统的定点放线工作，然后进行修建。圃路的种类很多，有土路、石子路、柏油路、水泥路等。大型苗圃中的高级主路可请建筑部门或道路修建单位负责建造，一般在苗圃施工的道路主要为土路。施工时由路两侧取土填于路中，夯实，两侧取土处应修成整齐的灌溉水渠或排水沟。

3. 灌溉渠道的修筑

灌溉系统中的提水设施，即泵房的建造和水泵的安装工作，应在引水灌渠修筑前请有关单位建造。一、二级渠道需用水准仪精确测定，打桩标明，再按设计要求修筑。在渗水力强的沙质土地区，水渠的底部和两侧要求用黏土或三合土加固。埋设管道应按设计的坡度、方向和深度的要求埋设。

4. 排水沟的挖掘

一般先挖掘向外排水的总排水沟，排水沟与道路的边沟相结合，在修路时挖掘修建。小区的小排水沟可结合整地进行挖掘，亦可用略低于地面的步道来代替。为防止边坡下塌，堵塞排水沟，可在排水沟挖好后，种植一些簸箕柳、紫穗槐、柽柳等护坡树种保护边坡。

5. 防护林的营建

一般在路、沟、渠施工后立即进行营建防护林，以保证开圃后尽早起到防风作用，最好使用大苗栽植。栽植的株距、行距按设计规定进行，成“品”字形交错栽植，栽后要注意及时灌水，加强养护管理工作以保证林木成活。

6. 土地平整

坡度不大的作业区可在路、沟、渠修成后结合整地进行平整，或待建圃后结合苗木耕作和苗木出圃等时节，逐年进行平整，这样可节省建圃时的施工投资，而且使原有土壤表层不被破坏，有利于苗木生长。坡度过大时必须修梯田，这是山地苗圃的主要工作项目，应提早进行施工。总坡度不太大，但局部不平者，宜挖高填低，深坑填平后，应灌水使土壤落实后再进行平整。

五、建立苗圃技术档案

1. 建立苗圃技术档案的要求

为了不断总结育苗经验，促进苗圃经营管理水平的提高，要充分发挥苗圃技术档案的作用。建立苗圃技术档案必须做到以下几点：

1）要认真落实，长期坚持，不能间断，以保持技术档案的连续性、完整性。

2）设专职或兼职管理人员，多数苗圃采用由技术人员兼管的方式，这样有利于把档案的管理和使用结合起来。管理档案人员应尽量保持稳定，工作调动时，要及时另配人员，做好交接工作。

3）观察、记载要认真负责，及时准确。要求做到边观察边记载，力求文字简练，字迹清晰。

4）一个生产周期结束后，对记载材料要及时汇集整理、分析总结，从中找出规律性的东西，及时提供准确、可靠的科学数据和经验总结，指导今后苗圃生产和科学实验。

5）按照材料的形成时间先后顺序或者重要程度，连同总结材料等分类装订，登记造册，长期妥善保存。

2. 苗圃技术档案的主要内容

（1）苗圃基本情况档案　记录苗圃地形、土壤、气候及经营条件、苗圃机构人员配置及苗圃经营性质和目标等情况。

（2）苗圃土地利用档案（见表1-1）

（3）育苗技术措施档案（见表1-2）

表1-1　苗圃土地利用档案表

年度	树种	育苗方法	作业方式	整地情况	施肥情况	用除草剂情况	灌水情况	病虫害情况	苗木质量	备注

填表人：＿＿＿＿

填写说明：①育苗方法指播种、扦插、埋根、埋条等。②作业方式指苗床式、大田式等。③整地情况主要填写耕地、耙地、中耕、除草的次数、深度、时间、方法、使用工具等。④施肥、灌水情况指肥料种类、施肥量、方法、时间、灌水次数和时间等。⑤用除草剂情况指除草剂种类、浓度、用量及施用方法、时间、效果等。⑥病虫害情况指病虫害发生种类、危害程度、防治情况等。⑦苗木产量、质量指平均亩产量、平均高、平均直径、成苗率等。

表1-2 育苗技术措施档案表

树种：________ 苗龄：________ 育苗年度：________

育苗面积：	种条来源：	繁殖方法：
种（条）品质：	种（条）贮藏方法：	
种子消毒催芽方法：	前茬：	

整地	耕地日期：	耕地深度：	使用工具和方法	
	作床时间：	苗床面积：		
项目	时间	种 类	用量	方 法
施基肥				
土壤消毒				
追肥				

育苗	播种量	播种时间	播种方法	覆土厚度
	扦插密度	扦插时间	扦插方法	成活率
	砧木	嫁接时间	嫁接方法	成活率
	移植苗龄	移植时间	移植方法	
覆盖	覆盖物：		覆盖起止时间：	
遮阳	遮阳物：		遮阳起止时间：	

间苗	时间		留苗密度		时间		留苗密度	
灌水								
中耕								

病虫害防治	名称	发生时间	防治日期	药剂名称	浓度	方法

出圃	日期：	起苗方法：	贮藏方法：
育苗新技术应用情况			
存在问题及改进意见			

填表人：________

（4）苗木生长发育档案（见表1-3）

表 1-3　苗木生长发育档案表

树种：________　　　　苗木种类：________　　　　育苗年度：________

开始出苗						大量出苗							
芽膨胀						芽展开							
顶芽形成						叶变色							
开始落叶						完全落叶							
项目	生长量												
	月　日	月　日	月　日	月　日	月　日	月　日	月　日	月　日	月　日	月　日	月　日	月　日	月　日
苗高													
地径													
出圃	级别	分类标准					亩产量			总产量			
	Ⅰ级	高度											
		地径											
		冠幅											
	Ⅱ级	高度											
		地径											
		冠幅											
	Ⅲ级	高度											
		地径											
		冠幅											
其他													

填表人：________

（5）苗圃作业档案（见表 1-4）

表 1-4　苗圃作业档案

日期：________年________月________日

树种	作业区号	育苗方法	作业方式	作业项目	人工		畜工		机工		作业量		物料使用量			工作质量说明	备注
					小计	长工	小计	临工	长工	临工	单位	数量	名称（规格）	单位	数量		
总计																	
记事																	

填表人：________

（6）苗木销售档案　苗木销售档案记载各年度销售苗木的种类、规格、数量、价格、日期、购苗单位及用途等。

【质量评价标准】

项目质量考核要求及评分标准见表1-5。

表1-5 项目质量考核要求及评分标准

考核项目	考核要求	配分	评分标准	扣分	得分	备注
圃地选择	1. 根据所参观的苗圃能从经营条件和自然条件分析其选择依据 2. 苗圃地调查技术熟练	25	1. 苗圃地经营条件分析不当，扣5分 2. 苗圃地选择自然条件分析不当，扣15分 3. 不会苗圃地调查，扣5分			
苗圃区划	1. 能绘制苗圃区划平面图 2. 熟知生产区区划要求	35	1. 绘制苗圃区划平面图不准确，扣20分 2. 区划平面图不够清楚、美观，扣5分 3. 不熟悉苗圃区划要求，扣10分			
苗圃施工	1. 熟知苗圃施工工序 2. 能根据生产需要进行苗圃基建施工	20	1. 不熟悉苗圃施工工序，扣10分 2. 不能根据生产需要进行苗圃基建施工，扣10分			
建立苗圃技术档案	1. 能根据苗圃技术档案分析苗圃生产情况 2. 能根据苗圃生产实际准确填写技术档案	20	1. 不能根据苗圃技术档案分析苗圃生产情况，扣10分 2. 填写技术档案不准确，扣10分			

【扩展与提高】

选择园林苗圃应注意的事项

1. 水源要有保证

在苗圃选址时，要重视有比较稳定的水源，而且要在极端气候条件出现时，也能够有基本的水源保证苗木生产需要。若是利用附近的水库等公共水资源，要妥善解决好与当地政府及村民的关系。要以书面的形式签订用水协议或合同，以防止不必要的纠纷给苗木生产带来不利的影响。

2. 土质要适宜

不同的土质适合种植不同的植物，同一种土质在苗木生长的不同阶段作用也不同。如大规格苗木出圃时，通常要求带土球，苗木经营者特别要考虑大苗区土质的要求，确保大苗出圃时，保证带土球起苗的顺利作业。

3. 要重视了解苗圃周边城镇的长期发展规划

苗圃地一般选在城市或乡镇的周边，由于我国城市拓展或城镇化发展速度很快，苗圃建设时常因没有考虑到城市或乡镇的长期发展规划，而造成很大损失。许多地区的苗圃建成才5～6年，正是苗圃出效益的时期，圃地被征用而不得已搬迁，政府虽然有一定程度的补偿，但不足以弥补苗圃的损失。此外，即使没有被征用，苗圃周围可能发展成工业园区，工业污染对苗圃苗木的生长会造成不可避免的影响。

4. 避免土地纠纷

在苗圃建立时，租用土地问题有的是由地方政府牵头协调的，有的是经营者直接与各个相关农户协调的，甚至还有其他各种各样的情况。由于苗木生产周期长，随着形势、政策等因素的变化，农户的思想也会产生变化。苗圃经营者一定要重视苗圃土地征用或租用的合法性，妥善、细致、周密处理土地问题，形成并保存好相关的具有法律效力的文字材料，把土地产生纠纷的可能性降到最低程度，避免不必要的矛盾与损失。

5. 科学确定苗圃面积

苗圃面积征用或租用少了，影响苗圃的发展及规模效益的产生，如果再换地方扩展，生产、管理费用等方面要增加开支，是一种浪费；而征用或租用土地多了，闲置不用，也是一种浪费。苗圃面积的确定要根据经营者的经济实力、近期与远期的发展目标和苗木市场的扩展潜力等因素来决策。要以合理、够用为基本原则。

项目2 苗圃育苗地准备

学习目标

1. 掌握苗圃整地技术。
2. 掌握基肥的种类、使用方法和土壤处理方法。
3. 掌握苗床建作技术。

【学习任务】

1. 任务描述

结合苗圃生产，完成苗圃整地、施肥、作床、土壤消毒、土壤接种等耕作作业。

2. 任务流程图

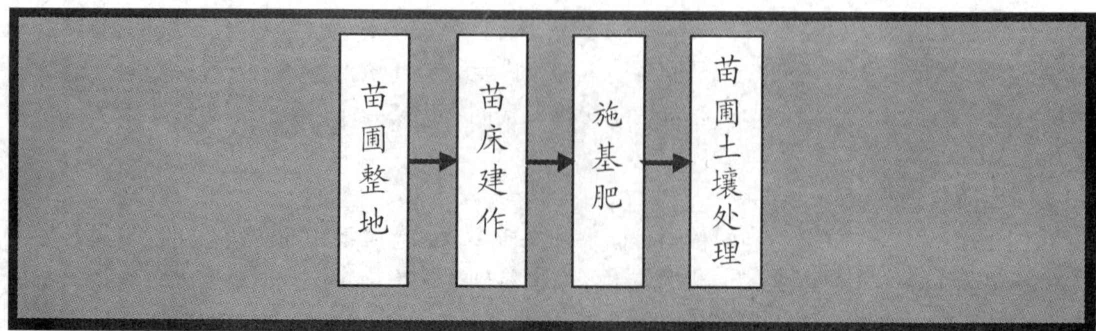

【环境设备】

材料：白灰、草绳、肥料、土壤处理药剂等。

用具：土壤耕作机具，测绳、木桩、铁锹、钉耙等。

【学习过程】

一、苗圃整地

1. 土壤改良

在圃地中如有盐碱土、沙土、重黏土等，土壤不适合苗木生长时，应在苗圃建立时进行土壤改良。对盐碱地可采取开沟排水，引淡水冲碱或刮碱、扫碱等措施加以改良。轻度盐碱土可采用深翻晒土，多施有机肥料，灌冻水和雨后（灌水后）及时中耕除草等技术措施，逐年改良。对沙土，最好用掺入黏土和多施有机肥料的办法进行改良。对重黏土则应用混沙、深耕、多施有机肥、种植绿肥和开沟排水等措施加以改良。

2. 土壤耕作

土壤耕作的基本要求是“及时平整，全面耕作，土壤细碎，清除草根石块，并达到一定深度”。概括起来就是“四字”要诀：平、松、匀、细。主要是耕地和耙地两个环节：

（1）耕地　耕地是土壤耕作的中心环节，一般在春秋两季进行，具体的季节和时间，应根据气候和土壤条件而定。北方一般在秋季浅耕灭茬后半个月进行。秋耕有利于蓄水保墒，改良土壤，消灭病虫和杂草，在北方干旱地区或盐碱地区更为适宜，但沙土适宜春耕。秋冬季风蚀严重的地方，可进行春耕，常在土壤解冻后立即进行，耕后及时耙地，以蓄水保墒。为了提高耕地质量，应在土壤不干不湿、含水量为田间持水量的60%～70%时进行。实际工作中，可以通过经验来判断，用手抓一把土捏成团，在1m高处自然落下，土团摔碎，即可耕作。

耕地的深度要根据圃地条件和育苗要求而定，耕地深度一般在20～25cm，过浅起不到耕地的作用，过深苗木根系过长，起苗栽植困难。一般的原则是播种区稍浅，营养繁殖区和移植区稍深；沙土地稍浅、土壤瘠薄黏重地区和盐碱地稍深；在北方，秋耕宜深，春耕宜浅。

（2）耙地　耙地的作用是疏松表土，耙碎耙平，平整土地，清除杂草，混拌肥料和蓄水保墒。

一般来说，耕后应立即耙地。尤其是在北方干旱地区，为了蓄水保墒，减少蒸发就更为重要。在冬季积雪的北方或土壤黏重的南方，为了风化土壤，积雪保墒，冻死虫卵，可在耕地后任凭日晒雨淋一些时间，抓住土壤湿度适宜时耙地或翌年春季再行耙地，通过土壤垡晒来改良土壤。耙地要求耙平耙透，达到平、松、碎。

二、苗床建作

1. 苗床育苗

苗床适宜培育需要精细管理，特别是种粒小、生长慢的植物。苗床育苗一般分为高床、低床和平床。

（1）高床　床面高出步道 15 ~ 25cm，从步道起土覆于床面，床缘呈 45°斜坡。一般床面宽 80 ~ 100cm，床高 20 ~ 30cm（见图 1-1），适用于降水多、排水不良的地区。高床的优点是有利于侧方灌溉及排水，床面不易板结，能提高地温，增加苗床土层厚度，步道还可以用来排灌。缺点是作床及以后的管理较费工，成本高。

（2）低床　床面低于步道 15 ~ 25cm。先将表土拢在中央，以底土筑步道（即埂），然后再将表土耕作平整。一般床面宽 100 ~ 120cm，步道宽 30 ~ 40cm，适用于气候干旱、水源不足地区。优点是便于灌溉，有利于保蓄土壤水分。缺点是土壤温度较高床差，苗木生长较慢，而且容易积水引起病害。

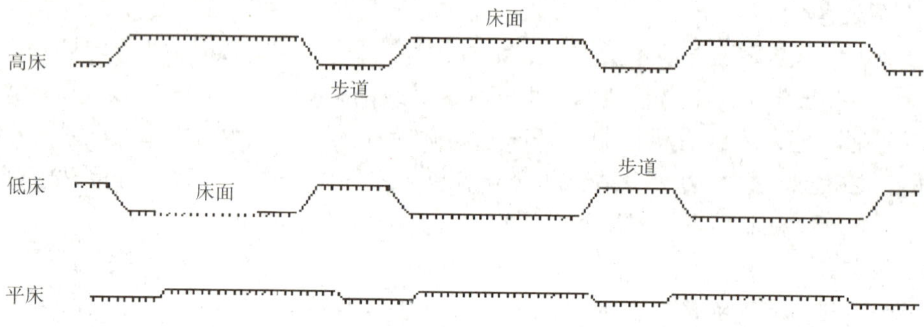

图 1-1　苗床剖面示意图

（3）平床　床面与步道基本同高。在整好的圃地，每隔一定宽度踩出一条步道即可，适用于水分条件好，不需要灌溉和排水的地方。优点是作床比较简单、省工。

苗床的作床时间应在育苗前 1 ~ 2 周，以使作床后疏松的表土沉实。无论高床、低床和平床，手工操作都需要定线拉绳。作床前应先选定基线，区划好苗床与步道，然后进行苗床建作。苗床长度依地形、作业方式等确定，不宜过长，以保证灌溉均匀，一般 10 ~ 20m 不等，以方便管理为度。在地势平坦或采用机械筑床地区，苗床长度还可以增加。苗床走向在平地以南北向为好，在坡地应使苗床长边与等高线平行。

2. 大田育苗

大田育苗分为平作和垄作。平作不作垄，土地整平后即播种或移植育苗。垄作是整地后作高垄播种育苗。一般垄高 20 ~ 30cm，垄面宽 30 ~ 40cm，垄底宽 60 ~ 80cm。

高垄作业，垄上土层肥沃疏松，垄内通风透光，排水和灌溉方便，是一种较好的育苗方式。垄以南北走向为好，以便于垄的两侧受光均匀。

大田育苗便于使用机械，工作效率高，节省劳动力，适用于培育管理较为粗放的苗木。

三、施基肥

基肥也称底肥，是播种前施入土壤的肥料。

1. 基肥的种类

（1）有机肥　是由植物的残体或人畜的粪尿等有机物经微生物分解腐熟而成。苗圃中常用的有机肥主要有厩肥、堆肥、绿肥、人畜粪尿、饼肥等。有机肥含多种营养元素，肥效长，能够改善土壤质地与结构，改善土壤的理化性能；对于黏性比较重的土壤使用有机肥可以改善土壤的通气性，对于沙质土壤又能增强保水性能；有机肥可提供弱有机酸增强土壤的

缓冲性能；有机肥可增加土壤中的微生物量，促进土壤微生物活动，促进无机磷的分解，发挥土壤的潜在肥力。但是有机肥营养成分的数量与比例很难完全保证苗木需要，在苗木培育过程中，还应补充一定数量的无机肥。

（2）无机肥　又称矿质肥料，包括氮、磷、钾三大类和多种微量元素。无机肥一般易溶于水，易被苗木吸收利用，肥效快，但养分单一，连年单纯施用会破坏土壤理化性状。

（3）菌肥　指从土壤中分离出来，对植物生长有益的微生物制剂肥料。菌肥中的微生物在土壤和生物条件适宜时会大量繁殖，在植物根系上和周围大量生长，与植物形成共生或伴生关系，帮助植物吸收水分和养分，防止有害微生物对根系的侵染，从而促进植物健康生长。

基肥应以有机肥为主，加入适量磷肥堆沤，充分腐熟后使用，以免灼伤幼苗。

2. 基肥的施用方法

基肥的主要作用是保障苗木在整个生长期养分的供应，提高土壤肥力并改良土壤。施用基肥有撒施、局部施和分层施3种方法。常采用全面撒施，即将肥料在第一次耕地前均匀地撒在地面上，然后翻入耕作层。在肥料不足或条播、点播、移植育苗时，也可以采用沟施或穴施，将肥料与土壤拌匀后再播种或栽植。还可以在建作苗床时将腐熟的肥料撒于床面，浅耕翻入土中。基肥施用的深度要根据苗木的特性和育苗的方式而定，一般控制在苗木根系生长可及的范围之内，以保证苗木根系的吸收。

3. 基肥的施用量

一般每公顷施堆肥、厩肥37500～60000kg，或施腐熟人粪尿15000～21500kg，或施饼肥1500～2300kg。在北方土壤缺磷地区，要增施磷肥150～300kg。南方土壤呈酸性，可适当增施石灰。

4. 菌肥的接种

菌肥能吸收磷、氮和某些微量元素并传递给宿主植物，尤其能吸收低浓度的可溶性磷，并能增强植物抗旱能力。菌肥在生长过程中能分泌生长素，如赤霉素、吲哚乙酸等，促进植物生长；菌肥能在根上形成根瘤、菌鞘或遍布根系细胞，防止其他微生物侵入。有些菌根菌能产生抗生物质，在其周围形成无害的微生物相。

菌肥的接种，除少数几种菌肥可人工分离培育成菌肥外，大多数树种主要靠客土的办法进行接种。客土接种的方法是从与所培育苗木相同树种的林分或老苗圃内挖取表层湿润的菌根土，与适量的有机肥和磷肥混拌后撒于苗床后浅耕或直接撒于播种沟内，并立即覆土。接种后为防止日晒干燥，要保持土壤疏松湿润。

市场销售的菌肥按产品说明书施用。

四、苗圃土壤处理

土壤处理是减少土壤中的病原菌和地下害虫，减轻病虫对苗木危害的措施。

1. 高温消毒

常用的高温处理方法有蒸汽消毒和火烧消毒两种。温室土壤消毒可用带孔铁管埋入土中30cm深，通入蒸汽，土壤潮润而不过湿，一般认为60℃维持30min、80℃维持10min可杀死绝大部分细菌、真菌、线虫、昆虫以及大部分杂草种子。蒸汽消毒应避免温度过高，否则可使土壤有机物分解，释放出过多的氨、亚硝酸盐和锰等毒害植物。生产上常采用60℃维持30min的消毒方法，既可杀死病原体，同时又可留下具有拮抗作用的有益微生物。

对于少量的基质或土壤，可以放入蒸锅内蒸2h进行消毒，或放在铁板、铁锅内，用火烧烤。30cm厚的土层，90℃维持6h可达消毒目的。在柴草方便的地方，可用柴草在苗床上堆烧，既消毒土壤，又可增加土壤肥力。

国外有用火焰土壤消毒机对土壤进行喷焰加热处理，可同时消灭土壤中的病虫害和杂草种子。

2. 药剂处理

（1）硫酸亚铁　配成2%～3%的水溶液喷洒于苗床，用量以浸湿床面3～5cm为宜，也可与基肥混拌或制成药土撒于苗床后浅耕，每公顷用药量225～300kg。

（2）福尔马林　用量为50mL/m^2，稀释100～200倍，于播种前10～15天喷洒在苗床上，用塑料薄膜严密覆盖，播种前1周打开薄膜通风。

（3）西维因（氨甲萘）　一种氨基酸酯杀虫剂，施0.5%西维因粉剂52.5～75kg/hm^2。选无风天气，用喷洒器喷粉，并随即翻耕。用量不能过多，以免发生药害。从施药到播种应间隔一定时间。如临近播种期施药，药量应适当减少，以免影响种子发芽。

（4）辛硫磷　可用3%辛硫磷颗粒剂制成药土预防地下害虫，用量为45～75kg/hm^2。也可用50%辛硫磷乳油拌种，药种比例为1∶300，用量为30～40kg/hm^2。辛硫磷光解速率快，宜在傍晚或阴天使用，无光下可持效1～2个月，是一种高效低毒低残留广谱杀虫螨剂，具触杀兼胃毒作用，毒杀地下害虫极为有效。

（5）呋喃丹　3%颗粒剂，用量为15kg/hm^2左右，撒入苗床翻入耕作层，是具触杀、胃毒和强内吸作用的高效广谱杀虫杀螨杀线虫剂，持效期长，主要用于土壤处理。呋喃丹毒性高，切勿加水喷雾使用。

（6）甲基异柳磷　常见制剂有20%、40%甲基异柳磷乳油，外观为棕黄色油状液体，常温下贮存两年基本稳定，常用来处理土壤。用药量有效成分为1～1.25g/m^2。纯品为淡黄色油状液体，常温下贮存较为稳定，遇强酸和碱易分解，遇光和热也能加速分解。甲基异柳磷对害虫具有较强的触杀作用和胃毒作用，杀虫谱广，持效期长，是防治地下害虫的优良药剂。对茎线虫、根结线虫和孢囊线虫也有较好的防治效果。生产中要十分注意甲基异柳磷是高毒药剂，只能用于土壤处理和种苗处理。药剂处理苗圃地，在处理4～6周后才能让动物和家畜进入。

（7）必速灭　必速灭是一种新型广谱土壤消毒剂，由德国巴斯夫公司（BASF）生产。必速灭对土壤、基质中的线虫、地下害虫和非休眠杂草种子及块根等消毒（杀灭）非常彻底，且无残毒，是一种理想的土壤熏蒸剂，完全可以取代蒸汽灭菌，在国外已广泛应用于花卉业、草坪业、育苗苗床、大棚温室、蘑菇床基质等的消毒。必速灭是微粒型颗粒剂，有效含量98%～100%，外观灰白色，有轻微刺激气味。在土壤含水量为60%～70%，土壤温度10℃以上时，消毒效果最好。必速灭的使用方法简单，将待消毒的土壤或基质整碎整平，按1m^2土壤或基质用药15g的用量撒上必速灭颗粒，拌匀，浇透水后覆盖薄膜。3～6天后揭去薄膜，再等待3～10天，等待期间翻动1～2次。消毒过的土壤或基质，其效果可连续维持几茬。

【质量评价标准】

项目质量考核要求及评分标准见表1-6。

表 1-6　项目质量考核要求及评分标准

考核项目	考 核 要 求	配分	评 分 标 准	扣分	得分	备注
苗圃整地	1. 合理确定整地环节 2. 整地做到地平土碎 3. 深浅适度	30	1. 整地环节不合理，扣 10 分 2. 深浅不适宜，扣 10 分 3. 地不平、土不碎，扣 10 分			
苗床建作	1. 准确选择苗床种类 2. 苗床整齐，床面平整 3. 床面与步道的规格符合要求	30	1. 苗床种类选择不合理，扣 10 分 2. 做床不整齐，床面不平整，扣 10 分 3. 苗床规格不符合要求，扣 10 分			
施基肥	1. 选择肥料适宜 2. 施用量均匀、合理	20	1. 选择肥料不适宜，扣 5 分 2. 施肥不均匀，扣 10 分 3. 施肥量不合理，扣 5 分			
土壤处理	1. 药剂选择正确 2. 剂量准确 3. 施用方法正确、规范	20	1. 药剂选择不适宜，扣 10 分 2. 剂量不准确，扣 5 分 3. 操作不规范，扣 5 分			

【扩展与提高】

生物菌肥种类与园林苗圃轮作

1. 生物菌肥的种类

菌根菌：这是一种真菌，它与苗木形成一种互利的共生关系，能代替根毛吸收水分和养分。接种菌根菌的苗木，根系吸收能力和生长速度能明显提高，尤其在瘠薄土壤上生长的苗木表现更加突出。

Pt 菌根剂：是一种人工培育的菌根菌肥，对促进苗木生长，增强抗逆性，提高绿化成活率，促进幼树生长具有非常显著的效果。Pt 菌根剂适用范围广，松科、壳斗科、桦木科、杨柳科、胡桃科、桃金娘科等 70 多种针阔叶树种都适用。

根瘤菌：能与豆科植物共生形成根瘤，固定空气中的氮，供给植物利用。

磷细菌肥：是一类能将土壤中的迟效磷转化为速效磷的菌肥。适用范围广泛，可用于浸种、拌种或作基肥、追肥。

抗生菌肥：5406 抗生菌肥是一种人工合成的具有抗生作用的放线菌肥。它能转化土壤中迟效养分，增加速效态的氮、磷含量，对根瘤病、立枯病、锈病、黑斑病等病害有抑制病菌和减轻病害作用，同时能分泌激素促进植物生根、发芽。可用作浸种、种肥和追肥。

2. 园林苗圃的轮作

在同一块苗圃地上，用不同树种或农作物（或绿肥作物、牧草）按一定的顺序轮换种植的方法，称为轮作，又称换茬。在同一块地上连年培育同一种苗木则称为连作。

树种不同，所吸收的营养元素也不尽相同，若在同一块地连年培育一种苗木，就会造成某些元素的缺乏和某些元素的过剩，不能充分发挥土壤营养元素的作用。轮作可以克服这种弊病，充分利用土壤中的养分。通过轮作还可以改变病菌、害虫、杂草的生活环境，使它们失去生存条件而死亡，以减少病虫和杂草的危害，如油松和板栗、合欢、皂荚轮作，可以减少松苗猝倒病。

生产中轮作的方法有：

（1）树种与树种轮作　从理论上讲，豆科与非豆科、深根性与浅根性、喜肥与耐贫瘠树种、针叶树与阔叶树、乔木与灌木等轮作是有利的。但不能千篇一律，要在实践中摸索经验。树种间轮作作用是比较复杂的，有些效果明显，有些反而不理想。如落叶松与针叶树轮作较好，与梨、苹果、毛白杨轮作效果不好。树种与树种进行轮作的时候，要特别注意不要选择具有共同病虫害的树种进行轮作，如桧柏不要与海棠、花楸、苹果、梨等苗木进行轮作，以防止锈病。

（2）苗木与绿肥（牧草）轮作　紫云英、苕子、苜蓿和三叶草等草本植物既是良好的牧草植物，又是良好的绿肥，$1hm^2$ 紫云英可以固氮 112.5kg，$1hm^2$ 苜蓿可以固氮 202.5kg。苗木与紫云英、苕子、苜蓿、三叶草等进行轮作，可以有效增加土壤中的有机物含量，改变土壤结构，提高土壤肥力。

项目3　苗期追肥（速效肥为主）

学习目标

1. 熟悉苗圃常用肥料的种类和特性。
2. 掌握土壤追肥技术。
3. 掌握根外追肥的技术。

【学习任务】

1. 任务描述

结合苗圃生产任务完成苗木土壤追肥或根外追肥作业。

2. 任务流程图

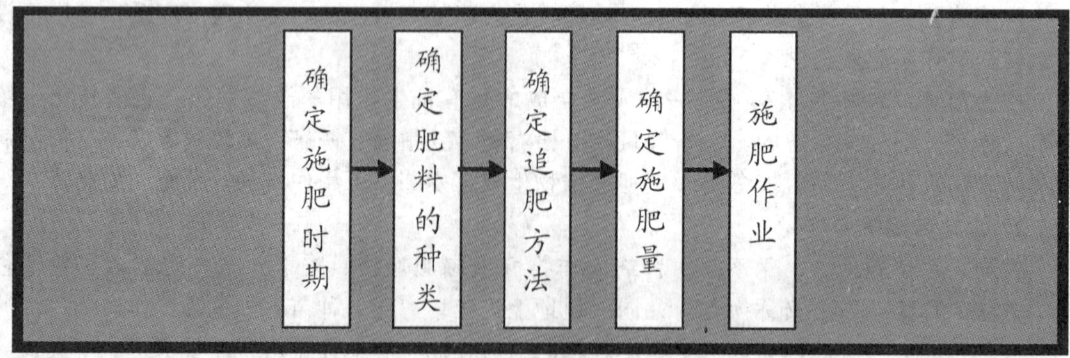

【环境设备】

材料：追肥肥料。

用具：喷雾器、量筒、水桶、瓢、锄头、铁锹等。

【学习过程】

追肥是在苗木生长发育期间施用的速效性肥料，目的在于及时供应苗木生长发育旺盛时对养分的大量需要，以加强苗木的生长发育，达到提高合格苗产量和改进苗木质量的目的。在育苗过程中，每年苗木从土壤中吸收大量养分，其中氮素约 5 ~ 30kg/hm^2，钾素约 10 ~ 30kg/hm^2，加上起苗时苗根带走的养分，如不及时补给，地力必将逐年减退。实践证明，如按苗木从土壤中吸收的矿物营养单纯施用化学肥料，地力将难以保持及提高，如施用有机肥或有机肥与化学肥料相结合使用，则地力可恢复或提高。

一、确定施肥时期

苗木施肥时期应根据生产经验并且通过科学试验来确定。由于苗木的生长期长，苗圃生产中很重要的一条经验就是在施足基肥（有机肥料和磷肥）的基础上，适时适量地进行苗期追肥。

一年生播种苗，生长初期对磷较为敏感，第一次可在幼苗出土后 1 个月左右，幼苗长出数片真叶时施用。速生期应及时追施以氮为主并含有磷钾及其他营养元素的肥料。在高生长停止后，应追施以钾为主的磷钾肥，以促进苗木直径生长，增加磷、钾在苗木体内的贮存，加速苗木木质化进程。二年生苗，由于开始生长较早，追肥应尽早进行。

苗圃施氮肥的时间最迟不能晚于 8 月，个别树种在南方可推迟到 9 月，以免苗木徒长，影响木质化进程，不利于苗木越冬。

二、确定肥料的种类

苗圃常用追肥的种类主要有氮肥（如尿素、硫酸铵）、磷肥（如过磷酸钙）、钾肥（如氯化钾、硝酸钾）、复合肥（如磷酸二氢钾、氮磷钾混合颗粒肥）、微量元素肥料等（见表 1-7、表 1-8）。

表 1-7　无机肥元素含量及施用特点

种　类		性　质	施用方法
N	硫酸铵 $(NH_4)_2SO_4$	含氮量 20% ~21%，吸湿性小，易溶于水，肥效快，不能与碱性肥料混用	用1% ~2%的水溶液施入土中，或用0.3% ~0.5%浓度的水溶液喷于叶面
	尿素 CO $(NH_4)_2$	含氮量 45% ~46%，吸湿性强，易溶于水，是中性肥料，肥效较其他氮肥长	用0.5% ~1%的水溶液施入土中，或用0.1% ~0.3%的水溶液进行根外追肥，时间最好在傍晚进行，以免烧伤叶片
	硝酸铵 NH_4NO_3	含氮量 32% ~35%，吸湿性强，易溶于水，中性反应，肥效快，易被植物吸收	用1%的水溶液施入土中
	硝酸钙 Ca $(NO_3)_2$	含氮量15% ~18%，吸湿性很强，容易结块，肥效快	用1% ~2%的水溶液施入土中

（续）

种类		性质	施用方法
P	过磷酸钙 $CaH_4(PO_4)_2$	能溶于水，易吸湿结块，不宜久放，酸性	一般作基肥，在上盆或翻盆时施用。用量为盆土的1%～5%，也可用1%～2%的水溶液施于土中，或用0.5%～1%的溶液进行根外追肥
	磷酸二氢钾 KH_2PO_4	含磷53%，钾34%，易溶于水，速效，呈酸性反应	用0.1%左右的溶液作根外追肥
	磷酸铵 $NH_4H_2PO_4$ + $(NH_3)_2HPO_4$	氮磷复合肥，含磷46%～50%，氮14%～18%，吸湿小，易溶于水，高浓度速效	作基肥和追肥
K	硫酸钾 K_2SO_4	易溶于水，速效	一般作基肥效果好，也可用1%～2%的水溶液施于土中作追肥
	氯化钾 KCl	易溶于水，属生理酸性肥料	可作基肥和追肥，用量1%～2%，球根和块根忌用
	硝酸钾 KNO_3	易溶于水，吸湿性小	可作基肥和追肥，适用于球根等花卉，一般用1%～2%水溶液施于土中，0.3%～0.5%作根外追肥

表1-8　微量元素肥料含量及施用特点

种类	主要成分	性质	施用方法
铁肥	硫酸亚铁 $FeSO_4 \cdot 7H_2O$	蓝绿色结晶体，易溶于水，易氧化	以（1～5）:100的比例与有机肥堆制后施入土中
尿素铁	尿素铁 $Fe(N_2H_4CO)_6$	蓝绿色晶体，易溶于水，水溶液呈弱酸性，性质稳定，吸湿性较尿素小	用1%水溶液施入土壤后有利于植物对铁的吸收，用0.1%浓度的溶液进行根外追肥，对喜酸性的植物效果尤为显著。肥效优于硫酸亚铁和尿素
硼肥	硼酸 H_3BO_3	白色结晶和粉末，易溶于水	撒施和喷施，喷施用0.025%～0.1%的硼酸或0.05%～0.2%的硼砂溶液
锰肥	硫酸锰 $MnSO_4 \cdot 4H_2O$	粉红色结晶，易溶于水	根外追肥使用浓度为0.05%～0.1%，一般在开花期和球根形成期喷施效果好
铜肥	硫酸铜 $CuSO_4 \cdot 5H_2O$	易溶于水，肥效快	根外追肥。根外追肥的浓度为0.01%～0.5%
锌肥	硫酸锌 $ZnSO_4$	白色结晶，易溶于水	根外追肥浓度以0.05%～0.2%为宜，果树可适当浓些
钼肥	钼酸铵 $(NH_4)_2MoO_4$	青白色结晶或粉末，易溶于水	可作根外追肥，溶液浓度为0.01%～0.1%，一般在苗期或现蕾期喷施

三、确定追肥方法

1. 土壤追肥

常用的方法有撒施、条施和浇施。要按照“由稀到浓，少量多次，适时适量，分期巧

施”的原则进行。

撒施是将肥料均匀撒于地面，随即进行中耕松土及灌溉。条施又称沟施，在苗木行间或行列附近开沟，把肥料施入后覆土。开沟的深度要达到吸收根最多的层次，特别是追施磷钾肥，以达到土层5~20cm为宜。浇施是将肥料溶解在水中，全面浇在苗床上或行间后覆土，有时也可将肥料随灌溉施入土壤中。浇灌的缺点是施肥浅，肥料不能全部被土覆盖，降低肥效。

对多数肥料而言，撒施、浇灌不如沟施的效果好，尤其是磷肥和挥发性较大的肥料。如撒施尿素时当年苗木只能吸收利用其中氮含量的14%，随水灌溉施用为27%，条施可达45%。

2. 根外追肥

根外追肥是将尿素、硝酸铵、过磷酸钙、磷酸二氢钾、硫酸亚铁等速效肥料或其他微量元素肥料配成一定浓度的溶液，在苗木需要某种养分最多的时期喷洒在叶面上，供苗木吸收利用的一种施肥方法。根外追肥的特点是，追肥后叶面可直接吸收营养元素，避免被土壤固定或淋失，供应养分的速度远较土壤追肥要快。一般喷后约经几十分钟到2h苗木即开始吸收，经约24h能吸收50%以上，经2~5天可全部吸收。因此，当苗根系发育不全或移植苗根系尚不能立即吸收养分时，根外追肥可以保证养分的供应。在土壤条件较差，施用某些肥料无效，或者肥料比较昂贵，用量又比较少时，根外追肥可以收到很好的效果又可节省施肥费用。应当注意的是，根外追肥虽然效果很好，但不能代替土壤施肥，只能作为一种补充施肥方法在必要时应用。

四、确定施肥量

我国大部分土壤中氮的水平较低，在苗木生长期间多施用氮肥，以提高苗木的生长量和质量。对一些有机质含量高、氮素极充足的土壤，应考虑加大使用磷钾肥的比例。

1. 根据土壤养分状况施肥

确定施肥量，要按照“提高品质、节约成本、增加效益”的原则，首先对土壤中的有效养分进行测试，了解土壤养分含量的状况，然后根据培育的苗木对土壤养分的需要量，对照苗圃土壤的养分状况（含量、变化等），计算出需要的追施肥料的种类及用量，缺乏什么养分，就补充什么养分，需要补充多少，就施用多少，做到有针对性地进行追肥。

在红壤和酸性沙土中，磷和钾的供应量不足，施肥时应增加磷、钾肥。华北的褐色土中磷、钾的供应情况比上述土壤较好，氮、磷不足故应以氮、磷为主，钾肥可以不施或少施。沙土有机质少，保水保肥能力差，要以有机肥料为主，追肥要少量多次。

2. 根据气候条件施肥

在苗木生长期内，温度高低，湿度大小，都直接影响苗木对营养元素的吸收。当温度低时，苗木吸收的养分少。温度高时，苗木吸收的养分多。确定施肥量时，要考虑苗木生长期内的温度、降水量和降水量的分配、风力、蒸发量，以及苗木越冬条件和追肥时的天气状况。例如不考虑育苗地点的早霜出现期，盲目增加施肥量和追肥次数，会造成苗木秋季遭受霜害。

夏季大雨后，土壤中硝态氮大量流失，应立即追施速效氮肥，肥效比雨前施好。在气候温暖湿润地区有机质分解快，追肥次数宜多，每次用量宜少。降雨少的地区，追肥次数可少，施肥量可增加。多数苗圃都有良好的灌溉设施，不易受干旱的危害，但是在降雨量偏多的年份，尤其在生长期末尾的降雨量偏多时，施肥量不宜过大，以避免苗木发生贪青徒长，不利于苗木越冬。

3. 根据苗木生长发育状况施肥

苗木在生长发育时期对矿质营养的需要有较大的变化。一般苗木在氮的吸收量方面，5～6月份比较少，7～8月份显著增多，8月下旬以后则少。对磷的吸收，5月份为适量，但随生育期的进展，需磷营养大大增加。对钾的吸收，以7～9月份为最多。如杨树扦插苗，当苗木转入自养阶段以后，最初吸收的养分量不多，其中需要磷钾肥的比例大些。当苗木进入旺盛生长期时，需要肥量较多，以氮肥为主。在苗木停止高生长后，直径与根系生长仍能持续一段时间，当直径生长速度下降时，苗木对营养需求明显下降，在此期间要以磷钾营养为主，氮素营养宜保持在较低的水平。苗木生长后期保持合理的磷钾营养是保证苗木抵御冻害，安全越冬以及来春萌动生长的关键。

苗木随着年龄的增长，所需营养元素的量也在逐年增长，如杨树二年生苗要比一年生苗多从土壤中吸收3～5倍的养分，需肥量随之增大。

五、施肥作业

追肥应本着“根找肥，肥不见根”的原则，撒施肥料时，可在下小雨时把尿素、碳酸氢铵等肥料均匀地洒在苗床上，严防撒到苗木叶子上，否则会烧伤苗木。条施、浇施肥料时浓度不能过高，否则易烧叶、烧根。特别注意硝酸铵化肥易燃易爆，不能用铁器敲击。

根外追肥要注意浓度适宜，浓度过高会烧伤苗木。磷、钾肥以1%浓度为宜，最高不宜超过2%；每次每公顷用量为38～75kg，尿素浓度以0.2%～0.5%为宜，每次每公顷用量7.5～15 kg。几种肥料混合使用时，应注意各种肥料的比例，如磷、钾混合液以3∶1为宜。为了使溶液能以极细的微粒分布在叶面上，应使用压力较大的喷雾器，喷雾要细，喷布要均匀，以喷满不滴为佳。喷洒的时间以晴天的傍晚或夜间为好，喷后两日内遇雨会冲掉肥料；应予补喷。根外追肥的次数，因需要而异，一般要3～4次喷肥，效果才会显著。

【质量评价标准】

项目质量考核要求及评分标准见表1-9。

表1-9　项目质量考核要求及评分标准

考核项目	考核要求	配分	评分标准	扣分	得分	备注
确定肥料种类	1. 能根据苗木生长情况判断施肥时机 2. 熟知常见肥料的特性 3. 能根据苗木生长需要选择适宜的追肥肥料	30	1. 施肥时机判断不合理，扣10分 2. 不知道常见肥料特性，扣10分 3. 肥料选择不适宜，扣10分			
施肥方法	1. 熟知常用土壤追肥的方法 2. 熟知根外追肥的方法	20	1. 不熟悉常用土壤追肥的方法，扣10分 2. 不熟悉根外追肥的方法，扣10分			

（续）

考核项目	考核要求	配分	评分标准	扣分	得分	备注
确定施肥量	1. 能进行苗圃土壤养分测定分析 2. 确定施肥量准确	20	1. 不能进行苗圃土壤养分测定分析，扣10分 2. 施肥量不适宜，扣10分			
施肥作业	1. 土壤追肥或施肥作业规范 2. 施肥均匀、高效 3. 安全作业	30	1. 施肥作业不规范，扣10分 2. 施肥不均匀，扣10分 3. 不符合安全作业要求，扣10分			

【扩展与提高】

苗木的营养状况诊断

通过对植物的叶片分析、土壤测定及植物外观、色泽判断等诊断方法确定植物是否缺少某种元素，缺多少，从而确定科学施肥方案。

1. 叶片分析诊断

植物体内各种营养元素间不能互相代替，当某种营养元素缺乏时，该元素即成为植物生长的限制因子，必须用该元素加以补充，植物才能正常生长，否则植物的生长量（或产量）将受到抑制。在生产上很少见到树木出现严重缺素情况，多数情况下都是潜在缺乏，常常容易为人们所忽视。因此，在营养诊断中，要特别注意区分出各种元素的潜在缺乏，以便通过适当的施肥来加以补充。

叶组织中各种主要营养元素的含量与苗木的生长有密切的关系，生产中可利用用叶片分析的方法来诊断苗木营养状况。叶分析方法是当前较成熟的简单易行的树木营养诊断方法。叶分析采用的主要仪器有原子吸收分光光度计、发射光谱仪、X射线衍射仪等。

2. 土壤营养诊断

土壤营养诊断是用土壤营养诊断方法来反映植物的营养状况的方法。用土壤浸出液提取出土壤中各种可给态养分，进行定量分析，以此来估计土壤的肥力，确认土壤养分含量的高低，能间接地表示植物营养的盈亏状况，可作为施肥的参考依据。

实际施肥时，把叶分析与土壤养分分析结果结合起来，更能准确地指导施肥。目前国内土壤养分速测仪器有土壤养分测定仪TFC—ID系列，有电脑密码数控自动校准、自动调整、自动充电、自动打印结果的功能。此外还有凯氏定氮仪、智能型多功能微电脑土壤分析仪、泰德牌土肥测定仪、睿龙牌系列土壤养分测试仪等。

3. 植物的外形、色泽等直观诊断（见表1-10）

表1-10　营养元素不足的缺素症状

元素	针叶和阔叶的变色情况		其他症状
	针　叶	阔　叶	
氮	淡绿—黄绿	叶柄叶基红色	枝条发育不足
磷	先端灰、蓝绿、褐色	暗绿、褐斑；老叶红色	针叶小于正常，叶片厚度小于正常

（续）

元素	针叶和阔叶的变色情况		其他症状
	针　叶	阔　叶	
钾	先端黄，颜色逐步过渡	边缘褐色	年轻针叶和叶片小，部分收缩
硫	黄绿—白—蓝	黄绿—白—蓝	
钙	枝条先端开始变褐	红褐色斑，首先出现在叶脉间	叶小，严重时枝条枯死，花朵萎缩
铁	梢部淡黄白色，成块状全部黄化	新叶变黄白色	严重时逐渐向下（老叶）发展
镁	先端黄，颜色转变突然	黄斑，从叶片中心开始	针叶和叶片较易脱落
硼	针叶畸形	叶畸形，生长点枯死	小叶簇生，花器和花萎缩

项目4　苗圃水分管理

学习目标

1. 熟知常用的灌溉方法。
2. 能根据苗圃生产情况确定灌溉方法、灌溉时间和灌溉量。
3. 掌握苗圃灌溉技术。

【学习任务】

1. 任务描述

根据苗圃生产情况确定灌溉方法、灌溉时间和灌溉量，完成灌溉作业。

2. 任务流程图

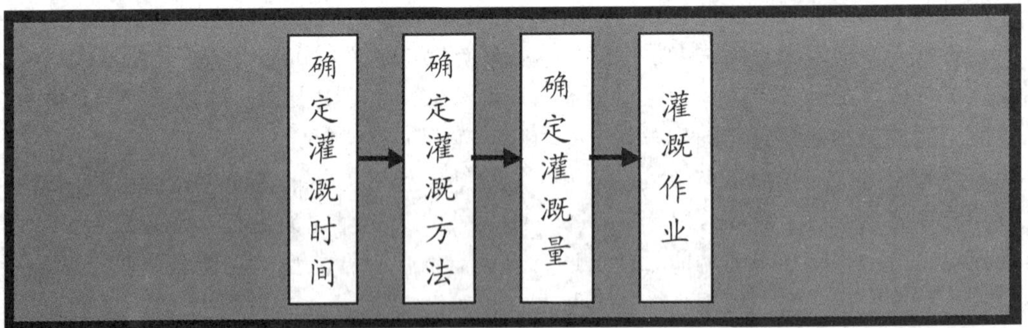

【环境设备】

材料：管道、喷头、水管等灌溉设施。

用具：铁锹、扳手等。

【学习过程】

苗圃灌溉的作用，主要是满足苗木对水分的需要，调节、改善苗圃生态环境，冲洗苗木

茎叶上附着的药物等。灌溉的效果取决于是否做到合理灌溉。合理灌溉是在一定的气候、土壤和苗木培育技术条件下，为获得优质、高产、高效的苗木所采取的人工供水技术方案。包括灌溉时间、灌水方法、灌溉量、灌溉次数等。

一、确定灌溉时间

北方一些地区春季干旱少雨多风，及时灌溉能补充土壤水分，使植物地上部分与地下部分的水分保持平衡，还能有效地防止春寒及晚霜对树木造成的危害。夏季气温较高，植物生长旺盛，需水量大，应结合植物生长阶段的特点及本地同期的降水量，适时进行灌溉。秋季随着气温的下降，植物的生长逐渐减慢，应控制灌溉以促进植物组织生长充实和枝梢充分木质化，防止秋后徒长。冬季严寒多风地区，入冬前应进行适当灌“防冻水”。

苗期灌溉应把握几个时机：一是苗木播种前灌溉，此时灌溉应观察土壤是否湿润，视墒情灌溉，首次一定要浇足灌透。二是苗木出齐后灌溉，此时灌溉不宜过大，以保持圃地湿润，提高地温为原则。三是苗木追肥后灌溉，不仅能防止苗木产生肥害，而且能促进肥料尽快被苗木吸收。四是苗木封头后灌溉，此时灌溉有利于提高苗木地径，延长落叶时间。五是苗木冬眠后灌溉，此时灌溉主要是保护苗木根系，使苗木不被冻伤。

具体灌溉时间一般以早晨和傍晚为宜，此时水温和地温较接近，有利于苗木生长。但为防日灼而灌的“降温水”，可在午间进行，为防霜冻而灌的“防霜水”应在霜日前一天傍晚进行。

需要注意的是，要关注当地的气象预报，尽量避免灌溉与降水重合。

二、确定灌溉方法

苗圃常用的灌溉方法有侧方灌溉（沟灌），漫灌、喷灌、滴灌、微喷灌等。

1. 侧方灌溉

一般用于高床或垄式作业，水从侧方渗入床内或垄中。优点是水分由侧方浸润到土壤中，床面不易板结，灌溉后土壤仍有良好的通气性能。缺点是耗水量较大，床面宽时灌溉效率低，不够均匀。小粒种子不宜使用。

2. 漫灌

又叫畦灌，低床育苗和大田平作育苗常用。和侧方灌溉相比，省工、省力、省水。缺点是水渠占地较多，灌溉时破坏土壤结构，易使土壤板结，地面不平时易造成灌溉不均匀，影响苗木正常生长。

3. 喷灌

喷灌是喷洒灌溉的简称，和降水相似，又叫人工降雨。它是借助一套专门设备将具有压力的水喷到空中，散成水滴降落至苗床，供给苗木水分的一种先进的灌溉方法。优点是灌溉均匀，省水，便于控制灌溉量，并能防止因灌水过多使土壤产生次生盐渍化；不用渠道，占地面积少，能提高土地利用率；土壤不板结，工作效率高，节省劳动力。缺点是喷灌需要的基本设施建设投资较大，设备成本高；受风的限制较多，风力在3~4级以上喷灌不均，容易造成苗木穿“泥裤”现象，影响苗木生长。

喷灌对地面、床面平展要求不严，地形稍有不平也能进行较均匀的灌溉，是目前应用较广泛的一种灌溉方法。

4. 滴灌

是用小塑料管将水分直接送到每棵苗木根部的附近，水由滴头慢慢滴出，逐渐浸润苗木根系周围的土壤，使土壤经常保持最佳含水状态的新型精密灌溉技术。可做到只灌苗木而不灌土地，使苗木根区的水分始终处于最优状态。滴灌最大缺点是滴头出流孔口小，流速低，常造成堵塞。

5. 微喷灌

有的地方称之为雾灌，与滴灌相似，是为了克服滴头易于堵塞的缺点，将滴头改为微喷头，由于微喷头出流孔口增大，流量增加，流速减慢，不像滴头那么容易堵塞。但是流量增加，毛管相应也要加粗。在每株苗木或树下装 1～2 个微喷头即可满足灌溉的需要。近年来我国微喷灌设备生产逐渐完善，微喷灌面积发展很快，是一种很有发展前途的节水灌水方法（见图 1-2）。

图 1-2　微喷灌

三、确定灌溉量

确定每次灌溉量的原则是保证苗木根系的分布层处于湿润状态，即灌溉深度应达到主要根系分布层以下。最适宜的灌溉量是在灌溉后使苗木根系分布范围内的土壤含水量达到田间最大持水量的 60%～80%。当低于 60% 时，就需要灌溉，差值越大，灌溉量也越大。过量的灌溉，会使种子和插穗腐烂，妨碍苗木吸收根的生长，不仅对苗木不利，还会引起土壤次生盐渍化。

灌水量可根据土壤的持水量（见表 1-11）、灌溉前的土壤湿度、土壤容重、要求土壤浸润的深度计算。计算公式为：

灌水量 = 灌溉面积 × 土壤浸润深度 × 土壤容重 ×（田间最大持水量 − 灌溉前土壤湿度）

表 1-11　不同土壤容重及田间最大持水量

土壤类别	土壤容重 /（g/cm^3）	田间最大持水量（%）
黏土	1.3	25～30
黏壤土	1.3	23～27
壤土	1.4	23～25
沙壤土	1.4	20～22
沙土	1.5	7～14

四、灌溉作业

灌溉作业应根据当地气候特点、土壤含水量和保水性能、苗木生长状况和水分需求、根系喜气等情况，适时适量进行灌溉，以利于苗木良好生长。灌溉时应有专人看管，防止因水

流过急冲毁苗床、步道，并保证不跑水、不漏水。若浇水后出现土壤塌陷，致使新栽植苗木倾斜时，应及时扶正、培土。

采用微灌系统灌溉前，应对喷灌机具各组成部分进行检查，并应符合下列要求：喷头连接牢固，流道通畅，转动灵活，换向可靠，弹簧松紧适度，零件齐全；管件完好齐全，控制闸阀及安全保护设备启闭自如，动作灵活，止水橡胶质地柔软，具有弹性；量测仪表盘面清晰，指针灵敏。喷灌设备喷洒开始时，应缓慢开启放水阀逐个启动喷头，并逐步调整压力至喷头压力额定值，严禁同时启动所有喷头。喷头运转时应做好巡回监视工作，防止喷头堵塞、换向失灵、负压切换失效等故障产生。停止喷洒时，应逐个缓慢关闭放水阀，不得同时关闭所有喷头。

【质量评价标准】

项目质量考核要求及评分标准见表1-12。

表1-12 项目质量考核要求及评分标准

考核项目	考核要求	配分	评分标准	扣分	得分	备注
确定灌溉时间	正确确定灌溉时间	10	不能够根据苗木生长情况确定灌溉时间，扣10分			
确定灌溉方法	1. 熟知常用的灌溉方法 2. 掌握各种灌溉技术 3. 因地制宜地确定苗圃灌溉方法	30	1. 不熟悉苗圃常用的灌溉方法，扣10分 2. 不熟悉喷灌、滴灌的特点，扣10分 3. 不熟悉喷灌、滴灌的基本设施，扣10分			
确定灌溉量	正确确定灌溉量	20	不能根据树种、苗龄、土壤等情况确定合理的灌溉量，扣20分			
灌溉	1. 掌握常用灌溉方法的操作技能 2. 能利用实训材料简单地连接好喷灌、滴灌设备，并进行使用	40	1. 连接喷灌、滴灌设备不准确，扣10分 2. 灌溉操作不规范，扣20分 3. 灌溉效果不理想，扣10分			

【扩展与提高】

排 水

灌溉后多余的水分及降雨过多时，应及时排出苗圃，以免积水引起病虫害或烂根等。要做好排水工作，首先应整平圃地，使床面平整，并建立苗圃排水系统，做到“外水不侵，内水能排”，“旱能灌，涝能排”。在作业过程中，应及时检查修复排水渠道，以利排水。

苗圃所有沟渠配套系统必须在雨季到来之前开挖好，以便及时排水，保证苗木正常生长。苗圃受到洪涝灾害后，要及时疏通沟渠，排除渍水和污泥杂物，及时整理好苗木和苗土，做到明水直流、暗水直落，待苗木恢复生机后再进行除草和松土。

项目5　苗圃化学除草

学习目标

1. 熟知除草剂的分类。
2. 掌握除草剂的使用方法。
3. 会根据苗木年龄、除草剂种类、杂草种类及环境状况合理确定用药量。
4. 掌握化学除草技术。

【学习任务】

1. 任务描述

结合苗圃生产或园林绿化工作完成化学除草剂除草作业。

2. 任务流程图

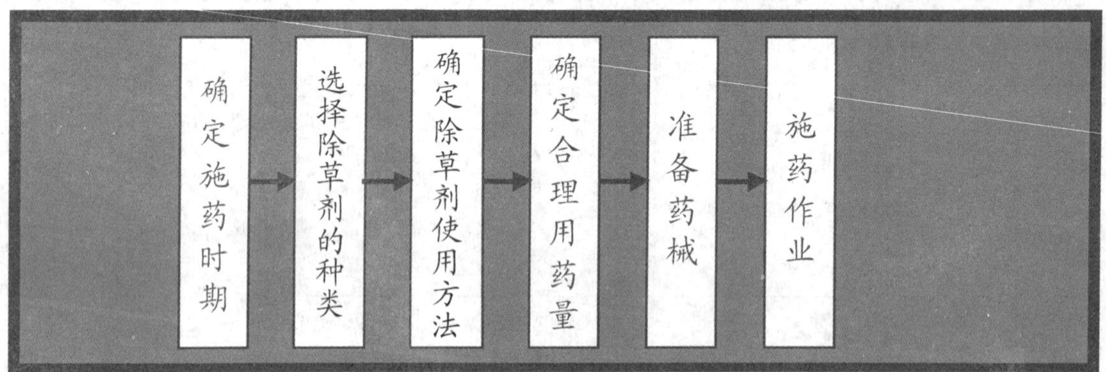

【环境设备】

材料：当地常用除草剂2～3种。

用具：喷雾器、水桶、盆、量杯、勺子、锄头等。

【学习过程】

苗圃除草有人工除草和化学除草。除草应掌握“除早、除小、除了”的原则。

化学除草是指利用化学药剂对杂草的抑制作用杀死杂草的方法，是近年推广的一种多、快、好、省的除草办法，它可节省劳动力，降低除草成本，提高劳动生产率。化学除草在国内外的应用越来越普遍。

杂草的特点是根系强大，生长迅速，有很强的生命力。一株杂草的结实量有几百粒到几十万粒，繁殖和传播能力很强。如有些茅草地下茎在土壤中穿透力极强，人工很难彻底清除，使用化学除草剂除草能起到很好的效果。

一、确定施药时期

使用除草剂时应根据除草剂对湿度、光照的要求，把握好施药时机。一般情况下，光照

强、气温高时，杂草吸收水分、养分的能力强，除草剂被吸收和传导速度快，毒杀作用强。空气湿度大时，杂草叶面气孔张开，有利于药剂吸收。大风易造成雾滴飘移，施药不匀，降低药效，甚至引起药害。施用除草剂应在气温为20~30℃的晴朗无风或微风天气施用，大风、有雾及叶片上有露珠时不宜施药。土壤湿度小，不利于除草剂药效的发挥，可在施药后灌水，以保证药效。

封闭类除草剂和土壤接触后能在土表形成约1cm左右的除草药膜，当杂草种子萌发通过药膜时被毒杀致死。这类除草剂务必在杂草萌芽前使用，一旦杂草长出，抗药性增加，除草效果则变差。对于茎叶处理类除草剂，应当把握“除早、除小”的原则，以在杂草2~6叶期喷施效果最好，杂草株龄越大，抗药性就越强。在正常年份，杂草出苗90%左右时，杂草幼苗组织幼嫩、抗药性弱，易被杀死。苗木速生期对除草剂敏感，要特别慎用，处于硬化期的苗木虽有一定抗性，但大部分杂草已经成熟，施药的作用不大。

二、选择除草剂的种类

1. 常用化学除草剂的种类

（1）选择性除草剂　这类除草剂与植物接触被植物吸收，能杀死杂草而不伤苗，如西玛津、扑草净等。适用于各类育苗区。

（2）灭生性除草剂　此类药剂不分杂草与苗木都能抑制和杀死，如甲基胂酸二钠、敌草隆等。适用于粪场、水渠外沿等非育苗区。

（3）触杀性除草剂　药剂只在接触植物的部位发生作用，一般很少吸收到体内进行传导，如五氯酚钠等。

（4）内吸传导性除草剂　药剂被植物吸收后，可运转到没有接触药剂的部分。内吸性除草剂还可按主要吸收药剂的部位分为：① 茎叶内吸性除草剂，叶片吸收后能将药剂随光合作用产物运输到根系和其他叶片和茎尖上，如二甲四氯、草甘膦、2，4—D等；② 根系内吸性除草剂，根系吸收后随水分上升到叶部，如西玛津、敌草隆、绿麦隆等。苗圃常用化学除草剂见表1-13。

表1-13　苗圃常用化学除草剂

药名	主要性能	适用树种	使用时间和方法	用量/(kg/hm^2)	注意事项
除草醚 草枯醚	选择性，触杀型，移动性小，药效期20~30天	针叶树类，杨、柳插条。白蜡属，桉树等	播后出苗前或苗期。茎叶处理，土壤处理	4.5~9.0 3.8~7.5	1. 喷药要匀 2. 杨、柳插条出苗后要用毒土法
灭草灵	选择性，传导型，药效期约30天	针叶树类	播后出苗前或苗期。茎叶处理，土壤处理	3.0~6.0	1. 保持表土湿润 2. 气温20℃以上
茅草枯	选择性，传导型，药效期约20~60天	杨、柳	播后出苗前或苗期。茎叶处理，土壤处理	4.5~7.5	药液现配现用，不宜久存

（续）

药名	主要性能	适用树种	使用时间和方法	用量/（kg/hm^2）	注意事项
五氯酚钠	灭生性。触杀型，药效期3~7天	针、阔叶树	播后出苗前或播前，茎叶处理	4.5~7.5	苗期禁用
西玛津、扑草净阿特拉津	选择性，传导型，溶解度低，药效期长，30~90天	针叶树类	播后出苗前或苗期。茎叶处理，土壤处理	2.3~3.8	注意后茬苗木的安排
草甘膦	灭生性，传导型，药效期较长	针、阔叶树	播后出苗前或播前，茎叶处理	1.5~3.0	大苗区可定向喷雾使用

2. 选择适宜的除草剂

杂草种类不同，施用方法不同，要选择不同的除草剂，才能达到良好的除草保苗效果。

播种前或播种后种子发芽前，选择残效期短的除草剂，如五氯酚钠、除草醚、灭草灵、2，4—D类、杀草胺、二甲四氯类、茅草枯、三氯乙酸等。

采用毒土法利用位置差除草，选择在土壤中移动性小的除草剂，如扑草净、灭草灵、西玛津、阿特拉津、扑草津、除草醚、2，4—D、氟乐灵等。

根据经验，常绿针叶树苗木耐药力最强，对绝大多数除草剂常规剂量无药害反应，可用草甘膦进行茎叶处理。杨树和臭椿幼苗，只能用茅草枯，对其他除草剂常规用药量有药害反应。合欢、木槿、紫荆等阔叶苗木，不能用草甘膦，萌芽前可用25%除草醚可湿性粉剂，拌细潮土制成药土撒施，然后用清水洗苗。月季、玫瑰、蔷薇等因茎杆上有刺，人工除草不好操作，广泛使用的除草剂有异丙隆、敌草隆、都尔、大惠利、恶草灵等，作苗前处理。五针松、茶梅、细叶杜鹃等比较珍贵的花木，圃地除草用药要特别注意，可在杂草萌芽前用40%氟乐灵乳油喷于苗圃床面，然后用清水洗苗，待苗上水分干后，再用适量细土覆盖，以免氟乐灵挥发、光解而失效。

三、确定除草剂使用方法

1. 选择适宜的使用方法

除草剂的剂型不同，使用方法也不相同，一般分为茎叶处理和土壤处理。

（1）茎叶处理　是将除草剂直接喷洒在正在生长的杂草叶面上。茎叶处理法又可分为播前茎叶处理和生长期茎叶处理两类。播前茎叶处理就是在苗木未播种或移栽之前将化学除草药液喷洒在已生长的杂草上，能够完全有效地杀死杂草，对这类除草剂的要求是广谱性，药效期短，施在土壤后药剂很快分解，最常用的药剂有草甘膦、克无踪等。生长期茎叶处理是苗木出苗后喷洒除草剂处理消灭杂草茎叶的方法。这种处理方法既将除草剂喷洒到杂草上又喷洒到苗木上，因此，选择的除草剂应具有选择性，可使用2，4—D、二甲四氯、百草敌等，防除双子叶杂草。有些选择性不太强的除草剂可采取定向喷雾的方法，达到既保苗木安

全，又能防除杂草的目的。茎叶处理法使用的除草剂一般都是乳油、水剂、可湿性粉剂等类型，兑水喷雾，油剂的药剂可用超低容量喷雾器直接喷雾。

（2）土壤处理 可分为播前、播后苗前、苗后土壤处理三个层次。播前土壤处理，就是在苗木移栽或播种之前将除草剂施入土壤，并均匀地混入浅土层中，形成一定深度的药物层，杂草萌芽或穿过药层时，接触吸收药剂导致中毒死亡。这种处理方法能够减少除草药剂的挥发和光解。在地表墒情差的情况下，混土处理比地表处理的药效高，除草效果好。播后苗前土壤处理就是在苗木播种后出苗前对土壤进行处理。目前苗圃大多数除草药剂都是采用这种方法施药的，这些药剂主要利用“位差选择”进行除草。苗后土壤处理是在苗木生育期处理土壤，比如植苗后使用的杀草丹、除草醚等，这种除草剂常采用颗粒剂施药。

2. 除草剂的混施

目前我国市场上出售的除草剂多是单一的，除草剂的杀草范围有限。实践证明，2 种或 2 种以上除草剂的混用，比单独施用除草效率要高 5% ~15%，且省工、省药、安全系数高、杀草范围大。另外，除草剂还可与杀虫剂、杀菌剂及化学肥料混合使用，既可除草，又可同时杀虫、杀菌、施肥。

（1）除草剂混施的原则 除草剂混施应遵循以下原则：残效期长的和残效期短的结合；传导型的和触杀型的结合；在土壤中移动性大的和移动性小的结合；速效的和慢效的结合；对双子叶杂草杀伤力强的与对单子叶杂草杀伤力强的结合；除草与杀虫、杀菌、施肥结合。

（2）除草剂混施的注意事项 除草剂混合使用要谨慎，使用不当会使药剂失效或产生药害。除草剂混合应注意遇碱性物质分解的药剂不能与碱性物质混用，混合后产生化学反应的药剂不能混用；混合后出现絮状凝结、沉淀或乳剂被破坏现象的药剂不能混用。除草剂混合使用一定要经过试验，取得经验后方可推广。

根据经验，有效成分稳定的除草剂，如扑草净、西玛津、阿特拉津、除草醚等，可与多种农药和化肥混用。有效成分为盐或酸的除草剂，如 2，4—D、二甲四氯、五氯酚钠等，只能与不含金属或碱土金属离子的农药和化肥混合。

（3）除草剂混施的用量 一般来说，两种除草剂混用药量为各自单独用量的 1/2，3 种除草剂混用药量为各自单独用量的 1/3。当然，这不是绝对的，混用时必须依照杀草对象、植物情况、药剂特点及环境条件灵活掌握。

四、确定合理用药量

用药量是指单位面积的药量，除草剂用药量的大小直接影响到杀草效果。除草剂与其他农药不同，对药液的浓度没有严格的要求，只要单位面积的施用量均匀地施在规定的面积上即可。量小安全，但效果差，量大效果好，但易发生苗木药害。施药前应根据苗木、除草剂、杂草种类、环境状况，参考小面积试验取得的数据和他人使用经验，确定合理的用药量。

除草剂用药量与施药时的载体关系不大，但载体量小时，施药不均匀，载体量大时，施药工作量大。为防止载体量少，施药不均匀，造成局部用药过少或过量，茎叶处理时一般使用水溶液喷雾，土壤处理可使用水溶液喷雾或用拌沙土作毒土。

大多数苗木对除草剂都有一定的抗药性，一般情况下针叶树比阔叶树抗药性强，针叶树常绿苗又比落叶苗抗药性强。同一树种，2 年生以上苗木比当年生播种苗抗药性强，1 年生扦插苗比播种苗抗药性强。确定用药量时，阔叶树苗木用规定药量的下限，落叶针叶树苗用规定药量的中限，常绿针叶树苗用规定药量的上限。同一树种，当年生播种苗用规定药量的下限，2 年生以上苗木用规定药量的上限，扦插苗可用中限或上限。同样是当年生播种苗，幼苗期用量要小，随着苗木的长大适当增大用量。

当杂草高大、苗木健壮情况下，用药量可大些，反之应适当减小。温度较高、湿度较大、土壤肥沃疏松时，杂草生长快，组织较嫩，吸收除草剂快，易被杀死，可适当减少用量。

五、准备药械

常用的施药器材有：

（1）喷雾器　一般的农用背负式喷雾装置即可，容易控制喷雾量，掌握喷雾位置，适合在有苗地作业。

（2）微量喷雾器　一般是动力喷雾装置，可均匀喷洒微量药液，适合在有苗地作业。

（3）高压喷雾机　由储液灌、压缩机、动力机械和行走装置如拖拉机等 4 部分组成，能形成高压水雾，适合在空阔地，播后苗前在苗床使用。

（4）喷粉器　一般的农用喷粉器，适用于荒地、休闲地，播后苗前使用。

（5）其他器械　畜力或机械施药、松土工具，用于施药、拌土等，适用于行距较大的移植区、大苗区。

所有的施药器械最好专用，用后要及时清洗，防止再作它用时伤害苗木。

六、施药作业

施药作业时应注意以下事项：

1）喷施时，要严格按照规定的用量、方法和程序配制使用，不得随意加大或减少药量。

2）喷药速度快慢要适宜，均匀周到，在规定面积上应刚好喷完一定数量的药液，严防漏施、重施。

3）注意除草剂的使用时期和使用方法。播后苗前使用的除草剂不能苗后使用，土壤处理剂不能用于茎叶处理。进行土壤处理的地块，一定要耕细整平，并且施药要均匀，否则会降低药效。除草剂药效和对苗木的药害，以沙土、壤土、黏土的次序递减，所以，沙性土壤的用药量酌减，黏土的用药量应适量增加。

4）除草剂一旦稀释不要放置过久，以免失效。如果有剩余药液不可集中喷在一个地方，可加些水均匀喷开。在停止喷药和地头转弯处要关闭喷管，不可随意向其他禁忌苗木地喷洒。某些内吸性及附着力差的药剂，在喷药后半天内如遇大雨，应考虑补喷一次。

5）操作人员要做好防护工作，必须戴手套、口罩，防止药剂接触皮肤、口腔，如果皮肤沾上药剂，应及时用肥皂水与清水冲洗干净。施药后及时洗脸洗手。

【质量评价标准】

项目质量考核要求及评分标准见表 1-14。

表 1-14 项目质量考核要求及评分标准

考核项目	考核要求	配分	评分标准	扣分	得分	备注
确定施药时期	1. 熟知环境条件对除草剂的影响 2. 合理确定施药时期	20	1. 不熟悉环境条件对除草剂的影响，扣10分 2. 确定施药时期不适宜，扣10分			
选择除草剂的种类	1. 熟知常见除草剂的性能 2. 能因地制宜选择除草剂	20	1. 不熟悉除草剂分类，扣5分 2. 不熟悉常见除草剂的性能，扣5分 3. 除草剂选择不适宜，扣10分			
选择适宜的使用方法	1. 能根据除草剂的剂型不同选择适宜的使用方法 2. 能因地制宜地进行除草剂混施	10	1. 确定除草剂使用方法不适宜，扣5分 2. 进行除草剂的混施不合理，扣5分			
确定合理的用药量	根据苗木年龄、除草剂、杂草种类及环境状况合理确定用药量	20	确定用药量不适宜，扣20分			
施药作业	1. 施药器材准备充分 2. 施药均匀周到，速度适当 3. 安全措施到位	30	1. 施药器材准备不充分，扣5分 2. 施药不均匀周到，发生重喷和漏喷，扣15分 3. 操作存在不安全因素，扣10分			

【扩展与提高】

人工除草

人工除草效率较低，一般结合中耕进行。中耕是在苗木生长季节进行的松土作业，目的是除草，破除土壤板结，疏松表层土壤，切断土壤毛细管，减少土壤水分蒸发，改善通气条件，为根系生长创造良好的土壤环境条件。人工松土除草的时间和次数，应根据苗木生长规律和气候、土壤条件，以及杂草繁茂程度而定。实践证明，播种苗一般每年松土除草6~8次，留床苗、移植苗、营养繁殖苗每年3~6次。在年生长周期中，前半期一般每隔10~15天除草1次，后半期每隔15~30天除草1次。南方多雨，除草次数要多些，北方干旱，次数要少些。

项目6 苗木防寒

学习目标

1. 熟知苗木低温危害的原因。
2. 熟知常用苗木防寒的方法，掌握苗木防寒措施。

【学习任务】

1. 任务描述

结合苗圃生产完成某一项防寒措施作业。

2. 任务流程图

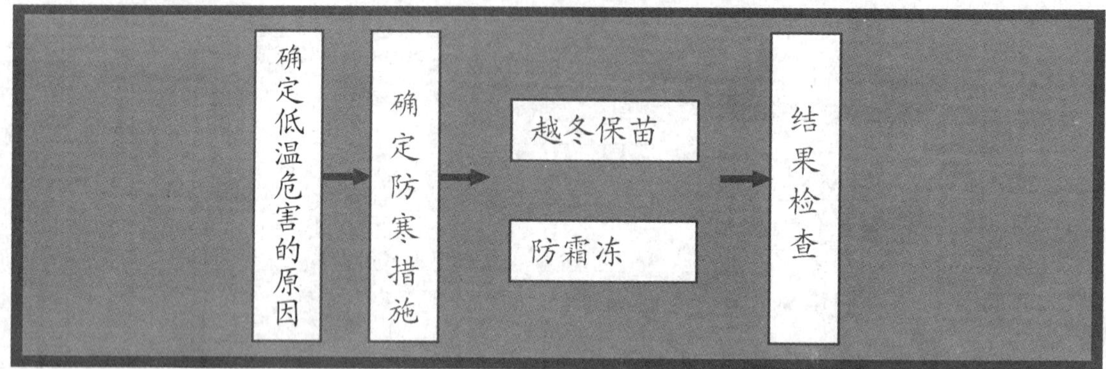

【环境设备】

材料：竹竿、稻草、稻壳、麦秸、锯末、塑料薄膜、彩条布等。

用具：锄头、铁锹、绳子、铁丝等。

【学习过程】

一、确定低温危害的原因

低温危害是我国园林苗圃中主要的自然灾害，根据苗木受害温度的特点可分为寒害、冻害、霜冻害三种类型。

1. 寒害

寒害是指受0℃或0℃以上低温侵袭而造成的一种灾害。如有些喜温性苗木在低温影响下，细胞原生质膜透性增大、水分外溢，造成苗木脱水干旱而受害，低温也会造成原生质胶体结构受到损害，使原生质凝固、收缩或断裂，引起细胞死亡，有时低温会破坏植物正常的新陈代谢，主要是氮代谢受到破坏，使苗木体内产生毒素而受害。

2. 冻害

冻害是指苗木遇到0℃以下强烈低温或剧烈变温，引起植株体结冰而丧失生理活动，造成苗木枯萎或死亡的一种灾害。

冻害常见的表现形式有：

（1）生理干旱　多发生在早春，因干旱风的吹袭，使苗木地上部分失水过多，而根系因土壤冻结不能供应地上部分所需的水分，苗木体内因失去水分平衡致死。在我国北方地区，苗木越冬防寒要以防止生理干旱为主。

（2）冻拔　冬季土壤中的水分因严寒冻结，体积膨胀，苗木和土壤一起被抬起，当天气回暖，土壤解冻下沉，引起土层开裂，拉断苗木根系，或被风吹干而使苗木受害。

（3）苗体冻害　因严寒使苗木细胞原生质脱水结冰，损伤了细胞组织，失去了生理机能造成苗木受害。症状主要表现为：①根系冻害。苗木根系生长在地下，冻害不易被发现，但对地上部分的影响非常显著，表现在春季萌芽晚或不整齐，有的受冻害较轻，虽然能发芽抽梢，但生长缓慢，严重时抽出的新梢逐渐凋萎枯干。刨出根系，发现外部皮层变为褐色，皮层与木质分离，甚至脱落。②根茎冻害。苗木根茎冻害是由于接近地面的小气候变化剧

烈，绝对最低温度较气温低，温差大而引起的，特别是在根部积水多，贪青生长的情况下，根茎冻害更易发生。③枝干冻害。表现为主干破裂，枝杈受冻，受冻枝杈皮层下陷或开裂，内部变褐，组织坏死，严重时组织基部的皮层和形成层全部冻死，造成受害枝枯萎，树势衰落甚至死亡。④枝条冻害。苗木发育不成熟的嫩枝，最易遭受冻害而干枯死亡。

3. 霜冻害

霜冻的危害表现在温度下降到0℃以下时，细胞间隙中的水分形成冰晶，细胞内原生质与液泡逐渐脱水，冰晶不断扩大，对细胞壁产生机械压力，当脱水和机械压力超过一定限度时，出现胞内结冰，引起原生质凝固，造成苗木受害。解冻时如果温度上升太快，细胞间隙中的冰融化成的水还没有来得及被原生质吸收就很快蒸发，也会造成原生质失水使苗木受害。

为保证苗木免受低温的危害，必须首先提高苗木的抗寒能力。可以通过选育抗寒品种，正确掌握播种期，入秋后及早停止浇水和追施氮肥，增施磷、钾肥，加强松土、除草、通风透光等管理，使幼苗在入冬前充分木质化，增强抗寒能力。阔叶树苗休眠较晚的，可用剪梢的方法控制生长，并促进其木质化。

二、确定防寒措施

1. 越冬保苗

越冬保苗的方法很多，有土埋、覆草、设防风障和设暖棚等方法。

（1）土埋　埋苗的时间不宜太早，在土壤结冻前开始，过早埋苗木易腐烂。埋土厚度因地而异，以超过苗梢1～10cm为宜。苗床南侧覆土宜稍厚，生长高的苗木可以卧倒用土埋住。翌春撤土的时间很重要，早撤易导致生理干旱，晚撤易捂坏甚至使苗木腐烂，在要起苗时或在苗木开始萌芽前，分两次撤除覆土较好。撤土后要立即进行一次充足的灌溉，以满足早春苗木所需水分，这是防止早春生理干旱的有效措施。

（2）覆草　对春旱不太敏感的苗木可用覆草法，降低苗木水分的蒸腾，即在降雪后用麦秆或其他草类将苗木覆盖，覆盖的厚度应超过梢3cm以上。为了防止草被风吹走，可用草绳压住覆草。圃地如果太干，应在土壤结冻前进行灌溉。在春季起苗前1周左右撤草，过早仍会受干旱风危害。此法较土埋法的效果差。

（3）设防风障　在冬季和春季风大的北方，可设置防风障防止苗木的生理干旱。防风障能减低风速，减少苗木水分的蒸腾，并增加积雪，防除干旱，保护苗木。

我国北方一般在土壤结冻前用秫秸建立防风障。针叶树苗每隔2～3苗床，用秫秸建一道障，使风障长与主风方向垂直，梢端与风向稍倾斜或与风向垂直。

（4）设暖棚　暖棚又叫霜棚，在我国的南方，苗木越冬时，可用暖棚。其构造与荫棚相似，但是暖棚要密而且北面与地面相接，南面高。棚的高度要比苗木稍高。

（5）卷干（裹干）　对有明显主干的大苗，可用草绳等柔软材料缠绕、包裹主干。卷干不仅提高树木的抗寒能力，在生长期内又可避免强光直射灼伤树体，降低树体水分蒸腾。塑料薄膜卷干有利于休眠期树体的保温保湿，但在温度上升的生长期内，因其透气性差，内部热量难以及时散发会导致枝干灼伤，应在苗木芽萌动后及时撤除。

（6）涂白　对苗干涂白可预防冬春日温差过大所引起的日灼，常用配方是生石灰3份、食盐0.5份、水10份、动（植）物油少许，也可再加入少量石硫合剂原液。

另外，还有培土、灌冻水、喷蒸腾抑制剂等方法。

2. 防霜冻

春季播种或插条，当幼苗刚发芽如遇晚霜，幼苗易遭霜冻，防除方法有以下几种：

（1）熏烟法　烟雾能吸收一部分水蒸气，使其凝成水滴放出潜热，使地表气温增高1～2℃。此法用于平地效果较好。熏烟时应先准备熏烟材料，如稻草、麦秸、锯末、棉壳皮、秫秸、枝条等，每公顷平均分布约50堆，每堆20～25kg。在预知有寒霜的夜间，在苗圃中应有人值班，当温度下降到0℃时，点燃草堆，燃烧时要做到火小烟大，保持有较浓的烟幕，日出后应继续保留浓烟1～2h。

（2）灌溉　在霜冻来临之前，浇足浇透一次防冻水，增加土壤含水量。由于水的比热较大，冷却迟缓，水汽凝结时放出凝结热，能使地表温度提高2～3℃，有效防除霜冻和冻拔害。

【质量评价标准】

项目质量考核要求及评分标准见表1-15。

表1-15　项目质量考核要求及评分标准

考核项目	考核要求	配分	评分标准	扣分	得分	备注
低温危害原因	熟知苗木低温危害的原因	20	不熟悉苗木低温危害的原因，扣20分			
防寒措施	1. 能因地制宜地进行苗木越冬保苗（土埋、覆草、防风障、暖棚、裹干、涂白等） 2. 能因地制宜地采取防霜冻措施（熏烟、灌防冻液等）	80	1. 越冬保苗操作不适当，扣60分（选择2～3项） 2. 幼苗防霜冻操作不适当，扣20分（选择1～2项）			

【单元复习题】

1. 案例分析

（1）据报道，2005年甘肃省有15亿多株苗木积压，一些农户因销售无门，只能将积压的苗木当柴火烧。2008年，山东全省积压苗木约3亿株，其中一年生杂交杨、法桐、毛白杨、白蜡、国槐、花椒、金银花、扶芳藤和侧柏裸根苗积压较多。育苗户们不无忧虑地说："卖不出去的苗木只能砍回家烧锅用，几年的心血就白费了，我们心痛啊！"近几年来，由于苗木市场过剩而出现的育苗户自毁苗木的事情频频发生。试分析产生这种现象的原因和解决对策。

提示：发展苗木产业，科学制订发展计划，选择适宜的苗圃地，合理定位苗圃的规模，突出苗圃的特色，要专业化、规模化生产，要有前瞻性，有懂技术、会管理的人才，充分了解市场、加强市场营销。

（2）安吉白茶历史悠远、文化深厚，早在宋代，就被奉为"贡茗珍品"。2008年，在上海豫园举行的极品安吉白茶拍卖会上，安吉白茶拍出了1克1000元的天价。早在1981

年，安吉县林科所就开始进行安吉白茶扦插育苗试验，由于不了解白茶扦插的特性，课题组精心挑选了一车熟土进行试验，他们采取了很多生根促进技术，结果却是试验一次失败一次。“是不是熟土有细菌，换点生土试试……”，说来也怪，课题组成员这么一句看似很随意的话语却给试验带来了新的希望。1982 年，剪取 537 支插穗成活 288 支；1983 年，实栽 82 丛，成活 75 丛……1990 年，5.6 亩的“白茶”开发基地在县林科所正式建成。随后，采摘鲜叶加工制成第一批安吉白茶，并取了一个好听的名字“玉凤茶”，经过层层推荐，“玉凤茶”于 1991 年 6 月在全省名茶评比中脱颖而出，获得了一等奖，而后又获得了全国名茶金奖和国际金奖。无性系白茶树品种的育成，安吉人由此步入了“白茶时代”。试根据这个案例分析在育苗生产中轮作和土壤消毒的重要性，并调查当地苗圃采用的主要消毒方法。

（3）2008 年 1 月，受北方强冷空气影响，洛阳市气温急剧下降，由于低温冻害持续时间较长，大多数苗圃的常绿阔叶树种和玉兰等苗木受灾严重。苗木受冻后，轻者造成叶片卷曲、苗梢干枯，重者造成整株苗木死亡。试结合此案例调查当地易受低温危害的苗木种类和当地苗圃采用的主要防寒措施。对于冻害较轻的苗木，采取哪些针对性补救措施。

提示：对于冻害较轻的苗木，可采取以下措施进行补救。

1）对已冻死的枝条要及时剪除，以便伤口愈合。对尚无法判定是否已冻死的枝条，不要急于修剪，待春天萌芽能判定后再将死枝剪除。剪口必须剪到新鲜的组织，再将伤口削平，若剪口过大要涂保护剂。保护剂可选用含有 0.01% ~0.1% 的萘乙酸膏，也可选用接蜡、铅油等。这些药剂不透雨水，不腐蚀树体组织，同时又有防腐消毒作用。特别是萘乙酸膏，因含有生长激素，可以促进伤口愈合。对受冻后成块脱离木质部的树皮，可用小钉将其钉好，用塑料薄膜包扎或采用桥接方法进行补救。

2）早施追肥，宜选用速效化肥，如磷酸二氢钾、尿素等。肥料不宜太多，否则，既易损伤根系，又不经济。在追肥的同时，还要进行叶面施肥，因为叶面施肥吸收快，在喷施后 24h 内，苗木即可吸收。可用 0.3% 的尿素液肥，或 0.5% 的磷酸二氢钾液肥喷施。

3）适时浇水，可减轻苗木早春生理脱水的程度，还可满足苗木生长对水分的需求，最好采用漫灌。

4）将苗圃地深翻一次或将苗木四周的土壤挖松，以改善土壤结构，促进苗木根系生长。

5）对根颈受冻的苗木，要及时进行嫁接，有效利用现有资源，减少冻害引起的经济损失。

6）对受冻的苗木不宜急于移栽或出售，让其在苗圃地生长一段时间，待其恢复长势后，再移栽或出售。否则，会影响苗木的长势以及降低栽植成活率。

除此之外，还要做好防病虫等方面的工作。

2. 思考与练习

（1）参观某个实习苗圃，绘制苗圃区划图，并调查该苗圃地的自然条件。

（2）怎样进行苗圃生产区的区划？

（3）苗圃技术档案的主要内容是什么？

（4）简述耕地和耙地的要求。

（5）怎样做低床和高床？

(6) 简述苗圃基肥的使用方法。

(7) 土壤常用的追肥方法有哪些?

(8) 调查并比较漫灌、喷灌、滴灌的优缺点。

(9) 简述除草剂的分类方法。

(10) 简述除草剂的使用方法，使用除草剂的注意事项有哪些?

单元2　园林植物的种子生产

在新制定的《中华人民共和国种子法》中，将林木的籽粒、果实、茎、苗芽、叶等繁殖或者种植材料均归纳为种子的范畴。如生产上培育雪松、侧柏等园林苗木时，所用的播种繁殖材料属于植物学意义上真正的种子；培育白蜡播种苗时，所用的种子实际上是指植物学上的果实；播种桃、梅、李时，所用的种子只是果实的一部分；而有些树种播种所用的种子仅仅是种子的一部分，如银杏通常是除去肉质外种皮后，留下包括骨质中种皮和膜质内种皮的部分。

园林种苗生产中，种子泛指用于繁殖园林植物的种子或果实，是园林苗圃经营中最基本的生产资料。园林植物种子质量的高低以及种子数量的充足与否，直接关系到苗木的生产质量和效益。优良种子是培育优质苗木的前提，数量充足是顺利完成苗木生产任务的保证。为了获得质优量足的种子，必须掌握园林植物结实的自然规律，充分挖掘和利用优良的种子资源，积极建立园林植物种子生产基地，深入了解植物的结实特性，科学合理地进行种实采集和种实调制。并在深入了解园林植物种子成熟生理特性的基础上，采取科学先进和积极有效的措施贮藏种子，监测种子的活力动态，保障苗木生产培育对种子的需要，为提高园林苗木的生产水平，充分发挥园林绿化的生态效益、社会效益和经济效益奠定良好的基础。

1. 园林植物结实年龄

园林植物最初的生长发育过程主要是营养物质积累，枝干和树冠不断扩大，直至生长发育到一定的年龄且营养物质积累到一定程度后，植物顶端分生组织才开始分化并形成花原基和花芽，开始开花结实具有了繁殖能力。不同树种开始结实的年龄有很大差异，出现差异的原因首先取决于树种的遗传特性，其次与环境条件有密切的关系。如紫薇1年生即可结实，梅花3~4年生可开花结实，落叶松需要约10年左右才能开花结实，而银杏则要到20年生后才开始开花结实。

2. 园林植物结实时期

木本园林植物在个体发育的生命周期中，实生树木从种子的形成、萌发到生长、开花、结实、衰老，要经过不可逆的幼年期、青年期、成年期和衰老期等几个性质不同的发育期。

（1）幼年期　幼年期从种子萌发到植株第一次开花止。幼年期是植物地上、地下部分进行旺盛生长的时期。植株在高度、冠幅、根系长度、根幅等方面生长很快，体内逐渐积累起大量的营养物质，为营养生长转向生殖生长做好了形态上和内部物质上的准备。

（2）青年期　青年期从植株第一次开花时始到大量开花时止。其特点是树冠和根系生长旺盛，是离心生长最快的时期，能达到或接近最大营养面积。植株能年年开花和结实，但结实量较少且不稳定，空粒多，发芽率低，种子产量低。但种子可塑性大，故一般不宜从青年期的母树上采种。

（3）成年期　成年期是从青年期结束起到结实能力开始下降时止。林木在这时期生长较稳定，但逐渐丧失了可塑性，对不良环境的抗性加强。林木生长旺盛，对光的要求增多，结实量逐渐增加，以至达到结实的最高峰。这一时期较长，有的树种可达几十年以上。成年期是林木结实盛期，种子产量高，质量好，是采种的重要时期。

（4）衰老期　衰老期从结实能力明显下降到植株死亡时止。此时营养生长和生殖生长都逐渐变弱，枝梢逐渐干枯，抽生的枝条短而细，开花能力下降，种子品质低劣，可塑性完全丧失，生理机能衰退，对外界不良环境的抵抗力弱，常遭病虫危害。应禁止在这个时期采种。

3. 园林植物结实周期性

园林植物开始结实后，各年的结实数量相差较大，有的年份结实数量多，可称为丰年。结实丰年之后，常出现长短不一的、结实数量很少的歉年，歉年之后，又会出现丰年。各年结实数量的这种丰年和歉年交替出现的现象，称为结实周期性，或称结实大小年现象。植物相邻两个结实丰年之间相隔的年限称为结实间隔期。

植物结实要消耗许多养分，特别是结实丰年，光合作用产物的大部分被种实发育所消耗，树体的营养积累减少，树势减弱，有时甚至消耗了植物体内积累的营养物质，使随后的花芽分化营养不足，致使结实丰年后，甚至随后几年都难以形成足够数量的花芽，结果出现结实歉年。此外，由于结实丰年消耗营养多，影响了新枝新梢的生长，使形成的果枝减少，也导致了随后开花结实量减少。植物结实的周期性随树种本身的生物学特性而异，在很大程度上又受所处环境条件的制约。

在丰年中不仅结果量多，而且种子品质好，发芽率高，幼苗的生活力强，而歉年则相反，所以在生产上应尽量采用丰年的种子育苗。同时进行必要的种子贮备，以补歉年之不足。

项目1　园林植物种实的采集

学习目标

1. 熟知采种母树的选择要求。
2. 掌握生理成熟、形态成熟的概念及特征。
3. 熟知常见园林植物采种期。
4. 掌握常见园林植物采种的方法。

【学习任务】

1. 任务描述

掌握采种母树或母株的选择方法，能根据种子成熟过程和成熟特征判断采种时期，完成种子的采收及种子登记工作。

2. 任务流程图

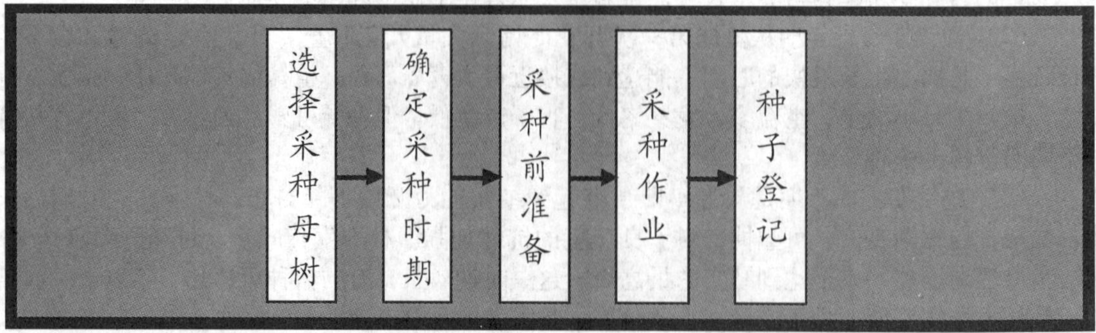

【环境设备】

材料：常见园林植物。

用具：高枝剪、采种镰、球果耙、球果梳、采种网、采种兜、双绳软梯、单绳软梯、绳套等。

【学习过程】

为了取得大量品质优良的种子，除了建立良种基地以外，还必须掌握适当的采种时期。过早采集，种子未成熟，延期采种则种粒脱落、飞散或遭受各种鸟兽的危害，从而大大降低了种子的数量和质量。因此只有了解种子成熟和脱落的一般规律，才能做到适时采种，获得大量优良种子。

一、选择采种母树（母株）

为保证采集种子的质量要求，采种母树（母株）首先选择经过国家有关部门确认的母树林、种子园、采穗圃、良种繁育圃等采种基地内的采种母树（母株），其次可选择生长发育旺盛、树体营养状况好、果实饱满、无病虫害、抗逆性强、处于丰年期（或种子大小年现象不明显）的成年优良母树（母株）。采种母树应生长在立地条件好、无污染、光照充足的环境中，符合这些条件的行道树、林带、片林等，都可作为采种母树。需要注意的是，采种母树应避免选择孤立木，以防自花授粉，种子品质下降。

二、确定采种时期

适宜的采种期应该依据种实成熟期、脱落方式、脱落时期，以及天气和土壤情况等环境因素确定。采集种实之前，必须先调查和估计种实的成熟期，了解种实的脱落方式，预计脱落时期的早晚。多数树种的种实采集期在秋季，如银杏、木兰等；杨、榆、桑等树种的种实在夏季采集；有些树种的种实在冬季采集，如女贞和桧柏等。

1. 种子的成熟

种子在成熟过程中，各种有机质和矿物质从根、茎、叶流入种子，经过不断积累和浓缩，当种胚成长发育成为有胚根、胚芽、子叶、胚轴等部分，具备发芽能力时，种子即成熟。种子成熟，一般可分为生理成熟与形态成熟两个过程。

（1）生理成熟　生理成熟是指种子内部营养物质积累到一定程度，种胚已具备发芽能力。达到生理成熟的种子含水量高，内部的营养物质还处于易溶状态，种皮不致密，保护性能差，抗性弱，采后种仁容易皱缩，种子不饱满。这样的种子采后不易贮存，很容易丧失发芽能力。因此，生理成熟的种子不宜采收。但有些长期休眠的种子，如椴树、山楂、水曲柳、圆柏等，用生理成熟的种子播种能缩短休眠期，提高发芽率。

（2）形态成熟　形态成熟是指种子内部生物化学变化基本结束，营养物质积累已经停止，种实的外观呈现出固有的成熟特征。达到形态成熟的种子，含水量降低，酶的活性减弱，营养物质转为难溶状态的脂肪、蛋白质、淀粉等。种仁饱满，种皮坚硬、致密，保护能力强。形态成熟后种子开始进入休眠状态，呼吸作用微弱，易于贮藏。这时的种子质量好，一般树种的种实宜在此时采集。

大多数树种生理成熟在先，隔一定时间才能达到形态成熟。也有一些树种，生理成熟与形态成熟的时间几乎是一致的，相隔时间很短，如旱柳、白榆、泡桐、木荷、银合欢等，当种子达到生理成熟后就自行脱落，故要注意及时采收。还有少数树种的生理成熟在形态成熟之后，如银杏，在种子达到形态成熟时，假种皮呈黄色变软，由树上脱落。但此时银杏种胚很小，还未发育完全，只有在采收后再经过一段时间，种胚才发育完全，具备正常的发芽能力，这种现象称为生理后熟。有人认为银杏在形态成熟时，花粉管尚未达到胚珠，经过一段时间后才能完成受精作用，逐渐再形成胚。因此，有生理后熟特征的种子采收后不能立即播种，必须经过适当的贮藏，或采用一定的催芽措施，才能正常发芽。

2. 成熟种实的鉴别

鉴别种实成熟程度是确定种实采集时期的基础，依据种实成熟度适时采收种实，获得的种实质量高，有利于种实贮藏、种子发芽及其幼苗生长。绝大多数树种的种实成熟时，其种实形态、色泽和气味等常常呈现明显的特征。

一般情况，未成熟的园林植物种实多为淡绿色，成熟过程中逐渐发生变化，其中球果类多变成黄褐色或黄绿色；干果类成熟后则多转变成棕色、褐色或灰褐色，如槭树、白榆、白蜡和马褂木等植物的种实，成熟时由绿色变成棕色或灰黄色；肉质类种实颜色变化较大，如黄菠萝种实变成黑色，红瑞木种实变成白色，小檗和山茱萸种实变成红色，银杏种实变成黄色或橘黄色。

种实成熟过程中，果皮也有明显的变化，肉质果类在成熟时果皮含水量增高，果皮变软，肉质化；干果类及球果类在成熟时果皮水分蒸发，发生木质化，变得致密坚硬。种皮的色泽变化很大，且与种子成熟度有密切关系，多数情况下，成熟种子种皮色深且有较明显的光泽，未成熟的则色浅而缺少光泽。

种子成熟时，多数肉质果类树种的果实酸味减少，涩味消失，果实变甜。

3. 种实脱落和采种期的确定

树种不同，种实脱落的方式和脱落期也不同。球果类如油松、侧柏等果实成熟时果鳞张开，种子散落；金钱松、雪松等树种是果鳞和种子一起散落。蒴果和荚果类的树种一般是果皮开裂，种子脱落；杨、柳类是种子和种絮飞散，果穗逐渐脱落。栎类、肉质果类以及翅果类，常为整个果实脱落。

种实成熟后脱落期较长的树种，在不同时期脱落的种子质量不同。多以前期脱落的种实质量好，如油松等在前期脱落的种实大而重，发芽率较高，而后期脱落的种粒较小，质量差。阔叶树种常常在中期脱落的种实质量较好，而早晚期脱落的多为受病虫危害及发育不良的种实，如栎类早期脱落的大多是受病虫危害或发育不良的种实，杨树早期脱落的蒴果则为未受精的，空粒较多。

生产中常常根据种实成熟期、脱落期、脱落特性等因子来决定采种期，详见表2-1。

1）成熟后立即脱落的小粒种子，容易被风吹散，而且落地后难以收集，应在成熟后脱落之前采种，如杨、柳、榆、桦等。

2）成熟后长期不脱落的种实，可适当延迟采集，但时间不易太长，以免长期挂在树上降低种子产量和遭受病虫害，如皂荚、悬铃木、苦楝、国槐、水曲柳、臭椿、椴树等。

3）有些树种脱落期较长，但果实色泽鲜艳，久留树上易招引鸟类啄食，为防鸟害，应在成熟后及时从树上采种，如樟树、女贞、乌桕、朴树等。

4）有些长期休眠的种实如山楂、水曲柳、圆柏等，可在生理成熟后、形态成熟之前采种，采后立即播种或层积处理，可缩短休眠期，提高发芽率。

表2-1 部分树种的采种期、种子脱粒处理及贮藏方法

树种	果实或种子成熟特征	采种期	种子脱粒处理及贮藏方法
油松	球果黄褐色微裂	10月	曝晒球果，翻动，脱出种子；干藏
落叶松	球果浅黄褐色	9~10月	曝晒球果，翻动，脱出种子；干藏
侧柏	球果黄褐色	10~11月	曝晒球果，敲打，脱出种子；干藏
马尾松	球果黄褐色，微裂	11月	堆沤球果，松脂软化后摊晒脱粒，风选；干藏
杨树	蒴果变黄，部分裂出白絮	4~5月	薄摊阴干或阳干，揉搓过筛，脱出种子；随采随播或密封干藏
白榆	果实浅黄色	4~5月	阴干，筛选；随采随播或密封贮藏
麻栎	壳斗黄褐色	10月	薄摊稍阴干，水选；沙藏或流水贮藏
国槐	果实暗绿色，皮紧缩发皱	11~12月	用水泡去果皮晒干，或带皮晒干；干藏
桉树	蒴果青绿转为褐色，个别微裂	8~9月至翌年2~5月	蒴果阴干，振动或打击脱粒；干藏
木荷	蒴果黄褐色木质化，果壳微裂	10~11月	蒴果阴干；干藏
臭椿	翅果黄色	10~11月	晒干，筛选；干藏
刺槐	荚果褐色	9~11月	晒干打碎荚皮，风选；干藏
香椿	蒴果褐色	10月	揉搓，去壳取种，阴干；干藏
苦楝	核果灰黄色	11~12月	水泡去皮或带皮晒干；干藏或沙藏
白蜡	翅果黄褐色	10~11月	晒干，筛选；干藏
枫杨	翅果褐色	9月	稍晒，筛选；沙藏
悬铃木	聚合果黄褐色	11~12月	晒干，揉出种子；干藏
泡桐	蒴果黑褐色	9~10月	阴干，脱粒；密封贮藏
紫穗槐	荚果红褐色	9~10月	晒干，风选或筛选；干藏
五角枫	翅果黄褐色	10~11月	晾干；干藏
乌桕	果实黑褐色	11月	曝晒去壳，碱水去蜡，晒干；干藏
杜仲	果壳褐色	10~11月	阴干；干藏
棕榈	果皮青黄色	9~10月	阴干脱粒；沙藏

（续）

树　种	果实或种子成熟特征	采 种 期	种子脱粒处理及贮藏方法
女贞	果皮紫黑色	11 月	洗去果皮，阴干种子，筛选；沙藏
香樟	浆果果皮黑紫色	11～12 月	揉搓果皮，阴干，水选；沙藏
枇杷	果皮杏黄色	5 月下旬	除去果肉，洗净稍晾干，随采随种；不贮藏
广玉兰	果黄褐色	10 月	除去外种皮，随即播种或层积沙藏
紫薇	果黄褐色	11 月	阴干搓碎取出种子；干藏
石楠	果红褐色	11 月中旬～12 月	搓去果皮；沙藏
雪松	球果浅褐色	9～10 月	晒干后取出种子；干藏
合欢	荚果黄褐色	9～10 月	晒干打碎荚皮，风选；干藏
紫荆	荚果黄褐色	10 月	晒干打碎荚皮，风选；干藏
海棠	果黄或红色	8～9 月	除去果肉，洗净，水选，晾干；沙藏
无患子	果黄褐色有皱	11～12 月	除去果皮，阴干；沙藏
青桐	果黄色有皱	9～10 月	阴干，风选；沙藏
南洋楹	荚果变黑，干燥开裂	7～9 月	荚果晒干，打碎果皮；干藏
金钱松	球果淡黄或棕褐色	10 月中下旬	球果阴干，翻动，脱出种子，干藏

三、采种前准备

为了保证采种工作的顺利进行，采种前要做好种源调查，确定采种时期，既不可掠青采摘，也不可采集过晚，要做到适时采种。采种单位和个人，在采种前要制定采种方案，内容包括确定采种方法、采种责任制以及有关采集、包装、临时贮存、运输、安全、劳动保护等所需人员、工具（图 2-1）、物料、设施的准备，组织培训采种人员等。要认真检查工具及安全设备，工具的好坏，不仅直接影响工作效率，而且关系到母树保护、采种人员的安全和种子质量。

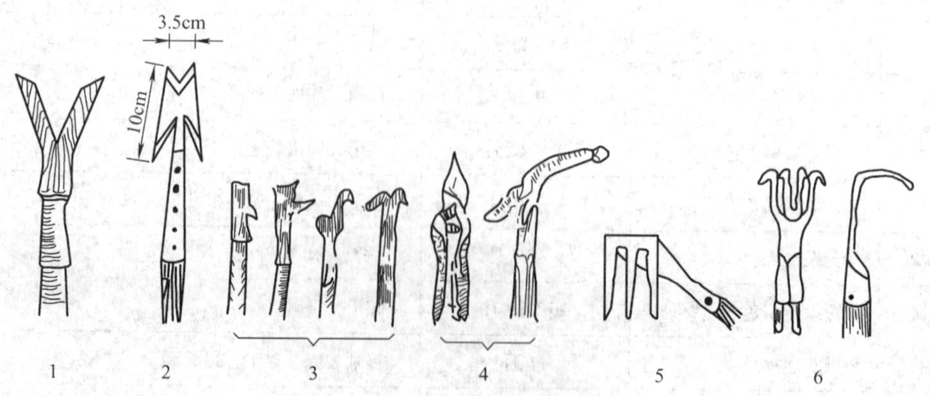

图 2-1　主要的采种工具

1—采种叉　2—采摘刀　3—采种钩镰　4—修枝剪和高枝剪　5、6—采种梳

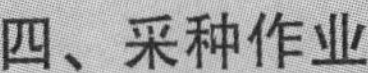

四、采种作业

采种的时间，最好选在无风的晴天，这样采后的种子容易干燥及处理，采种作业也较安全。阴雨天采集的种实潮湿，容易发霉。有些树种的果实如泡桐等，过干时容易开裂，可趁早上有露水时采集，以防止种子散落，采种时除做好安全工作外，还需要注意保护母树，防止折损大枝、新梢和幼果，不得猛击树干，损伤树皮，以免影响下一年度的产量。生产中常用的采种方法有：

1. 立木采集

可借助采种工具直接采摘或击落后收集，交通方便且有条件时，也可进行机械化采集。对于小粒的或脱落后容易随风飞散的树种，适于树上采集。比较矮小的母树，可直接利用高枝剪、采种梳、采种钩镰等各种工具采摘。通过振动敲击容易脱落种子的树种，可敲打果枝，使种实脱落后收集。高大的母树，可利用采种软梯、绳套、脚踏等上树采种，也可用采种网，把网挂在树冠下部，将种实摇落在采种网中。

2. 地面收集法

凡果实较大，成熟后脱落过程中不易被风吹散的树种，如栎类、核桃、银杏等可以待其脱落后在地面收集，还可以用振动树干的方法，促使种实脱落，在地面收集。

五、种子登记

为了分清种源，防止混杂，合理使用种子，保证种子质量，对所采集的种子或就地收购的种子必须进行登记。要分批登记，分别包装。种子包装容器内外均应编号，放上标签（图2-2）。林木采种登记表见表2-2。

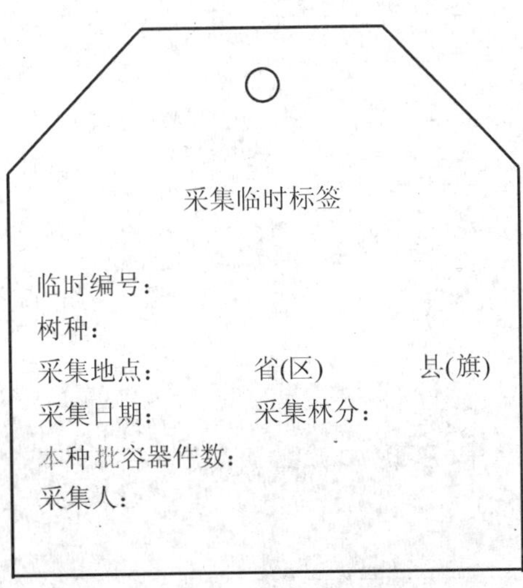

采集临时标签

临时编号：
树种：
采集地点：　　　　省(区)　　　　县(旗)
采集日期：　　　　采集林分：
本种批容器件数：
采集人：

图2-2　种子采集临时标签

表 2-2　林木采种登记表

种子区、亚区	采种林类别	种批号

（种子区、亚区供有种子区划的树种填写）

1. 采种单位名称________________

2. 采种现场负责人________________

3. 采种地点（县、乡、小地名）________________

4. 采种地点的经度________，纬度________，海拔________m

5. 树种（中文名及学名）________________

6. 采种林分或采种单株状况________________

7. 林分或单株年龄：　20 年以下　　20 ~ 40 年生

40 ~ 60 年生　60 ~ 80 年生　80 ~ 100 年生　100 年以上

8. 共采面积或株数约________株（hm^2）

9. 容器共________件，总重量________kg

10. 采种起止日期________年________月________日至________年________月________日

11. 采集方法________________

12. 发运时果实状况________________

13. 采集工作纪要________________

采集现场负责人（签名）________________年________月________日

（以下由调制单位或种子收购人填写）

1. 收货时间________年________月________日

2. 收到容器________件，总重量________kg

3. 收到时果实状况________________

4. 调制条件纪要________________

5. 共得种子________kg，出种率________%

6. 种子容器件数：麻袋________件，聚丙烯纺织袋________件，

麻袋内衬塑袋________件，金属桶________件。

7. 其中________件发往________________，

发运日期________ 发运时种子含水量________%。

调制单位________________

负责人（签名）____________ ________年________月________日

【质量评价标准】

项目质量考核要求及评分标准见表2-3。

表2-3　项目质量考核要求及评分标准

考核项目	考核要求	配分	评分标准	扣分	得分	备注
选择母树	正确选择采种母树	10	采种母树选择不符合生产要求，扣10分			
确定采种时期	1. 能根据种实外部特征判断成熟期 2. 正确确定采种期	30	1. 不能判断种实成熟期，扣20分 2. 采种期确定不适宜，扣10分			
采种	1. 采种准备工作充分到位 2. 熟知常见树种种实采集方法 3. 正确使用各类采种工具 4. 采种不伤害母树，采种质量好	50	1. 采种准备工作不充分，扣10分 2. 不熟悉常见树种的采种方法，扣10分 3. 采种工具使用不规范，扣10分 4. 损伤母树较重，扣10分 5. 采种质量差，扣10分			
种子登记	正确填写采种登记表	10	采种登记表记录不完全、不准确，扣10分			

项目2　园林植物种实的调制

学习目标

1. 掌握球果类、干果类、肉质果类种实的脱粒方法。
2. 掌握净种的方法。
3. 掌握种子干燥的要求和方法。

【学习任务】

1. 任务描述

把所采集的果实进行脱粒、净种、干燥及种粒分级等。

2. 任务流程图

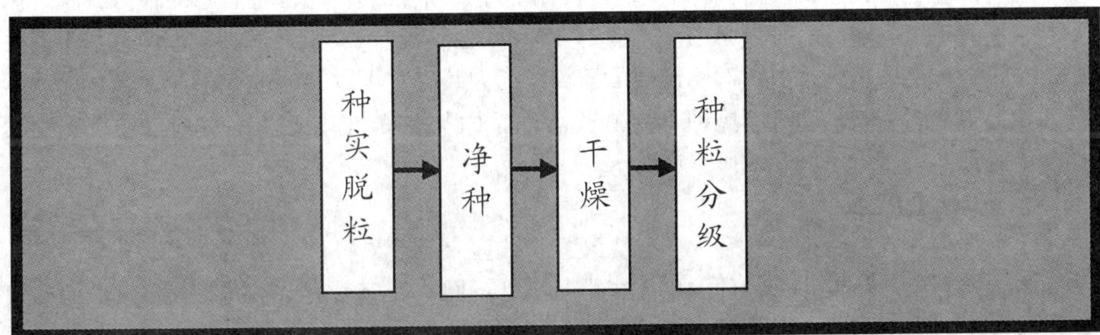

【环境设备】

材料：本地区常见球果类、干果类、肉质果类树种的种实各2~3种。

用具：木锨、桶、草帘、席子（或晒垫）、木棒、筛子、簸箕等。

【学习过程】

种实调制的目的是为了获得纯净、适于运输、贮藏或播种用的优良种子。种实采集后，要尽快处理，以免发热、发霉，降低种子的品质。种实调制工作的内容包括：种实脱粒、净种、干燥和种粒分级。

一、种实脱粒

种实类型的不同，脱粒的方法也不同，现分类介绍如下：

1. 球果类的脱粒

球果类的脱粒是从球果中取出种子。在自然条件下，成熟的球果渐渐失去水分，果鳞反卷开裂，种子脱出。因此，要从球果中取种，关键是使果鳞干燥开裂，种子迅速脱出。球果脱粒多采用自然干燥法和人工加热干燥法。

（1）自然干燥法　将球果摊放在向阳、干燥平坦的地面或席面上晾晒。应经常翻动，促其开裂，雨天或夜间要覆盖好以免雨露淋湿，延长脱粒时间。待鳞片开裂，种子自然脱出，未脱净的球果再继续摊晒，直到种粒全部脱净。如油松、侧柏、杉木的球果，曝晒约3~10天，球果鳞片开裂后，种子即可脱出。华山松的球果，果鳞开裂比较困难，种子不易脱出，可在采后晾晒或阴干几天，待果鳞失水，用木棒敲打脱粒。自然干燥法所调制的种子，一般质量高，不会因调制温度过高而降低种子品质。

（2）人工加热干燥法　人工加热干燥法处理球果的做法是把球果放入干燥室或其他可加温的室内，干燥室设有加热器（如火炉、暖气或电热器等）。干燥室可通过通风设备及时调节湿度，用排气孔调节温度。室内搭起多层木架，架上铺设铁丝网，网眼大小以不漏球果为度，将球果均匀地摊好，地面铺上接种布，将脱落的种子及时运出。

用人工加热干燥法处理球果，温度不宜过高，一般不得超过45℃。如温度过高，种子的发芽率会下降。对于含水量较高的球果，要先在20~25℃温度下预干，然后使干燥室逐渐升温，以免因突然高温而使种子的生活力受到损害。球果干燥后要立即脱粒取种，种子脱出后不宜长时间放置在高温环境中。

为了便于运输、贮藏及播种，对于云杉、落叶松、油松、马尾松等有翅的种子，脱落后还应去翅。手工去翅是将种子放在麻袋里揉搓或放在筛内搓，然后净种。也可用去翅机去翅，比较简单的去翅机是由铁丝网制成的滚筒，筒内装置有可以转动的棕刷，种子从盛种器落到滚筒中，当棕刷转动时摩擦种子而去翅。滚筒中已去翅的种子以及种翅、杂质等则由筒孔落入受种器，然后用风车或簸箕净种。

2. 干果类的脱粒

干果类种实成熟后果实开裂的，称为裂果，如蒴果、荚果等；成熟后果实不开裂的，称为闭果，如翅果、坚果等。各种干果因含水量高低不同，处理方法也不同。含水量低的一般可直接置于太阳下晒干，含水量高的需要采用阴干法。

（1）荚果类　荚果一般含水量低，种皮保护力强，如合欢、紫荆、紫藤、锦鸡儿、金雀花等，采集后直接堆放在场院或席上晒干，用木棒适当敲打，果荚即开裂，脱出种子。果皮较坚硬的皂荚、凤凰木等，采回后可将荚果放在水里浸泡10～15天，隔天换水1次，待果皮软化后撕开荚果，取出种子。也可将荚果晒干，用石碾压碎果皮，取出种子。

（2）翅果类　枫杨、臭椿、杜仲、槭树等树种的翅果，在处理时不必脱去果翅，干燥后清除混杂物即可。其中杜仲在阳光下曝晒易失去发芽力，可用阴干法处理。

（3）蒴果类　丁香、溲疏、紫薇、木槿、白鹃梅、金丝桃等含水量很低的蒴果，采后可在阳光下晒几天，蒴果开裂后种粒即可脱出，脱不净的可以轻轻打碎果皮进行脱粒。含水量较高的大粒蒴果可用阴干法脱粒。种子细小的蒴果如泡桐等，晒至微裂后宜收回室内晾干脱粒。

（4）坚果类　栎类、板栗等大粒坚果外有总苞或壳斗，成熟时多数自动张开，一般阴干即可裂开或捣破总苞，挑出果实。亦可堆积起来，洒水盖草，保持湿润，约15～20天总苞开裂，再敲打脱粒。桦木、赤杨等小坚果，可摊薄（厚约3～4cm）晾晒，然后用木棒轻打或包在麻布袋中揉搓取种。悬铃木的小坚果，采后晒干，敲碎果球，用枝条抽打，去毛脱粒。

（5）蓇葖果类　如牡丹、玉兰、绣线菊、珍珠梅、风箱果等，除牡丹和玉兰等只能稍阴干脱粒后贮藏或播种外，多数树种均可晒后进行脱粒、贮藏。

3. 肉质果类脱粒

肉质果类包括核果、浆果、聚合果等，含有较多的果胶及糖类，容易腐烂，采集后必须及时处理，否则会降低种子的品质。一般多用水浸法取种，即将果实浸泡在水中，待果肉软化后，用木棒冲捣或用手揉搓，使种子与果肉分离，然后再用清水将种子淘出，晾干即可供使用。

圆柏、山杏、樟树等可先用水浸沤，待果实软化，再捣碎或搓烂果皮，然后冲洗漂去果皮、果肉，即可得到纯净种子。女贞、石楠等可先搓破果皮然后浸水洗净。核桃、银杏果皮较厚，不易捣烂，采后可堆积起来，浇水，待果皮软腐后，搓去果肉，取出种粒。苦楝的肉质果，采后可放在容器中，用浓度为3%的石灰水浸沤一周左右，待果皮软化后，将果实取出揉搓，脱出果肉，用清水冲洗干净，阴干后播种或贮藏。少数松柏类具有胶质的种子，由于假种皮富含胶质，很难用水冲净，如三尖杉、榧树、紫杉等，可用湿沙或用苔藓加细沙与种实一同堆起，然后揉搓，除去假种皮，再干藏。

对肉质果进行脱粒时，应注意浸沤时间不宜过长，并要经常翻动、换水，以免影响种子品质。而且从肉质果中取出的种子，含水量一般都很高，若不立即播种而需贮藏时，应先放在通风良好的室内或荫棚下晾干，不能在阳光下曝晒。达到贮藏要求时，方可贮藏或远途运输。

二、净种

净种是去掉种子中的混杂物，如果鳞、果皮、果柄、种翅、枝叶碎片、空粒、土块、破碎种子及异类种子等。净种工作越细致，种子净度越高，越有利于种子贮藏、播种及苗木培育。根据种子和夹杂物的密度及大小不同，可以采用不同的净种方法，常用的有风选、筛选、水选、粒选等。

（1）风选　适用于中、小粒种子，由于饱满种子与夹杂物的重量不同，可利用风力将它们分离。风选的工具有风车、簸箕等。

（2）筛选　利用种子与夹杂物的直径不同，选用适宜孔径的筛子清除夹杂物。筛选时，还可利用旋转的物理作用，分离空粒及半空粒的种粒。但筛选常不易分离出与种子大小相似的夹杂物，有时还应用风选、水选配合净种。

（3）水选　是利用种粒与夹杂物密度不同而在水中出现浮沉的一种净种方法。银杏、侧柏、花椒及豆科的树种，水选时可将种子浸入水中，稍加搅拌后良种下沉，杂物及空、秕、蛀粒上浮，很容易分离。油脂含量高的种子不宜水选。有些树种根据种子的密度不同，可采用盐水、黄泥土、硫酸铜等溶液选种。选后用清水将种子洗干净阴干。水选的时间不可过长，以免上浮的杂物吸水后下沉。经过水选的种子不宜曝晒，一般进行阴干后再贮藏。

（4）粒选　是从种子中挑选粒大、饱满、色泽正常，没有病虫害的种子。这种方法适用于核桃、板栗、油桐、油茶等大粒种子的净种。

三、干燥

种子含水量过高或过低都会影响种子寿命，因此净种后的种子还应及时进行干燥，才能安全贮运。种子干燥的程度，一般以种子能维持其生命活动所必需的水分为准。这时的含水量称为种子的安全含水量（或临界含水量、标准含水量）。高于安全含水量的种子，由于新陈代谢作用旺盛，不利于长期保持种子的生命力；低于安全含水量时，则会因生命活动无法维持而引起种子死亡。

种子安全含水量不是一个恒定的数值，树种不同，安全含水量也不相同。根据含水量多少，可将各树种的种子分为三类：

1）安全含水量为6%～10%，即低于气干时的含水量，如松树、云杉、圆柏、刺槐、杨、柳、桑等树种的种子。

2）安全含水量为10%～13%，约等于气干时的含水量，大部分植物种子都属于此类。

3）安全含水量超过气干含水量，如栎类、板栗、樟树、杜仲等的种子。这类种子干燥到气干状态，就会降低质量或完全死亡。

种子干燥目前主要采用自然干燥法，此法安全可靠，操作简单，一般根据种实的特性进行晒干或阴干。凡种皮坚硬，安全含水量较低，在一般情况下不会迅速降低发芽力的种子，都可进行日光曝晒。如大部分针叶树（圆柏除外）、豆科的荚果、翅果类（榆除外）及含水量低的蒴果种子。晾晒场应选四周空旷、日照时间长的向阳地方。晒种时要做到薄摊勤翻，以便种子干燥均匀而迅速。而对于安全含水量高于气干含水量，一经干燥后便很快脱水，易丧失生命力的种子，如栎类、板栗、油茶等；种子小、种皮薄、成熟后代谢作用旺盛的种子，如杨、柳、榆、桑、杜仲等；含挥发性油脂的种子如花椒等，适用于阴干。此外，凡经水选后或从肉质果中取出的种子，切忌日晒，只能阴干。

种子阴干应摊放在通风良好的室内或棚内，堆放不宜太厚，在阴干过程中应经常翻动，以加速干燥。

四、种粒分级

种粒分级是实行种子标准化生产的重要技术措施，同一批种子经脱粒和净种后，应计算出种率，然后进行分级。种粒分级是把同一批种子按大小加以分类。经过分级的种子，播种后出苗整齐，苗木生长均匀，抚育管理省工、方便。另外，经过分级的同一批种子中，种粒

愈大、愈重，发芽率和发芽势就愈高，从表2-4中可以看出马尾松大粒种子的发芽率和苗木生长情况均比小粒种子好。

种粒分级的方法，大粒种子如栎类、核桃、油桐等可用粒选分级，中小粒种子可用不同孔径的筛子进行分级。种子分级时必须注意，只有在种源相同时才有意义。因为不同种源的种子遗传性不同，不能相互比较。分级后的种子应挂上标签，分别进行包装、贮藏和播种。

表2-4　马尾松种粒大小对种子质量和苗木生长的影响

种粒级别	千粒重/g	发芽率（%）		场圃发芽率（%）	一年生苗高/cm
		分级前	分级后		
大	20.12	88.6	96.3	78.0	24.8
中	14.20	88.6	84.1	64.5	21.5
小	9.35	88.6	80.6	5.1	16.9

【质量评价标准】

项目质量考核要求及评分标准见表2-5。

表2-5　项目质量考核要求及评分标准

考核项目	考核要求	配分	评分标准	扣分	得分	备注
脱粒	正确进行球果类、干果类、肉质果类种实的脱粒	30	1. 球果类脱粒方法不正确，扣10分 2. 干果类脱粒方法不正确，扣10分 3. 肉质果类脱粒方法错误，扣10分			
净种	掌握脱粒后的净种方法	30	脱粒后能根据不同的种子采用不同的净种方法来处理种子，不符合要求适当扣分			
干燥	1. 明确干燥的标准 2. 掌握干燥的方法	20	1. 干燥方法不正确，扣10分 2. 净种后干燥不符合要求，扣10分			
分级	能根据不同树种种子特点进行种粒分级	20	能根据种粒大小对种子进行分级，方法正确，否则扣20分			

项目3　园林植物种实的贮藏

学习目标

1. 熟知环境因素对贮藏期间种子寿命的影响。
2. 掌握种子贮藏的方法。
3. 掌握种子运输的要求。

【学习任务】

1. 任务描述

对不同的种子采用适当的方法进行种子贮藏。

2. 任务流程图

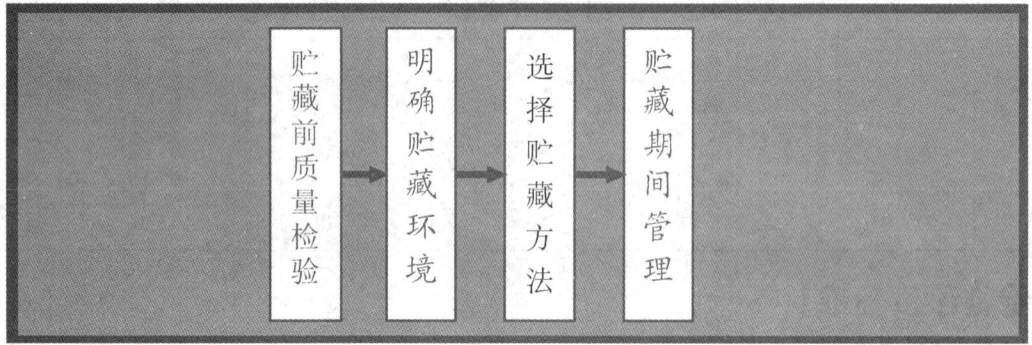

【环境设备】

材料：适于干、湿藏的种子 2 ~3 种，石蜡、木炭、氯化钙、沙子、卵石等。

用具：广口瓶、木箱、布袋、桶、铁锹等。

【学习过程】

植物种实经过采集调制后，除一部分树种的种实适于随采随播外，大多数树种要经过一个冬季的贮藏至翌年春季播种。还有一些树种的结实有大小年，必须在大年时大量采集种子，贮藏起来以供小年的需要。贮藏种子的目的就是为了保持种子的发芽率，延长种子的寿命，以适应生产的需要。

一、贮藏前质量检验

在通常情况下，种子维持其生命力的年限称为种子的寿命。种子能在多长的时间里保持其生命力，在很大程度上取决于各批种子贮藏前的质量状况。其中包括种子的成熟程度、发芽能力、净度、种子受机械损伤程度、种子感染病虫害程度及种子的含水量等。种子贮藏前必须对种子进行检验，并对种子的各项指标进行记录，没有达到含水量要求的种子绝不能贮藏，必须进行适当干燥后方能贮藏。对杂质过多的种子要进行筛选清除杂质，对有病虫害的种子要进行消毒处理。检验合格的种子在散热降温后，附上标签分批贮藏。检验的主要内容有：

1. 种子的成熟程度

没有充分成熟的种子，种皮还不具备正常的保护功能，种子内的易溶物质转化为贮藏物质的过程还未完成，含水量和含糖量较高，容易发热和感染霉菌，不易贮藏。因此，采种时切忌掠青。

2. 种子的净度

净度不高的种子不耐贮藏，因为夹杂物含水量高，吸湿性较强，容易使种子受潮腐烂。

3. 种子的机械损伤程度

有机械损伤的种子，不仅比正常种子呼吸强度高，而且失去种皮保护，降解的营养物质外渗，贮藏期间易造成微生物滋生和病菌侵染，使种子发霉变质。

4. 种子的含水量

含水量的高低，直接影响种子呼吸作用的强弱和性质，同时也影响种子表面所带微生物的活动，是决定种子耐藏性的重要因素。

种子含水量高，种子内存在着大量的游离水分，酶的活性增强，种子的呼吸作用加速。呼吸作用越强，有机物质消耗得越快，而放出的大量水和热又被种子吸收，更加剧了呼吸作用，并为微生物的活动创造了有利条件。如果呼吸作用所释放的水、二氧化碳和热不能及时排除，种子堆便会出现自热、自潮和窒息现象，种子便会迅速变坏。

种子含水量低时，其水分处于同胶体结合的状态，称为胶体结合水。这种水基本上不移动，几乎不参与代谢活动，并且在很低的温度下也不结冰。在这种状态下，酶呈钝化状态，生理活性低，水解能力弱。因此，呼吸作用极其微弱，微生物活动缺少所需的湿热条件，有利于保存种子的生命力。所以，种子在入库前必须充分干燥。但过分干燥到安全含水量以下时，则会引起种胚细胞受损伤而致使种子变质。在一般情况下，大多数树木种子适于贮藏的含水量为5%～12%。

必须注意，每一批种子的耐藏性并不取决于该种批的平均含水量。在贮藏期间，一批种子的动向实际上是由其中“最潮湿”的那些部分决定的。这些“最潮湿”部分的种粒进行旺盛的呼吸，产生较多的二氧化碳、水和热，致使霉菌滋生，昆虫活跃，使种粒变质。随着时间延长，这个变质的区域就会逐渐扩大，最终使整批种子状况严重恶化，因此不能满足于一个种子批含水量的平均状况。在种子贮藏期间，要经常检查，注意及时查出其中含水量偏高的部分，并迅速采取措施，消除隐患。

二、明确贮藏环境

种子的生命活动是在一定的温度、湿度和氧气条件下进行的，这些环境因素，直接影响种子寿命和贮藏效果。

1. 温度

温度是影响种子新陈代谢的主要因素，在一定温度范围内（0～55℃），种子的呼吸强度是随温度升高而增加。种子在贮藏期间，温度较高会加速贮存营养物质的消耗，缩短种子的寿命。如温度继续上升至60℃，超过了酶活动的最适温度，则酶的活性及呼吸强度便开始下降，蛋白质开始凝固，引起种子死亡。相反，温度过低也不利于种子的贮藏，对部分含水率高的种子（10%以上）来说，当温度降低到0℃以下，种子内部自由水就会结冰，从而因生理和机械作用的原因使种子死亡。

温度对种子的影响与含水量有密切的关系，种子含水量越低，细胞液浓度越大，则种子对高温及低温的抵抗力越强；相反，种子含水量越高，对高、低温的抵抗力越弱。

实践证明，大多数种子，贮藏期间最适宜的温度是0～5℃，在这个温度范围内，种子生命活动很微弱，同时不会发生冻害，有利于种子生命活力的保存。

2. 空气的相对湿度

种子有较强的吸湿能力，在相对湿度较高的情况下能吸收大量的水分。因此，相对湿度

的高低和变化可以改变种子的含水量和生命活动状况，对种子寿命的长短产生很大影响。安全含水量低，经过干燥处理的种子贮藏期间要求保持相对干燥的环境。为了控制空气的相对湿度，有效地贮藏种子，最好是建立低温又隔湿的种子库。据研究，如贮藏1个季度，种子库空气的相对湿度应当不超过65%；如贮藏2~3年，相对湿度不应超过45%；如多年贮藏，则相对湿度不应超过25%。将充分干燥的种子放在密封的瓶、罐类容器中，使种子与潮湿的空气隔绝，能延长种子的寿命。

3. 通气状况

通气条件对种子生活力的影响程度同种子本身的含水量及贮藏温度有关。含水量低的种子，呼吸作用很微弱，需氧极少，在密封的条件下能长久地保持生活力。含水量高的种子，如通气不良，由于旺盛的呼吸作用释放出来的水汽、二氧化碳和热大部分在种子堆周围积聚不散，使种子与氧气隔绝，产生缺氧呼吸，成为加速种子变坏的原因。这就要求密封贮藏的种子，事先应使种子充分干燥到安全含水量再贮藏，而对含水量较高的种子，则应适当通气。因管理不当而受潮的种子，应选择适当的天气及时通风干燥，排除种子堆中的水汽、二氧化碳和热量。

4. 生物因子

种子在贮藏期间，微生物、昆虫及鼠类等都会直接危害种子，影响种子的寿命。

种子表面生活着大量的微生物，它们的繁殖发育和危害程度，与种子的入库状况和环境条件有关。提高种子净度，保持种子完好无损，降低贮藏环境的温湿度，特别是降低种子含水量，是控制微生物活动的重要手段。在常温下散装贮藏的种子如含水量在20%左右，在几小时内微生物就能繁殖起来并使种子堆自热，如种子含水量低于12%，微生物就很少活动或不活动。昆虫及鼠类咬破种皮，蛀食胚乳及胚，在种堆内繁殖，也会引起种堆发热。

此外，种子净度越低，受机械损伤或冻害越多，越易感染病菌，不耐贮藏。

综上所述，影响种子寿命的因素是多方面的，它们之间相互影响，相互制约。在贮藏种子之前，必须使种子具有良好的入库状态，同时创造适宜的贮藏条件，只有这样才能延长种子的寿命，做好种子的贮藏工作。

三、选择贮藏方法

种子贮藏方法主要有干藏和湿藏两类。

1. 干藏法

干藏就是把充分干燥的种子贮藏在适当干燥和一定的低温环境中，凡是安全含水量较低的种子都适于干藏。根据贮藏时间的长短和采用的具体措施不同，干藏法又分为普通干藏和密封干藏。

（1）普通干藏法　大多数植物种子短期贮藏都可用此法。即把干燥达到安全含水量的种子，装入袋、箱、缸、桶等容器中，放在经过消毒的低温、干燥、通风的室内，如侧柏、水杉、梓树、紫薇、紫荆、木槿、腊梅、山梅花、白蜡、金缕梅、枫香、花椒等。对富含脂肪、有香味的种子，如松、柏等，最好装入加盖的容器中，以免遭鼠害。易遭虫害的种子，应拌药，以防虫蛀。

（2）密封干藏法　用普通干藏法易失去发芽率的种子如杨、柳、榆、桑等，以及需长期贮存的种子，可用密封干藏法。即把已经充分干燥的种子装入不透气的容器中，加盖后用

石蜡或火漆密封，置于贮藏室内。为了防止种子受潮，可在容器中放入适量的干燥剂如氧化钙、变色硅胶、木炭等。

2. 湿藏法

湿藏就是把种子贮藏在湿润、低温、通气的环境中。有些树种，经过湿藏还可以逐渐解除种子休眠，播种后发芽迅速而整齐。因此，凡是含水量高不适于干藏或具有深休眠的种子均适于湿藏，如银杏、七叶树、檫树、栎类、核桃、樟树、椴树、槭树等。湿藏期间要保持贮藏环境湿润以防止种子干燥，通气良好以防止种子发热，适度的低温以控制霉菌并抑制种子发芽。

湿藏的方法很多，常用的有露天埋藏和室内堆藏。

（1）露天埋藏（坑藏）　在室外选择地势高燥、背风向阳、排水良好、土质疏松的地方。山地可选半阳坡或其山脚附近，然后挖贮藏坑。贮藏坑的规格一般宽1.0～1.5m，长视种子多少灵活掌握，深度应根据当地气温和地下水位高度而定，原则上在土壤结冻层以下，地下水位以上，通常为80～100cm。在坑挖好后，先在坑底铺一层卵石或粗沙，再铺5～6cm厚的湿沙，然后用湿沙与种子按3∶1的容积比例混合或种沙分层堆放在坑内，坑中央插一束秸秆或带孔的竹筒，使其高出坑面20cm，以便通气。种子堆到离地面10～30cm时为止，其上覆以湿沙，沙子的湿度控制在约为饱和含水量的60%～70%，即手握成团不滴水，松手触之能散开的程度。坑上再覆土堆成屋脊形，覆土厚度应根据各地气候条件而定，在北方随气候变冷而加厚土层。为防坑内积水，坑的四周应挖好排水沟。露天埋藏法示意图见图2-3。在贮藏期间还要定期检查种子状况。

一些小粒种子或较珍贵的树种，如数量不多，可将种子混沙后装入木箱或竹筐中再埋入坑内，四周钻一些小空隙，以利通气。

露天埋藏贮藏量大，条件简单，无需专门设备，适用于气温较低、降雨量少、气候干燥的地区。我国北方采用此法较为普遍，但埋藏后不易检查。在南方多雨和地温较高地区，或土壤黏重，排水不良的地方，种子容易过早发芽或腐烂。采用时必须利用通气孔并加强检查。

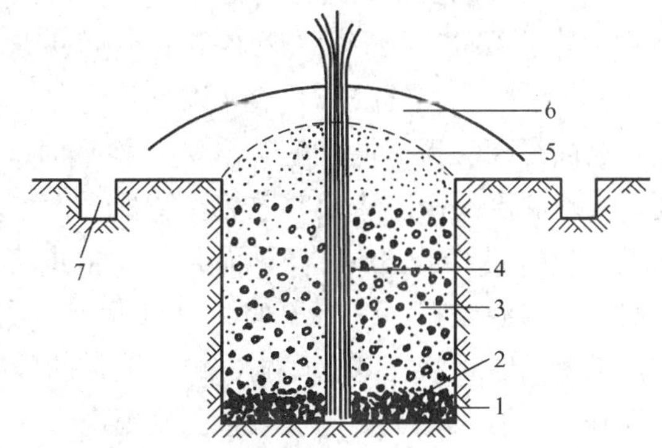

图2-3　露天埋藏法示意图

1—卵石　2—湿沙　3—种子和沙子混合物
4—秸秆　5—湿沙　6—盖土　7—排水沟

（2）室内堆藏　选择干燥、通风、阳光不直射的屋子、地下室或草棚。贮藏时，先在地面上洒一些水，铺一层厚10cm左右的湿沙，然后将种子与湿沙分层或种沙混合堆放，堆高50～80cm，宽1m，长视室内大小而定。为了便于检查和有利于通风，可堆成垄，垄间留出通道。当种子数量不多时，可把种子混沙装于有孔的木箱或竹篓中，置于通风的地下室内。

室内堆藏法适于气温较高、降水量较大、露天埋藏容易霉烂的地区。

湿藏法和混沙（层积）催芽法颇为相似，但也有些区别。湿藏的目的是保存种子的生活力，而混沙催芽的目的是打破休眠作好发芽的准备。湿藏的温度一般为0～5℃，不能过高或过低，过高易引起种子霉烂及发芽，过低则引起冻伤，催芽可以用20～30℃的温度。

四、贮藏期间管理

种子在贮藏期间，由于代谢作用和环境影响，致使贮藏的温湿度状况发生变化，如吸湿回潮、发热，进而产生虫霉等异常情况。因此，种子在贮藏期间的管理十分重要。

1. 防止发热

种子在贮藏期间新陈代谢旺盛，释放出大量的热能，积聚在种子堆内。这些热量会加剧种子的生理活动，放出更多的热量和水分，如此循环往复，导致种子受热。另外，微生物的迅速生长繁殖也会引起发热。种子本身呼吸放热和微生物活动放热共同作用，是导致种子发热的主要原因。

防止种子发热的主要措施有：①种子入库前必须进行精选、干燥和分级，达不到标准，不能入库。②库房必须具备通风、密闭、隔湿、防热等条件。③应根据气候变化规律和种子生理状况，制订出具体的管理措施，及时检查，及早发现问题，采取对策，如种子发热后应通风、摊晾、翻晒，降温散湿。发过热的种子必须进行发芽试验，凡已经丧失生活力的种子，应改为他用。

2. 适当通风

种子在贮藏期间，适当的通风有利于种子堆的气体交换，可以降低种堆的温度和湿度，防止种子吸潮、发热、发霉，保持种子的活力，从而达到安全贮藏的目的。

3. 建立严格的检查制度

种子贮藏的安全，通常与贮藏温度、贮藏湿度、种子含水量、种子病虫害感染度等指标有关。种子贮藏期间应由专人保管，定期检查，如发现问题应及时处理。

种子贮藏期间的检查一般从以下几个方面入手：①在贮藏期间应定期定时检查温度的变化，在高温高湿天气增加检查次数。检查时除定点检查外，还要检查种子堆和容器内的温度，发现温度过高时应及时散热。②种子含水量的检查，在种子贮藏期间，往往由于种子含水量大而引起种子发热霉变，而且易发生虫害。一般库房温度在10℃以下时，每季度检查一次，库房温度在10～25℃时，每月检查一次。检查时要分层布点取样，如发现含水量超过标准要及时干燥。③仓库病、虫、鼠害的检查，要在仓库的不同位置，根据病、虫、鼠的习性和发育阶段，定期进行检查。发现病、虫、鼠害时要在不伤害种子的前提下及时杀灭，一般采用熏蒸法。

【质量评价标准】

项目质量考核要求及评分标准见表2-6。

表2-6　项目质量考核要求及评分标准

考核项目	考核要求	配分	评分标准	扣分	得分	备注
贮藏前质量检验	1. 种子净度符合要求 2. 种子成熟程度符合要求 3. 种子含水量达到标准	15	1. 种子净度不符合要求，扣5分 2. 未成熟种子过多，扣5分 3. 种子的含水量不符合要求，扣5分			

（续）

考核项目	考核要求	配分	评分标准	扣分	得分	备注
贮藏环境	1. 熟知常见种子贮藏环境 2. 贮藏环境条件适宜	30	1. 不熟悉常见种子贮藏环境要求，扣 10 分 2. 温度、湿度、通气条件等应符合各种种子贮存的标准，否则，扣 20 分			
贮藏方法	1. 会用干藏法贮藏种子 2. 会用湿藏法贮藏种子	40	1. 正确掌握种子普通干藏、密封干藏的方法，否则，扣 15 分 2. 正确掌握露天埋藏、室内堆藏的方法，不符合要求，扣 25 分			
贮藏期间管理	1. 熟知贮藏期间管理要求 2. 能根据种子贮藏情况因地制宜地采取相应措施，保持种子活力	15	1. 不熟悉贮藏期间管理要求，扣 5 分 2. 对种子贮藏期间发现的问题不能有效解决，扣 10 分			

【扩展与提高】

种子的运输

种子运输工作，也可以说是一种短期的种子贮藏。

种子在运输途中很难控制环境条件，为了防止种子受风吹、日晒、雨淋、高温、结冻、受潮和发霉等，除在运输前要经过精选、干燥外，还应妥善包装。在种子调运过程中，如果包装不当，会使种子品质迅速降低或丧失发芽能力。一般适于干藏的种子如杉木、刺槐等可直接装入麻袋中，但不宜过紧，每袋不超过 50kg。含水量较高的大粒种子如板栗、栎类等，要用筐或木箱装运，种子在容器中应分层放置，每层厚度不超过 8 ~ 10cm，层间用秸秆隔开，避免发热发霉。并尽量缩短运输时间，到达目的地后立即妥善处理。对杨、柳、桑等极易丧失生活力的小粒种子，应保持含水量在 6% ~ 8%，并采用密封法包装寄运。珍贵树种种子，可用小布袋或厚纸袋包装，每袋不超过 5kg，并将小袋装入木箱内运输。运输前应检查包装是否安全，每个容器均应附有种子标签，并随同种子寄去种子登记卡片。大量运输时，应有专人管护，途中应经常检查，停放时应将种子置于通风阴凉处。

【单元复习题】

1. 案例分析

黄连木是重要的生物能源树种，在保障我国能源安全、促进山区农民增收、保护生态环境等方面具有良好的效益，发展前景广阔。近年来，许多苗圃在进行黄连木育苗过程中，常常由于种子质量差，播种后种子发芽率低、苗木质量差，导致育苗失败。试根据黄连木的生物学特性分析出现这种情况的原因并总结黄连木种子采收和处理方法。

提示：黄连木果实为核果，9 ~10 月果熟，初为黄白色，后变红色至蓝紫色。采种时选择 20 ~40 年生长健壮的母树，当果实由红色变为蓝紫色时即成熟，熟后 10 天左右要及时采种，过晚会自行脱落。蓝紫色果实是成熟饱满的种子，红色、淡红色果多为空粒。采种后不能曝晒，否则会走油，降低发芽率。要及时放入 40 ~50℃的草木灰温水或 5% 石灰水中浸泡 2 ~3 天，搓烂果肉，除去种子外层蜡质。捞出种子后用清水冲洗干净，用 1% 新洁尔灭溶液浸种 30min 后，再用水冲淋，放在通风阴凉处晾干备藏。

2. 思考与练习

（1）什么是种子成熟、生理成熟、形态成熟？生理成熟和形态成熟的种子有什么特点？

（2）如何确定采种期？

（3）确定植物种子干燥的原则。

（4）在当地主要树种中，举出球果、荚果、翅果、坚果、肉质果类各一例，说明其种实调制的方法。

（5）试述含水量对种子贮藏的影响。

（6）论述如何用露天埋藏法贮藏植物种子。

（7）结合当地实际，采集一些常见的园林植物种子，练习种子的采集、调制和贮藏。

单元3　种子品质检验

种子品质包括遗传品质和播种品质两个方面，其中主要是遗传品质。但是良好的遗传品质只有通过良好的播种品质才能实现，因此，通常所谓种子质量的检验，主要是对种子播种品质的检验，用以判断各批种子的等级标准及播种价值。进行林木种子检验工作是种子经营管理工作中重要的一环，在种子收购、贮藏、调运、播种前评定种子品质，能够科学地组织种子生产，保证种子贮藏及运输的安全；便于科学确定育苗时的播种量，制定合理的育苗措施，培育规格一致的苗木；防止劣种向其他地区传播，降低苗木培育的风险，避免造成生产和经济上的损失。

本单元介绍的植物种子品质检验方法是根据国家标准 GB 2772—1999《林木种子检验规程》的要求编写的。种子品质检验的程序如图 3-1 所示。

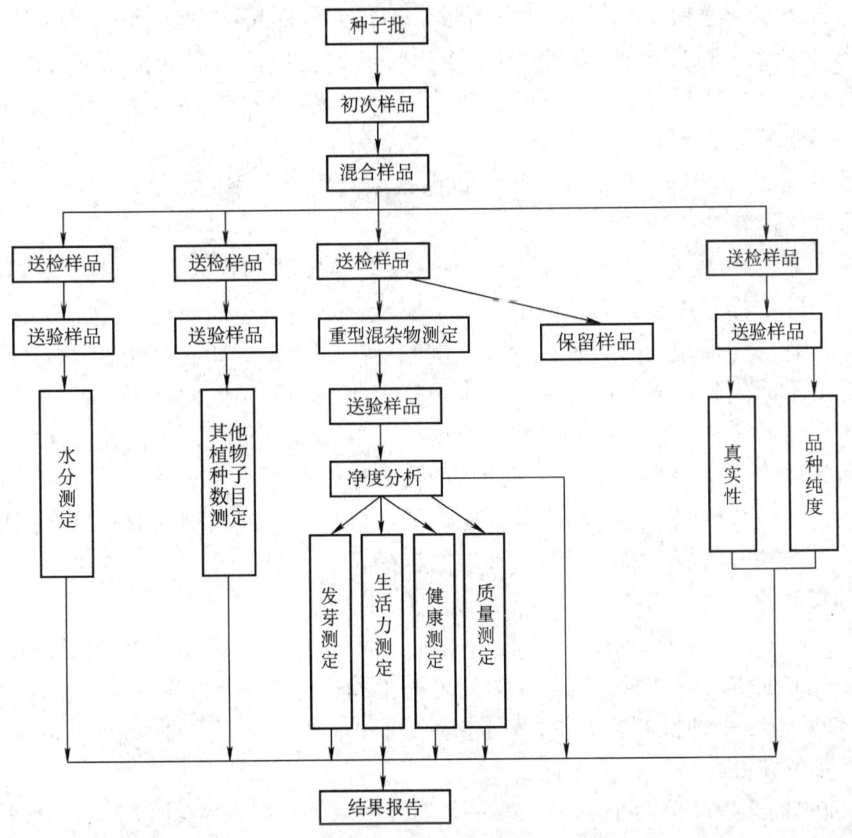

图 3-1　种子品质检验的项目和程序

种子品质检验，应从被检验的种子中取出有代表性的样品，通过对样品的检验来评定种子的质量。如果样品没有充分的代表性，无论检验工作如何细致准确，其结果也不能说明整批种子的品质。因为一批种子实际上是由不同成分组成的混合物，在装运种子的过程中，常

将不同粗糙度、大小和轻重的种子重新组合在种子堆的各个部位。所以，要使样品具有最大的代表性，必须掌握正确的取样技术，严格遵守取样的有关规定。

1. 抽样的基本概念

（1）种批　种批是在一个范围内的相似立地条件上或在同一良种基地内，母树性状大体一致，采种期相同，加工调制和贮藏方法相同，可以作为一个单位接受同一次检验、调运、贮藏的同一树种的种子。

根据种粒的大小划分了种批检验的限额，如特大粒种子（核桃、板栗、麻栎、油桐等）为10000kg；大粒种子（苦楝、山杏、油茶等）为5000kg；中粒种子（红松、华山松、樟树、沙枣等）为3500kg；小粒种子（油松、落叶松、杉木、刺槐等）为1000kg；特小粒种子（桑、泡桐、木麻黄等）为250kg。同一批种子，重量超过规定5%时需另划种批。但在种子集中产区可以适当加大种批限额，在科学研究上，根据需要，可以划得更细。

（2）初次样品　从种批的一个抽样点上取出的少量样品，简称初样品。即从一个种批的不同部位或不同容器中分别抽样时，其每次抽取的种子，称为一个初次样品。

（3）混合样品　从一个种批中抽取的全部大体等量的初次样品合并混合而成的样品。混合样品一般不少于送检样品的10倍；若批量小，混合样品至少等于送检样品。

（4）送检样品　按照规程中规定的方法和要求的重量，从混合样品中分取一部分供做检验用的种子。净度送检样品的重量至少应为净度测定样品重量的2~3倍；含水量测定的送检样品，最低重量为50g，需要切片的种类为100g。

（5）测定样品　从送检样品中分取，供做某项品质测定用的样品。

2. 样品的抽样

（1）抽样要求　种子检验结果是否正确，取决于样品的代表性和检验的准确性，两者缺一不可，因此抽样是种子品质检验的第一重要步骤。要求按照一定程序，取得一个数量适当的，其中含有与种批相同的各种成分和比例的样品，使之能如实地代表该批种子。一批种子实际上是由不同成分组成的混合物，其中包括大小、轻重不同的种子及各种夹杂物等，由于种子群体存在着这种不整齐性和自然分级现象，各种成分颗粒不可能按比例均匀分布于种子堆中。因此，为了使抽检的样品具有最大的代表性，决不可任意从某一点抽取或掺杂人为挑选的因素，而必须按照一定程序，掌握正确的取样技术，严格遵守取样的有关规定。抽样人员要在种子送检申请表上签字，对所抽取的样品负责。

（2）抽样程序

1）抽样前应先了解种子来源、产地、采种时间、加工调制、贮存、运输情况及堆放状况，从中分析出抽样时应注意的问题，为划分种批和抽样做好准备。

2）仔细察看一个种批各容器或各不同部分间种子品质是否一致，若有显著差别，应另划种批，或者重新混合均匀后再抽样。

3）正确的抽样程序分两个阶段，第一个阶段是从一个种批中抽取若干初次样品，充分混合后形成混合样品；第二个阶段是从混合样品中按规定重量分取送检样品，种子检验单位再从送检样品中用一定方法分取一定重量的测定样品。抽取初次样品的部位应全面均匀地分布，每个取样点所抽取的样品数量应基本一致。

（3）抽样强度　1）袋装（或大小一致、容量相近的其他容器盛装）的种批，表3-1所示的抽样强度应视为最低要求。

表 3-1 袋装种批的抽样强度

种批量	应当抽取的初次样品数
5 袋以下	每袋都抽，且至少取 5 个初次样品
6 ~ 30 袋	抽 5 袋，或者每 3 袋抽取 1 袋，这两种抽样强度中以数量大的一个为准
31 ~ 400 袋	抽 10 袋，或者每 5 袋抽取 1 袋，这两种抽样强度中以数量大的一个为准
401 袋以上	抽 80 袋，或者每 7 袋抽取 1 袋，这两种抽样强度中以数量大的一个为准

2）从其他类型的容器，或者从倾卸装入容器时的流动种子中抽取样品时，表 3-2 所示的抽样强度应视为最低要求。

表 3-2 其他类型盛装种批的抽样强度

种批量	应当抽取的初次样品数
500kg 以下	至少 5 个初次样品
501 ~ 3000kg	每 300kg 一个初次样品，但不少于 5 个初次样品
3001 ~ 20000kg	每 500kg 一个初次样品，但不少于 10 个初次样品
20000kg 以上	每 700kg 一个初次样品，但不少于 40 个初次样品

（4）分样方法　混合样品取样后，按照规定的重量提取送检样品和测定样品，测定样品应对送检样品有最大的代表性，测定样品的数量应略多于规定数量。取得测定样品的方法是将送检样品充分混合并反复对半分取。通常可用四分法和分样器法进行分样。

1）四分法。如图 3-2 所示，将种子均匀地倒在光滑清洁的桌面上，略成正方形。两手各拿一块分样板，从两侧略微提高地把种子拨到中间，使种子堆成长方形，再将长方形两端的种子拨到中央，这样重复 3 ~ 4 次，使种子混拌均匀。将混拌均匀的种子铺成正方形，大粒种子厚度不超过 10cm，中粒种子厚度不超过 5cm，小粒种子厚度不超过 3cm。用分样板沿对角线把种子分成四个三角形，将对顶的两个三角形的种子装入容器中备用，取余下的两个对顶三角形的种子再次混合，按前法继续分取，直至取得略多于测定样品所需数量为止。

2）分样器法　分样器法适用于种粒小的、流动性大的种子。分样前将送检样品通过分样器，使种子分成重量大约相等的两份。两份种子重量相差不超过两份种子平均重的 5% 时，可以认为分样器是正确的，可以使用。如超过 5%，应调整分样器。

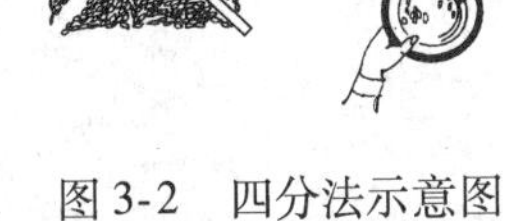

图 3-2　四分法示意图

分样时先将送检样品通过分样器三次，使种子充分混合后再分取样品，取其中的一份继续用分样器分取，直到种子缩减至略多于测定样品的需要量为止。取样器与分样器如图 3-3 所示。

3. 样品的封装、标记、寄送和保存

1）送检样品一般可用布袋、木箱等容器进行包装。供含水量测定用的送检样品，要装在防潮容器内加以密封。调制时种翅不易脱落的种子，须用硬质容器盛装，以免因种翅脱落加大夹杂物的比重。

2）每个送检样品必须分别包装，填写两份标签，注明树种、种子采收登记表编号和送检申请表的编号等，一份放在包装内，另一份挂在外面，使样品与种子批之间建立联系。

3）提取送检样品后，应尽快送往种子检验站，不得延误。

4）种子检验单位收到送检样品后，要按送检样品登记表（表 3-3）进行检验。尽量缩短取样到检验的时间，避免样品的品质发生变化。一时不能检验的样品，须存放在适宜的场所。送检样品应妥善保存一部分，以备复检时使用。

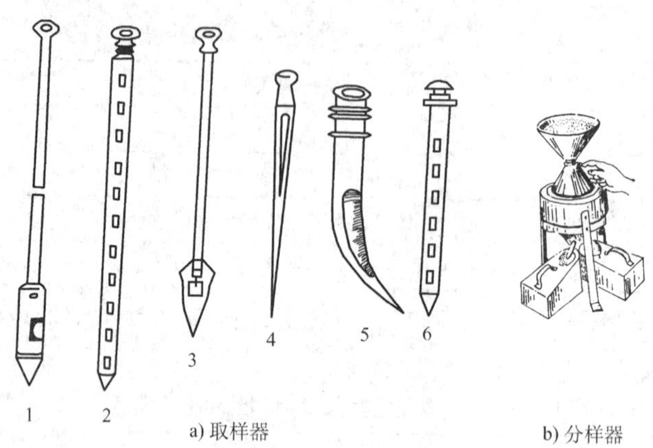

图 3-3　取样器与分样器

1—长柄短圆锥形取样器　2—圆筒形取样器　3—圆锥形取样器
4—单管取样器　5—羊角取样器　6—单管大塞取样器

表 3-3　送检样品登记表

	检验结果
1. 植物种名称:	
2. 收到日期: 年 月 日	1. 净度: %
3. 送检样品质量:	2. 千粒重: g
4. 种批重量:	3. 发芽率: %
5. 种子采收登记表编号:	4. 发芽势: %
6. 送检申请表编号:	5. 生命活力: %
7. 要求检验项目:	6. 优良度: %
8. 种子检验证寄往	7. 含水量: %
	8. 病虫害感染程度: %
地点:	
单位:	检验员:
登记人: 年 月 日	年 月 日

项目1　净度的测定

学习目标

1. 熟知测定种子净度的意义。
2. 掌握纯净种子、其他植物种子及夹杂物的分类标准。
3. 掌握测定种子净度的操作程序。

【学习任务】

1. 任务描述

对所提供的送检样品准确完成植物种子净度的测定并填写种子净度测定记录表。要求做到称量精确、样品分类准确、误差符合规定要求、种子净度结果计算正确。

2. 任务流程图

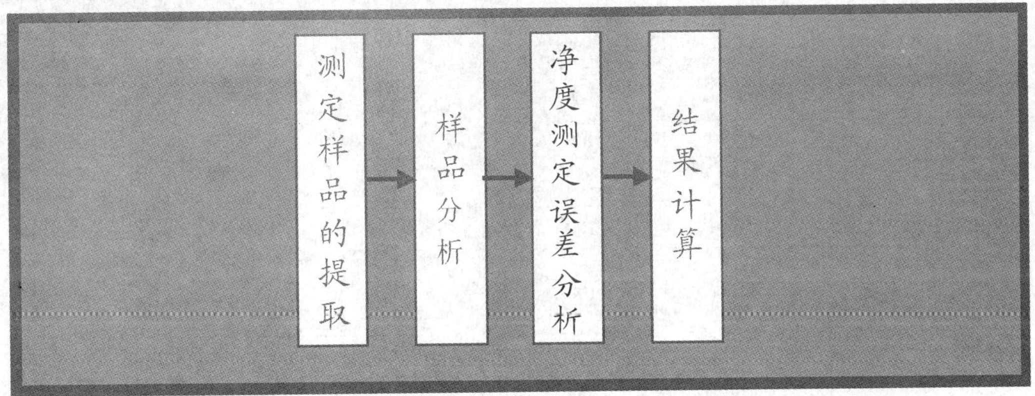

【环境设备】

材料：送检样品（供检验的植物种子2~3种）。

仪器：1/1000天平、种子检验板、直尺、毛刷、取样匙、镊子、手持放大镜、玻璃器皿、盛种容器、钟鼎式分样器或横隔式分样器。

【学习过程】

净度（纯度）是指被检验的某一植物种子中纯净种子的重量占供检种子总重量的百分比。净度是种子播种品质的重要指标之一，是划分种子品质等级标准和确定播种量的主要根据。种子净度低，夹杂物多，吸湿性强，不耐贮存，对发芽率有较大的影响。因此在种实调制过程中，要认真做好脱粒、净种等工作，使净度达到应有的标准。

一、测定样品的提取

将送检样品用四分法或分样器法进行分样。测定样品可以是按规定重量的一个测定样品（一个“全样品”），或者至少是这个重量一半的两个各自独立分取的测定样品（两个“半样品”）。必要时也可以是两个全样品，并分别进行测定。净度测定用的样品量，一般按种粒大小、千粒重和纯净程度等情况而定。除种粒大的为300~500粒外，其他种子通常要求在净度测定后，能有纯净种子2500~3000粒。供检种子净度测定样品按表3-4提取，样品称量的精度按表3-5进行称重。

表3-4 送检样品与净度、含水量测定样品量表

树种	送检样品重量/g	净度测定样品重量/g	含水量测定送检样品重量/g	树种	送检样品重量/g	净度测定样品重量/g	含水量测定送检样品重量/g
核桃	>300粒	>300粒	>300粒	臭椿	200	80	50
板栗	>300粒	>300粒	>120粒	侧柏	200	75	50
银杏 栎属	>500粒	>500粒	>120粒	黑松 紫穗槐	85	50	30
文冠果	1200	1000	100	马尾松	85	35	30

（续）

树种	送检样品重量/g	净度测定样品重量/g	含水量测定送检样品重量/g	树种	送检样品重量/g	净度测定样品重量/g	含水量测定送检样品重量/g
华山松	1000	700	100	白榆	60	35	30
元宝枫	850	400	100	杨属	5	2	30
乌桕	850	400	100	泡桐	6	1	30
椴属	850	350	100	水杉	15	5	30
国槐	600	300	100	柏木 落叶松	35	15	30
油松	250	100	50	胡枝子	60	25	30
白蜡 刺槐	200	100	50				

表 3-5　测定样品的称量精度

样品重量/g	精度/g
<1.0000	0.0001
1.000～9.999	0.001
10.00～99.99	0.01
100.0～999.9	0.1
≥1000	1

送检样品中混有较大或多量的夹杂物时，要在样品称重后，分取测定样品前，进行必要的清理并称重。用经过初步清理后的送检样品分取测定样品进行净度测定。

二、样品分析

将两份测定样品分别铺在种子检验板上，仔细观察，区分出纯净种子、其他植物种子及夹杂物 3 部分，2 份测定样品的同类成分不得混杂。分类标准如下：

1. 纯净种子

包括完整的、未受伤害的、发育正常的种子；发育不完全的种子和不能识别出的空粒；虽已破口或发芽，但仍具有发芽能力的种子。带翅的种子中，凡种子加工时种翅易脱落的，其纯净种子是指除去种翅的种子；凡种子加工时种翅不易脱落的，则不必除去，但已脱离的种翅碎片，应算为夹杂物。壳斗科的纯净种子是否包括壳斗，取决于各个种子的具体情况：壳斗容易脱落的不包括壳斗，难以脱落的包括壳斗。

2. 其他植物种子

分类学上与纯净种子不同的其他植物种子。

3. 夹杂物

包括能明显识别的空粒、腐坏粒、已萌芽的显然丧失发芽能力的种子；严重损伤（超过原大小一半）的和无种皮的裸粒种子；叶片、鳞片、苞片、果皮、种翅、种子碎片、沙粒、土块和其他杂物；昆虫的卵块、成虫、幼虫、蛹等。

经过上述的分析后，用天平分别称量纯净种子、其他植物种子和夹杂物的重量（称量精度同测定样品），并填写种子净度测定记录表。

三、净度测定误差分析

一个全样品法测定时，实际差距 = 样品重量 -（纯净种子重量 + 其他植物种子重量 + 夹杂物重量）；容许差距 = 测定样品重量 ×0.5%。实际差距没有超过容许差距可以计算结果，否则需重做。

两个“半样品”法或两个全样品法测定时，分别算出每个成分的重量占各成分重量之和的百分率（至少保留两位小数），对应的百分数之差是实际差距；用对应的各成分的百分数平均值去查表3-6可得到容许差距。如果各成分的实际差距均在容许范围内，可以计算并在质量检验证书中填报每个成分重量百分数的平均值。任何一个成分的分析结果超过了容许差距，均按以下程序处理：

1）在使用“半样品”的情况下，再分析一对“半样品”（但总共不必多于4对），直至一对“半样品”各成分的差距均在容许范围之内。将其成分的差异超过容许差距2倍的成对样品舍去不计，根据其余各对的数据计算各个成分的百分数的平均值。

2）在使用两个全样品的情况下，再分析一个全样品。只要最高值和最低值的差异未超过容许差距的2倍，就取这3次分析的平均值填表。

表3-6　种子净度测定容许误差范围表

（同实验室同送检样品净度分析容许差距，5%显著水平的两尾测定）

两次测定的平均数		不同测定之间的容许差距			
		半样品		全样品	
50% ~100%	< 50%	非粘滞性种子	粘滞性种子	非粘滞性种子	粘滞性种子
99.95 ~100.00	0.00 ~0.04	0.20	0.23	0.1	0.2
99.90 ~99.94	0.05 ~0.09	0.33	0.34	0.2	0.2
99.85 ~99.89	0.10 ~0.14	0.40	0.42	0.3	0.3
99.80 ~99.84	0.15 ~0.19	0.47	0.49	0.3	0.4
99.75 ~99.79	0.20 ~0.24	0.51	0.55	0.4	0.4
99.70 ~99.74	0.25 ~0.29	0.55	0.59	0.4	0.4
99.65 ~99.69	0.30 ~0.34	0.61	0.65	0.4	0.5
99.60 ~99.64	0.35 ~0.39	0.65	0.69	0.5	0.5
99.55 ~99.59	0.40 ~0.44	0.68	0.74	0.5	0.5
99.50 ~99.54	0.45 ~0.49	0.72	0.76	0.5	0.5
99.40 ~99.49	0.50 ~0.59	0.76	0.82	0.5	0.6
99.30 ~99.39	0.60 ~0.69	0.83	0.89	0.6	0.6
99.20 ~99.29	0.70 ~0.79	0.89	0.95	0.6	0.7
99.10 ~99.19	0.80 ~0.89	0.95	1.00	0.7	0.7
99.00 ~99.09	0.90 ~0.99	1.00	1.06	0.7	0.8
98.75 ~98.99	1.00 ~1.24	1.07	1.15	0.8	0.8

（续）

两次测定的平均数		不同测定之间的容许差距			
		半样品		全样品	
50% ~100%	< 50%	非粘滞性种子	粘滞性种子	非粘滞性种子	粘滞性种子
98.50 ~98.74	1.25 ~1.49	1.19	1.26	0.8	0.9
98.25 ~98.49	1.50 ~1.74	1.29	1.37	0.9	1.0
98.00 ~98.24	1.75 ~1.99	1.37	1.47	1.0	1.0
97.75 ~97.99	2.00 ~2.24	1.44	1.54	1.0	1.1
97.50 ~97.74	2.25 ~2.49	1.53	1.63	1.1	1.2
97.25 ~97.49	2.50 ~2.74	1.60	1.70	1.1	1.2
97.00 ~97.24	2.75 ~2.99	1.67	1.78	1.2	1.3
96.50 ~96.99	3.00 ~3.49	1.77	1.88	1.3	1.3
96.00 ~96.49	3.50 ~3.99	1.88	1.99	1.3	1.4
95.50 ~95.99	4.00 ~4.49	1.99	2.21	1.4	1.5
95.00 ~95.49	4.50 ~4.99	2.09	2.22	1.5	1.6
94.00 ~94.99	5.00 ~5.99	2.25	2.38	1.6	1.7
93.00 ~93.99	6.00 ~6.99	2.43	2.56	1.7	1.8
92.00 ~92.99	7.00 ~7.99	2.59	2.73	1.8	1.9
91.99 ~91.99	8.00 ~8.99	2.74	2.90	1.9	2.1
90.00 ~90.99	9.00 ~9.99	2.88	3.04	2.0	2.2
88.00 ~89.99	10.00 ~11.99	3.08	3.25	2.2	2.3
86.00 ~87.99	12.00 ~13.99	3.31	3.49	2.3	2.5
84.00 ~85.99	14.00 ~15.99	3.52	3.71	2.5	2.6
82.00 ~83.99	16.00 ~17.99	3.69	3.90	2.6	2.8
80.00 ~81.99	18.00 ~19.99	3.86	4.07	2.7	2.9
78.00 ~79.99	20.00 ~21.99	4.00	4.23	2.8	3.0
76.00 ~77.99	22.00 ~23.99	4.14	4.37	2.9	3.1
74.00 ~75.99	24.00 ~25.99	4.26	4.50	3.0	3.2
72.00 ~73.99	26.00 ~27.99	4.37	4.61	3.1	3.3
70.00 ~71.99	28.00 ~29.99	4.47	4.71	3.2	3.3
65.00 ~69.99	30.00 ~34.99	4.61	4.86	3.3	3.4
60.00 ~64.99	35.00 ~39.99	4.77	5.02	3.4	3.6
50.00 ~59.99	40.00 ~49.99	4.89	5.16	3.5	3.7

注：粘滞性种子包括容易相互粘附或容易粘附在其他物体（如包装袋、分样器）上的种子；容易被其他植物种子粘附，或容易粘附其他植物种子的种子；不易被清选、混合或扦样的种子。如果全部粘滞性结构（包括粘滞性杂质）占一个样品的1/3或更多，就认为该样品具有粘滞性。针对这类种子样品，应用容许差距表时，应当使用粘滞性种子栏的容许误差。

四、结果计算

$$净度 = \frac{纯净种子重量}{纯净种子重量+其他植物种子重量+夹杂物重量} \times 100\%$$

送检样品先进行清理的，其净度按下式计算：

$$净度 = 送检样品净度 \times 测定样品净度$$

$$送检样品净度 = \frac{除去杂质后的送检样品重量}{送检样品重量} \times 100\%$$

净度测定结果应计算到两位小数，各种成分的百分率总和必须为 100%。

计算结果合格后，将几组纯净种子分别装入玻璃瓶内，以备后用。

在收购种子时，由于条件所限往往通过人的感官检验种子净度。检验时，首先观察种子的比率，然后随机抽取样品，仔细检验。检验方法很多，如用手插入种子堆或盛种容器中，感到阻力很大不易插入时，则夹杂物一般在 5% 以上；检验比种子重量轻的夹杂物时，可将手在盛种容器内旋转，搅拌种子，使其呈凹陷状，这时空粒、杂质等大都集中在凹陷处的表面，可估计杂物的百分率；检验比种子重的泥沙、石砾等，可将手掌朝下，伸进种子内，然后手掌朝上取出种子，轻轻振动，使泥沙、石砾沉落掌心，判断其百分率；也可以随机抽取大约 300 ~ 2000 粒种子，快速分出净种子（包括瘦小、皱裂和已发芽的种子）和夹杂物两类，分别称重，计算出净度。

完成种子净度检验后，对不符合质量要求的种子，要重新加工精选。待达到该树种净度标准时，才允许收购、入库贮藏和运输。

净度测定记录表见表 3-7。

表 3-7　净度测定记录表

编号________　树种________　样品号________　样品情况________

测试地点________　环境条件：室内温度________℃　湿度________%

测试仪器：名称________　编号________

方法	试样重量/g	纯净种子重量/g	其他植物种子重量/g	夹杂物重量/g	总重量/g	净度（%）	备注
实际差距			容许差距				

本次测定：有效 □；无效 □　测定人　　　　校核人

测定日期：　　　年　月　日

【质量评价标准】

项目质量考核要求及评分标准见表 3-8。

表 3-8　项目质量考核要求及评分标准

考核项目	考核要求	配分	评分标准	扣分	得分	备注
取样	1. 取样方法准确 2. 取样重量符合规程要求 3. 取样后称取样本总重量	20	1. 取样方法不准确，扣 10 分 2. 取样重量不符合规程要求，扣 5 分 3. 不称取样本总重量，扣 5 分			

（续）

考核项目	考核要求	配分	评分标准	扣分	得分	备注
测定样品分类	1. 测定样品分类准确 2. 测定样品各成分分别准确称重，并记录	30	1. 纯净种子、其他植物种子、夹杂物分类不准确，扣15分 2. 测定样品各成分称重不准确，扣10分，称重后不及时记录，扣5分			
误差分析	1. 准确掌握误差分析要求 2. 最终测定结果符合规定要求	20	1. 不了解误差分析要求，扣5分 2. 最终测定结果不符合规定要求，扣15分，并重新测定			
结果计算	1. 种子净度计算准确 2. 规范、准确填写净度测定记录表 3. 测定后的纯净种子应装入玻璃瓶内，以备后用	30	1. 种子净度计算不准确，扣10分 2. 填写净度测定记录表不规范、不准确，扣10分 3. 测定后的纯净种子应装入玻璃瓶内，以备后用，否则，扣10分			

项目2 千粒重的测定

学习目标

1. 掌握种子千粒重测定的方法。
2. 掌握种子千粒重测定的操作程序。

【学习任务】

1. 任务描述

对所提供的样品完成种子千粒重的测定并填写种子千粒重测定记录表。要求做到样品点数准确、精确称量、变异系数符合要求、结果计算准确。

2. 任务流程图

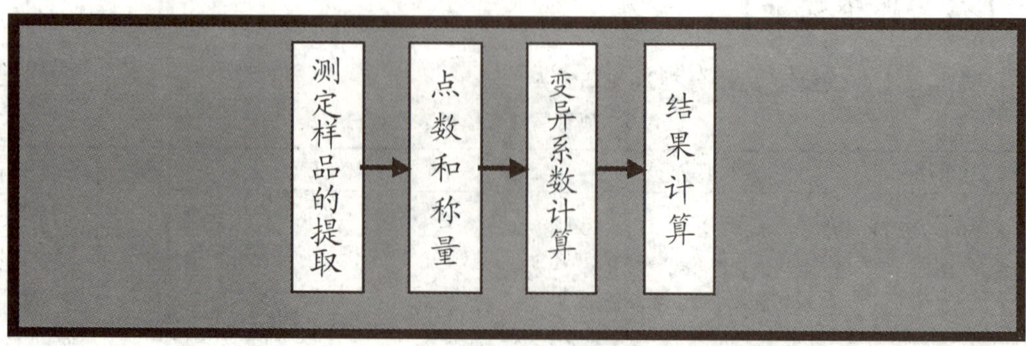

【环境设备】

材料：经净度测定所得的纯净种子（供检验的植物种子2~3种）。

仪器：种子检验板、刷子、镊子、直尺、盛种容器、数粒器、天平（1/1000）。

【学习过程】

千粒重是指在气干状态下的1000粒纯净种子的重量，一般以克来表示。千粒重能说明种子大小和饱满程度，同一树种，不同批种子，千粒重数值愈高，说明种子愈大而饱满，内部贮藏营养物质多，空粒少，播种后发芽率高，苗木质量好。千粒重的测定方法有千粒法、全量法和质量法、百粒法。

千粒法适用于种粒大小、轻重极不均匀的大粒种子，从净度测定后纯净种子中随机抽取二个重复，每个重复量为1000粒，称其重量，两个重复差在其平均值5%范围内，为允许误差。二者平均值为千粒重。

全量法适用于纯净种子粒数少于1000粒的样本，将其全部种子称重，换算成千粒重。

质量法适用于小粒、特小粒种子，称量0.25g种子，点数其中种子数量，计算千粒重。

百粒法适用于中小粒种子，大多数种子可用百粒法测定，下面介绍百粒法测定种子千粒重的操作规程。

一、测定样品的提取

将纯净种子铺在种子检验板上，用四分法分到所剩下的种子略大于所需量。

二、点数和称量

从测定样品中随机抽取8个重复，每个重复为100粒。点数时可将种子每5粒放成一堆，两个小堆合并成10粒的一堆，取10个小堆合并成100粒，组成一组。用同样方法取第二组，第三组，…，直至第八组，即为8次重复，分别称各组的重量，记入种子千粒重测定记录表（见表3-9）中，各重复称量精度同净度测定时的精度。

三、变异系数计算

根据8个重复的称量读数求8个组的平均值（$\bar{x}$），然后计算标准差（S）及变异系数（C），

标准差 $$(S)=\sqrt{\frac{n(\sum_{i=1}^{n}x_i^2)-(\sum x)^2}{n(n-1)}}$$

变异系数 $$C=\frac{S}{x}\times 100$$

平均值 $$\bar{x}=\frac{\sum_{i=1}^{n}x_i}{n}$$

式中 x——每个重复的重量（g）；

n——重复次数。

一般种子的变异系数不超过4.0，认为其误差在允许范围之内。若变异系数超过4.0，首先检查称量读数和点数数量，看是否有差错，如无差错，再做8个重复。用16个重复来计算平均值、标准差、变异系数。若16个重复的变异系数小于4.0，则误差在允许范围内；若大小4.0，凡与平均数之差超过两倍标准差的各重复略去不计，剩余重复计算其平均值。

四、结果计算

将8个或8个以上的100粒种子的平均重量乘以10（即$10\times\bar{x}$）即为种子千粒重，其精度要求与称重相同。

$$千粒重 = 10\times\bar{x}$$

表3-9　种子千粒重测定记录表（百粒法）

编号________　树种________　样品号________　样品情况________

测试地点________　环境条件：温度________℃　湿度________%

测试仪器：名称________　编号________　测定方法________

重复号	1	2	3	4	5	6	7	8	9	10	11	12	13	14	15	16
样品重量																
标准差																
平均重量																
变异系数																
千粒重/g																

第　　组数据超过了容许误差，本次测定根据第　　组计算

本次测定：　有效□　无效□　测定人　校核人

测定日期：　年　月　日

【质量评价标准】

项目质量考核要求及评分标准见表3-10。

表3-10　项目质量考核要求及评分标准

考核项目	考核要求	配分	评分标准	扣分	得分	备注
取样	1. 取样方法准确 2. 种子数目点数准确	10	1. 不随机取样，扣5分 2. 种子数目点数不准确，扣5分			
称量	称量准确	20	称量不准确，扣20分			
变异系数计算	1. 标准差、变异系数、平均值计算准确 2. 变异系数超过允许范围的处理正确	40	1. 标准差、变异系数、平均值计算不准确，扣20分 2. 首先检查称量读数和点数数量看是否有差错，否则，扣10分 3. 如无差错，再做8个重复，按要求处理，否则，扣10分			
结果	1. 种子千粒重计算准确 2. 规范填写种子千粒重测定记录表	30	1. 种子千粒重计算不准确，扣20分 2. 规范填写种子千粒重测定记录表，否则，扣10分			

项目3　含水量的测定

学习目标

1. 熟知测定种子含水量的意义。
2. 掌握测定种子含水量时温度和时间要求。
3. 掌握测定种子含水量的操作程序。

【学习任务】

1. 任务描述

对所提供的送检样品利用低恒温烘干法或高恒温烘干法准确完成种子含水量的测定并填写种子含水量测定记录表。要求做到称量精确、烘干程度适宜、误差符合规定要求、种子含水量结果计算正确。

2. 任务流程图

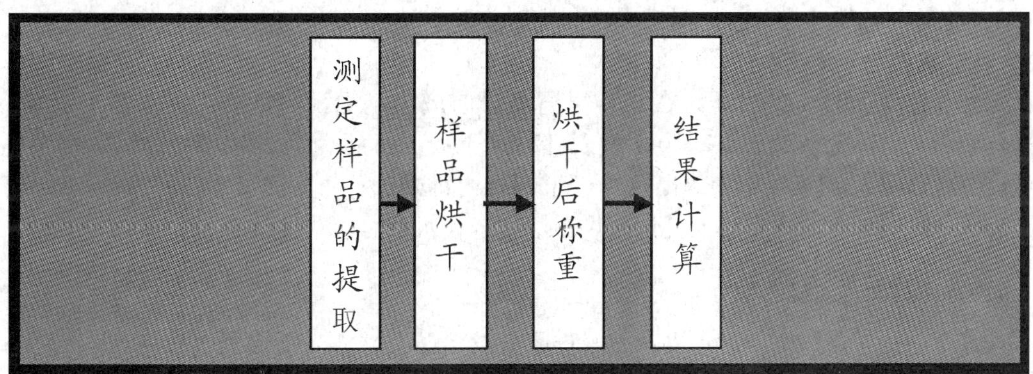

【环境设备】

材料：送检样品（供检验的植物种子2～3种）。

仪器：1/1000天平、种子检验板、直尺、毛刷、取样匙、镊子、筛子、样品盒、坩埚钳、干燥器、干燥箱。

【学习过程】

种子含水量是指种子中所含水分的重量占种子重量的百分率。种子含水量的多少是影响种子寿命的重要因素之一，是种子贮藏和调运期间主要的环境监控因子，不仅在收购、贮藏、运输前必须测定种子含水量，而且在整个贮藏过程中也要定期测定种子含水量的波动情况。

一、测定样品的提取

将送检样品在容器内充分混合，并将种子与夹杂物分开，从中分取测定样品。测定应取两份独立分取的重复样品，根据所用样品盒直径的大小，每份样品重量为：样品盒直径小于8 ㎝为4～5g，样品盒直径等于或大于8cm 为10g。操作时，尽量减少测定样品在空气中暴露的时间，以防失水。种粒小的以及薄皮种子可原样干燥，大粒种子（每千克少于5000粒）以及种皮坚硬的种子要切开，充分混合后，取测定样品。称量精确度要求小数点后3位。

二、样品烘干

种子含水量测定主要有低恒温烘干法、高恒温烘干法、二次烘干法等方法。

1. 低恒温烘干法

此法适用于所有的林木种子。上述两次重复的测定样品分别均匀地铺在样品盒里。在盛入样品之前，称取样品盒连同盒盖的重量。装入样品后称取样品及样品盒（连同盒盖）的重量。将样品盒置于盖上，迅速放入已经保持在（103±2)℃的烘箱中烘（17±1）h，烘箱回升至所需温度时开始计算烘干时间。测定时，实验室的空气相对湿度必须低于70%。

2. 高恒温烘干法

其程序与低恒温烘干法规定相同，但烘箱温度须保持130～133℃。样品烘干时间为1～4h。先将烘干箱预热至140～145℃，将两份测定样品迅速放入烘干箱内，在5min 内使温度调至130℃时开始计时。高恒温烘干法测定对实验室的空气相对湿度没有特别要求。

3. 二次烘干法

含水量高于17%的种子，在进行恒温烘干前应当经受预先烘干。称取两个预备样品，每个样品至少称取（25±0.2）g，放入已称过重量的样品盒内，在70℃的烘箱中预烘2～5h，使水分降至17%以下，取出后置于干燥器内冷却，称重。将预烘过的种子切片，称取测定样品，用低恒温烘干法或高恒温烘干法测定含水量。

三、烘干后称重

烘干达到规定的时间后，迅速盖好样品盒的盖子，并放入干燥器里冷却30～45min，冷却后，称取样品盒和盖及样品的重量。

四、结果计算

含水量以重量百分率表示，用下式计算：

$$含水量=\frac{M_2-M_3}{M_2-M_1}\times 100\%$$

式中 M_1——样品盒和盖的重量（g）；

M_2——样品盒和盖及样品的烘前重量（g）；

M_3——样品盒和盖及样品的烘后重量（g）。

二次烘干法采用下式计算：

$$含水量=S_1+S_2-\frac{S_1S_2}{100}$$

式中 S_1——第一次测定的含水量；

S_2——第二次测定的含水量。

含水量两次测定结果容许差距范围为0.3%～2.5%（见表3-11），在此范围内用两次结

果的平均数作为测定结果，否则重做。

种子含水量测定记录表见表3-12。

表3-11 含水量测定两次重复间的容许差距

种子大小类别	平均原始水分		
	< 12%	12% ~25%	> 25%
小粒种子	0.3%	0.5%	0.5%
大粒种子	0.4%	0.8%	2.5%

注：1. 含水量测定结果在质量检验证书上填报，精度为0.1%。

2. 小粒种子是指每千克超过5000粒的种子。

3. 大粒种子是指每千克最多为5000粒的种子。

表3-12 种子含水量测定记录表

编号________ 树种________ 样品号________ 样品情况________

测试地点________ 环境条件：温度________℃ 湿度________%

测试仪器：名称________ 编号________ 测定方法________

容器号			
容器重/g			
容器及测定样品原重/g			
烘至恒重/g			
测定样品原重/g			
水分重/g			
含水量（%）			
平均	%		
实际差距		容许差距	%

本次测定： 有效 □ 无效 □ 测定人 校核人

测定日期： 年 月 日

【质量评价标准】

项目质量考核要求及评分标准见表3-13。

表3-13 项目质量考核要求及评分标准

考核项目	考核要求	配分	评分标准	扣分	得分	备注
取样	1. 取样方法准确 2. 取样重量符合规程要求 3. 样本、样本盒称重准确	20	1. 取样方法不准确，扣10分 2. 取样重量不符合规程要求，扣5分 3. 称重不准确，扣5分			
烘干	1. 熟知烘干箱烘干原理 2. 掌握准确烘干温度、时间和操作规范	30	1. 不熟悉烘干箱烘干原理，扣10分 2. 不熟悉烘干箱烘干温度和时间要求扣10分，操作不规范，扣10分			

（续）

考核项目	考核要求	配分	评分标准	扣分	得分	备注
烘干后称重	1. 烘干后迅速盖好样品盒的盖子 2. 放入干燥器里冷却 3. 称重准确	30	1. 烘干后不盖样品盒的盖子直接取出，扣15分 2. 取出样品盒不放入干燥器里冷却，扣5分 3. 称重不准确，扣10分			
结果计算	1. 准确掌握误差分析要求 2. 结果计算准确 3. 规范、准确填写含水量测定记录表	20	1. 不熟悉误差分析要求，扣5分 2. 结果计算不准确，扣5分 3. 填写种子含水量测定记录表不规范、不准确，扣10分			

项目4　发芽能力的测定

学习目标

1. 熟知种子发芽能力测定的意义。
2. 掌握种子发芽能力测定时种子消毒、发芽置床的方法。
3. 掌握种子发芽能力测定期间管理技术和观察记录要求。
4. 掌握种子发芽测定的操作程序。

【学习任务】

1. 任务描述

对所提供的样品完成种子发芽能力的测定并填写种子发芽能力测定记录表和发芽测定结果表。要求做到样品抽取准确、种子消毒和浸种程度适宜、置床整齐、发芽期间管理到位、观察记录及时规范、结果计算准确。

2. 任务流程图

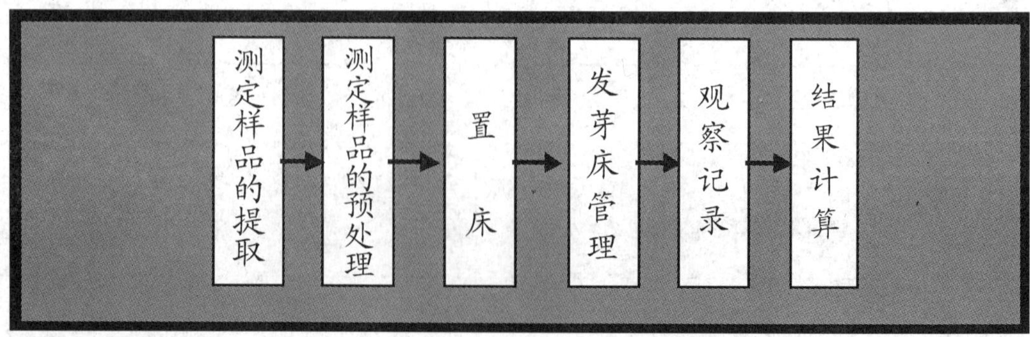

【环境设备】

材料：从净度测定所得的纯净种子（供检验的植物种子2~3种）。

仪器：电炉、蒸煮锅、蒸馏水、福尔马林、高锰酸钾、玻璃板、取样匙、镊子、解剖刀、温度计、烧杯、发芽皿、滤纸、脱脂棉、标签、光照发芽箱或培养箱。

【学习过程】

种子的发芽能力是种子播种品质中最重要的指标，可以用来确定播种量和一个种批的等级价值。种子发芽能力的有关指标是用发芽试验来测定的，一般只适用于休眠期较短的树种。

一、测定样品的提取

发芽测定所需样品可从净度测定后的纯净种子中抽取。随机提取4个重复，每个重复为100粒。种粒大的，或者怀疑种子带有病菌的，可以将每个100粒的重复以50粒或25粒为一组，以组为单位在发芽床上摆放，由这样的2个组或4个组组成1次重复，使种粒之间有足够的距离。

无论是人工数取还是用数粒器提取样品，都必须避免有意识或无意识地对种子作任何选择。

二、测定样品的预处理

为了预防霉菌感染影响检验结果，在检验前必须对所使用的各种用具和测定样品进行消毒处理。发芽皿、脱脂棉、滤纸、镊子等需进行高温灭菌，发芽箱或培养箱内可喷洒福尔马林，喷后密封两天，然后使用。测定样品可采用福尔马林、高锰酸钾等药剂消毒。

测定样品试验前要对种子进行解除休眠处理，以使种子发芽较整齐，便于统计。一般的种子可用45℃的水进行浸水处理24h。深休眠的种子处理的方法有：凡低温层积处理两个月能发芽者可用层积催芽处理，如超过两个月者，可用快速生活力测定法，或用始温80～100℃的水浸种24h，去掉外种皮或蜡层；用1%柠檬酸、浓硫酸等药物浸种后层积或层积变温处理；种粒较大的可以切取大约1cm^{2}的带有全部胚和部分子叶或胚乳的胚方进行发芽测定。不论采用哪种方法进行预处理均应在检验证中注明。

三、置床

用来进行发芽试验的装置称为发芽床，常用的发芽床有发芽皿，陶瓷浅盘，或塑料、木、铁制成的发芽盒。置床就是将经过消毒灭菌、浸种等预处理后的种子安放到发芽床上。为了给种子提供足够的水分，一般中、小粒种子可在发芽皿中放上纱布或滤纸作为发芽床。置床时种粒之间应保持一定距离，以免霉菌蔓延和幼根相互接触。种粒的排放应有一定的序列，如图3-4所示。

图3-4 种粒的排放序列

种子摆放完毕，在每一个发芽皿上贴上标签，写明送检样品号、树种、重复号、置床日期、姓名，以免混乱，然后将发芽皿放入光照发芽箱或培养箱。

四、发芽床管理

1）经常检查发芽环境的温度，发芽环境的温度同预定的温度相差不能超过 ±1℃。

2）保持发芽床湿润，但种子四周不可水淹，可用指尖轻压发芽床（指纸床），指尖周围不能出现水膜。

3）要经常打开发芽盒盖充分换气，或在发芽盒侧面开若干小孔，以便通气。

4）对需光树种每天按时开关光源。使用单侧不均匀光照发芽箱时，应经常前后、上下变换发芽床位置，以避免温度和光照不均匀现象。

5）拣出轻微发霉的种子（不要使它们触及健康的种粒），用清水冲洗数次，直到水无混浊再放回。发霉种粒较多时，要及时更换发芽床和发芽器皿。

五、观察记录

发芽情况要定期观察记载，观察记载的间隔时间根据树种和样品情况自行确定，但初次记录与末次记录必须有记载。初次记录为发芽势计算用，末次记录为发芽率计算用。

发芽能力测定的持续时间见表 3-14 中末次计数天数，自置床之日起算，不包括预处理时间。如到规定的结束时间仍有较多的种粒萌发，也可酌情延长测定时间。发芽测定所用的实际天数应在检查报告中说明。

表 3-14　部分树种种子发芽能力测定的主要技术规定

树种	温度/℃	测发芽势的天数	测发芽率的天数	备　注
油松	20/25	8	16	每天光照 8h
银杏	20/30	14	28	1～5℃层积 28 天
沙枣	30	14	30	0～5℃层积 60 天
沙棘	20/30	5	14	0～5℃层积 60 天每天光照 8h
紫穗槐	25	7	14	始温 80℃水浸种 24h 去掉种皮发芽
杜仲	25	14	21	在胚根一端将果皮轻切一刀，浸种 24h
花棒	28	10	20	去掉种皮
胡枝子	20/35	7	15	去掉种皮；浓硫酸浸种 30min 后用清水反复冲洗
刺槐	20/30	7	14	85℃水浸种，自然冷却 24h，剩余硬粒再用 85℃水浸种并自然冷却 24h
国槐	25	7	29	始温 80℃水浸种 24h
臭椿	30	7	21	
枸杞	20	6	14	始温 45℃水浸种 24h，切开种皮继续浸种 2 天
侧柏	20/25	14	28	始温 45℃水浸种 24h
白榆	20	4	7	
杨属	20/35	7	14	称量发芽法
香椿	25	7	21	

观察记录时按发芽床的编号依次记载，记载项目如下：

(1) 正常幼苗　包括基本结构完整、匀称、健康、生长良好的完整幼苗；基本结构出现某些轻微缺陷，但生长均衡，与同次测定中完整幼苗不相上下的带轻微缺陷的幼苗；受真菌或细菌感染的幼苗，但该粒种子不是感染源而是受到次生感染。

(2) 不正常幼苗　不正常幼苗有三种类型：①任何基本结构缺失，或损伤严重无法修复，不能正常生长的损伤苗；②生长孱弱、生理紊乱的不匀称苗，或基本结构失衡的畸形苗；③有感染源种子的萌发，停止正常生长的染病苗、腐坏苗。

具有下列情况之一的幼苗为不正常幼苗。

1）初生根：生长停滞、粗短、缺失、断折、自顶端开裂、缢缩、纤细、束缚在种皮中、呈负向地性、玻璃状、因原发性感染而腐坏。

2）下胚轴、上胚轴和中胚轴：粗短、深度横裂或断折、完全纵裂、缺失、缢缩、极度扭曲、弯曲向下、呈环状或螺旋状、纤细、玻璃状、因原发性感染而腐坏。

3）子叶：肿胀或卷曲、畸形、断折或有其他损伤、断离或缺失、变色、坏死、玻璃状、因原发性感染而腐坏。

4）初生叶：畸形、损伤、缺失、变色、坏死、外形正常但小于正常大小的1/4、因原发性感染而腐坏。

5）幼苗整体：畸形、断裂、子叶先出、二苗融合、胚乳环圈不落、黄化或白化、纤细、玻璃状、因原发性感染而腐坏。

(3) 未发芽粒　在发芽测定末次计数时，对尚未发芽的种粒分组用解剖法进行鉴定，分别归成硬粒、新鲜粒、死亡粒、空粒等几类。

硬粒：在测定条件下未能吸水而在测定期末仍然坚硬的种粒。

新鲜粒：种粒结构正常但未发芽，或胚根虽已突破种皮，但其长度尚未达到上述规定。

死亡粒：内含物腐烂的种粒。

空粒：仅具有种皮的种粒。

涩粒：种粒内含物为紫黑色的单宁类物质。

六、结果计算

发芽试验结束后，根据记录的资料，即可计算出种子发芽能力的各种指标，如发芽率、发芽势、平均发芽速度等，并将结果填入发芽测定结果统计表。

1. 发芽率

在适宜的条件下，正常发芽的种子数与供检种子总数的百分比。亦称实验室发芽率、技术发芽率。计算公式如下：

$$\text{发芽率}=\frac{n}{N}\times 100\%$$

式中　n——正常发芽粒数；

　　　N——供检种子总数。

发芽率计算到小数点后1位，以下四舍五入。

每个重复的发芽率计算后，查组间最大容许差距表（见表3-15）。如果各重复中最大值与最小值的差距没有超过容许差距，则可用4个重复的算术平均数作为该次测定的发芽率，平均数计算到整数。如果超过容许差距，则认为测定结果不正确，需要进行第二次测定。其原因可能是预处理的方法不当或测定条件不当，未能得出正确的结果，或发芽粒的鉴别或记载错误而无法核对改正，也可能是霉菌或其他因素严重干扰测定结果。

表 3-15　发芽测定容许差距

平均发芽百分率		最大容许差距
1	2	3
99	2	5
98	3	6
97	4	7
96	5	8
95	6	9
93 ~ 94	7 ~ 8	10
91 ~ 92	9 ~ 10	11
89 ~ 90	11 ~ 12	12
87 ~ 88	13 ~ 14	13
84 ~ 86	15 ~ 17	14
81 ~ 83	18 ~ 20	15
78 ~ 80	21 ~ 23	16
73 ~ 77	24 ~ 28	17
67 ~ 72	29 ~ 34	18
56 ~ 66	35 ~ 45	19
51 ~ 55	46 ~ 50	20

第二次测定（也可与第一次测定同时进行）的结果和第一次测定间的差距不超过规定的容许差距（见表 3-16），则用两次的平均数作为发芽率，填入检验证。如果两次测定的平均发芽率，超出了规定的容许差距，则至少应再作一次测定。

表 3-16　重新发芽测定容许差距

两次测定的发芽平均数		最大容许差距	两次测定的发芽平均数		最大容许差距
1	2	3	1	2	3
98 ~ 99	2 ~ 3	2	77 ~ 84	17 ~ 24	6
95 ~ 97	4 ~ 6	3	60 ~ 76	25 ~ 41	7
91 ~ 94	7 ~ 10	4	51 ~ 59	42 ~ 50	8
85 ~ 90	11 ~ 16	5			

林木种子中常有相当数量的空粒和涩粒，科研中为了确切地了解某批种子的发芽能力，常把供检样品中的空粒和涩粒除去不计，只计算饱满种子的发芽率，这称为绝对发芽率。计算公式如下：

$$绝对发芽率 = \frac{n}{N - a} \times 100\%$$

式中　n——正常发芽的种子数；

N——供检种子总数；

a——空粒和（或）涩粒数。

2. 发芽势

指发芽种子数达到高峰时，正常发芽种子的粒数与供检种子总数的百分比。

$$发芽势=\frac{达高峰时正常发芽种子粒数}{供检种子总数}\times 100\%$$

发芽势是反映种子品质的重要指标。发芽率相同的两批种子，发芽势高的种子品质好，播种后发芽速度快而整齐，场圃发芽率也高。

发芽势也分4个重复计算，然后求其平均值。发芽势计算到小数点后1位，计算时所容许的误差为计算发芽率时所容许误差的1倍半。

发芽测定记录表见表3-17。测定结果表见表3-18。

表3-17　发芽测定记录表

树种		预处理方法		送样品编号		温度	
		其他记载				光照	

预处理日期	组号	1	2	3	4	5	6	7	8	9	10	11	12	13	14	15	…	41	42
		逐日发芽粒数																	
置床日期	1																		
	2																		
开始发芽日期	3																		
	4																		

检验员　　　　　　　　　　　　年　　月　　日

表3-18　发芽测定结果表

编号________　树种________　样品号________　样品情况________　测定地点________

环境条件：室内温度________℃　湿度________%　测试仪器：名称________　编号________

预处理________　置床日期________　测定条件________

组号	发芽势		发芽率		未发芽粒									发霉日期及换垫日期	平均发芽势	平均发芽率	平均绝对发芽率	平均发芽速度	备注
	天数	%	天数	%	死亡	异状	新鲜	空粒	硬粒	涩粒	其他	合计	%						
1																			
…																			
合计																			

组间最大差距________容许差距________　本次测定：　有效 □　无效 □

测定人________校核人________　测定结束日期________年________月________日

【质量评价标准】

项目质量考核要求及评分标准见表3-19。

表3-19　项目质量考核要求及评分标准

考核项目	考核要求	配分	评分标准	扣分	得分	备注
取样	1. 取样方法准确 2. 种子数目点数准确	10	1. 不随机取样，扣5分 2. 种子数目点数不准确，扣5分			
测定样品的预处理	1. 试验用具消毒适宜 2. 种子消毒程度适宜 3. 种子浸种程度适宜	20	1. 试验用具不消毒，扣5分 2. 种子不消毒，扣5分 3. 种子浸种程度不适宜，扣10分			
置床	1. 发芽床制作规范 2. 种子置放间隔有序 3. 标签标记完整	20	1. 发芽床制作不规范，扣5分 2. 种子置放混乱，扣10分 3. 标签标记不完整，扣5分			
管理	1. 光照温度湿度水分调控适宜 2. 霉变种子处理得当	20	1. 光照温度湿度水分调控不当，扣10分 2. 霉变种子处理不当，扣10分			
观察记录	1. 观察记录及时 2. 正常幼苗、不正常幼苗、未发芽粒等判断正确	20	1. 观察记录不及时，扣10分 2. 正常幼苗、不正常幼苗、未发芽粒等判断不正确，扣10分			
结果计算	1. 误差符合要求、结果计算准确 2. 规范填写种子发芽测定记录表	10	1. 误差不符合要求、结果计算不准确，扣5分 2. 规范填写种子发芽测定记录表，否则扣5分			

项目5　生活力的测定

学习目标

1. 熟知快速染色法测定种子生活力的意义。
2. 掌握染色法测定种子生活力的原理。
3. 掌握染色法测定种子生活力的操作程序。

【学习任务】

1. 任务描述

对所提供的送检样品利用染色法准确完成种子生活力的测定并填写种子生活力测定记录表。要求做到样品提取准确、浸种程度适宜、溶液配制合理、种胚染色充分、种子生活力判断准确、结果计算准确。

2. 任务流程图

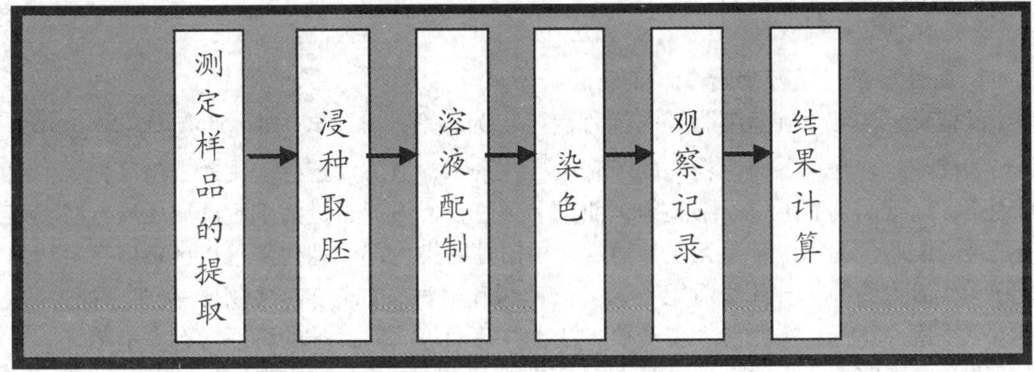

【环境设备】

材料：送检样品（供检验的植物种子2~3种）、四唑试剂、靛蓝试剂、磷酸二氢钾、磷酸氢二钠。

仪器：种子检验板、刷子、镊子、解剖刀、量筒、培养皿、小烧杯、手持放大镜。

【学习过程】

种子潜在的发芽能力称为种子的生活力，用有生活力的种子数与供检种子总数的百分比来表示。它可以用某些化学试剂使种子染色的方法或物理的方法来测定。用化学试剂测定种子生活力，可以在短时间内评定种子质量。特别是对休眠期长的种子难以进行发芽测定，采用此法具有明显的优越性。但是测定的结果只接近发芽率，而不能代替发芽率。而且处于休眠状态的种子，其发芽率低于生活力。

当需要迅速判断种子的品质，对休眠期长和难以进行发芽试验或是因条件限制不能进行发芽试验的，可采用染色法来快速测定。染色法主要以靛蓝和四唑试剂为主，也可用硒盐、碘化钾等。

一、测定样品的提取

从净度测定后的纯净种子中随机数取100粒种子作为一个重复，共取4个重复。此外还需抽取约100粒种子作为后备材料，以便代替取胚时弄坏的种子。

二、浸种取胚

将四组样品和后备种子浸入温水中。浸种时间因树种而异，松属、雪松属的种子在室温下浸3~5天，刺槐、银合欢等种子可用锐利的解剖针或小刀等仔细地从胚根后面割破种皮，然后用室温水浸种24h，也可用80~90℃水烫种，搅拌到室温，然后浸种24h。浸种后，分组取胚，沿种子的棱线切开种皮和胚乳，取出种胚，放在盛有清水或垫有潮湿滤纸、纱布的玻璃器皿内，以免种胚干燥萎缩而丧失生活力。取胚时随时记下空粒、死亡粒、感染病虫害的种粒以及其他显然没有生活力的种粒数量，并记入种子生活力测定表中。如取胚时由于人为技术而破坏了种胚，可以从后备组中任取一粒取胚补上。大粒种子如板栗、锥栗、核桃、银杏等可取“胚方”染色，取“胚方”是指经过浸种的种子，切取大约1cm^{2}包括胚根、胚

轴和部分子叶（或胚乳）的方块。

三、溶液配制

1. 酸性靛蓝（靛蓝胭脂红）**染色法**

靛蓝染色法常以靛蓝胭脂红（简称靛蓝）为试剂，分子式为 $C_{16}H_8N_2O_2(SO_3)_2Na_2$，商品名为靛红。它是一种蓝色粉末的苯胺染料，其水溶液为天蓝色。用此法检验种子生活力的原理是：靛蓝试剂能透过死细胞组织而染上颜色，但不能透过活细胞的原生质。在靛蓝溶液中凡被染成蓝色的部位都是无生活力的，根据种胚染色部位和比例可以区别出有生活力的种子和无生活力的种子。此法适用于大多数针阔叶树种，如松属、杉木、刺槐、槐树、皂荚、楝树、香椿、臭椿、水曲柳、黄菠萝、沙枣、棕榈等。但栎类的种胚含有大量单宁，死种子不易着色，不宜用此方法。靛蓝试剂是用蒸馏水将靛蓝配成浓度为 0.05% ~0.1% 的溶液，最好随配随用，不宜存放过久。

2. 四唑染色法

四唑染色法常以氯化（或溴化）三苯基四唑（2，3，5 – 三苯基四氮唑，简称四唑）为检验试剂，分子式为 $C_{19}H_{15}N_4Cl$ (Br)，商品名为红四氮唑，为白色粉末，见光易分解。不易溶解于水，但易溶解于乙醇，其水溶液无色。其染色原理是四唑可参与活细胞的氧化还原反应，进入种子的无色四唑溶液，在种胚的活组织中，被脱氢酶还原生成稳定、不溶于水、不易移动的红色物质，而死种胚则不显这种颜色（图 3-5）。鉴定的主要依据是染色的部位，而不是染色的深浅。这种方法适用于大多数针阔叶树种的种子。

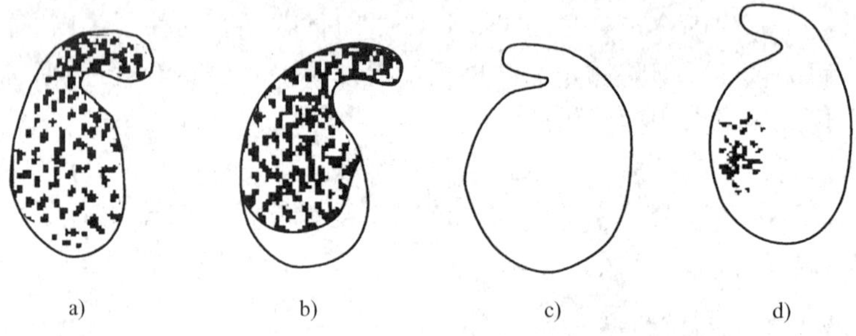

图 3-5　刺槐种子染色效果示意图

a）胚根、下胚轴、子叶均染色（四唑染色有生活力者）

b）胚根、下胚轴全部染色，子叶少部分未染色或部分染色较淡（四唑染色有生活力者）

c）胚全部未染色（靛蓝染色有生活力者）

d）子叶少许染色（靛蓝染色有生活力者）

因四唑试剂染色后不易褪色，结果近似于实验室发芽率，世界各国普遍应用这种方法。一般试剂浓度为 0.1% ~1%。浓度高，反应较快，但药剂消耗量大，浓度低，要求染色的时间较长。测定时常用浓度为 0.5%。

四唑溶液配制时，为了加速溶解，也可先将四唑用少许酒精溶解后，再加蒸馏水定容，pH 值调到 6.5 ~7.5。实践中经常使用缓冲溶液溶解四唑。缓冲溶液配制方法如下：

溶液（甲）：在 1000mL 蒸馏水中溶解 9.078g 磷酸二氢钾（KH_2PO_4）；

溶液（乙）：在 1000mL 水中溶解 11.876g 水合磷酸氢二钠（$Na_2HPO_4 \cdot 2H_2O$）或 9.472g 磷酸氢二钠（Na_2HPO_4）。

取溶液（甲）2 份及溶液（乙）3 份混在一起，配成缓冲溶液。在该缓冲溶液里溶解准确数量的四唑，以获得正确的浓度。如称取 5.0g 四唑溶解于 1000mL 缓冲溶液中，即得到 pH 值为 7.0 的 0.5% 四唑溶液。须将配好的溶液贮存在黑色或棕色瓶里，以免照光而变质。这种溶液可在室温下保存几个月，但每次使用后溶液作废。最好随配随用。

四、染色

将种胚分组浸入染色溶液里，上浮者要压沉。靛蓝溶液在气温 20～30℃时约需浸 2～3h。四唑溶液染色时间因树种而异，一般树种在气温为 25～30℃的黑暗或弱光环境中最少需浸 3h。

五、观察记录

到达染色所规定的时间之后倒出溶液，用清水冲洗种胚，立即将种胚放在垫有湿纱布或滤纸的器皿中，可借助手持放大镜或立体放大镜，根据染色的部位、染色面积的大小和染色程度，逐粒判断种子的生活力。通过鉴定，将种子评为有生活力和无生活力两类。

以松属为例，判断种子有无生活力的主要标志见表 3-20。

表 3-20 松属种子染色判断种子生活力标志

靛蓝试剂		四唑试剂	
有生活力标志	无生活力标志	有生活力标志	无生活力标志
1. 胚全部未染色 2. 胚根尖端少量染色 3. 胚茎部分有斑点状染色，但染色部分未成环状 4. 子叶少许斑点状染色	1. 胚全部染色 2. 胚根染色超过胚根长度的 1/3 3. 胚中部包括分生组织在内染色占胚茎全长 1/3 以上 4. 子叶全部染色	1. 胚乳及胚全部染色 2. 胚乳少量未染色（少于胚乳 1/4） 3. 胚乳全染色，胚根尖端少许未染色，或胚茎少许未染色 4. 胚乳及胚均少许未染色的	1. 胚乳及胚全部未染色 2. 胚乳全部染色，胚全部未染色，或胚乳未染色而胚大部分染色 3. 胚乳少量染色，而胚少量未染色 4. 胚乳少量未染色，而胚染色占 1/4 以上

种子生活力测定记录表见表 3-21。

表 3-21 种子生活力测定记录表

编号________ 树种________ 样品号________ 样品情况________

染色剂________ 浓度________ 测试地点________

环境条件：温度________℃ 湿度________%

测试仪器：名称________ 编号________

重复	测定种子粒数	种子解剖结果				进行染色粒数	染色结果				平均生活力（%）	备注
		死亡粒	涩粒	病虫害粒	空粒		无生活力		有生活力			
							粒数	%	粒数	%		
1												
2												

（续）

重复	测定种子粒数	种子解剖结果				进行染色粒数	染色结果				平均生活力（%）	备注
		死亡粒	涩粒	病虫害粒	空粒		无生活力		有生活力			
							粒数	%	粒数	%		
3												
4												
平均												
测定方法												

实际差距________　容许差距________　本次测定：　有效 □　无效 □

测定人________　校核人________　测定日期________年________月________日

六、结果计算

测定结果以有生活力种子的百分率表示，分别计算各个重复的百分率，重复间最大容许差距与发芽测定相同。如果各重复中最大值与最小值没有超过容许误差范围，就用各重复的平均数作为该次测定的生活力，否则重做。

【质量评价标准】

项目质量考核要求及评分标准见表3-22。

表3-22　项目质量考核要求及评分标准

考核项目	考核要求	配分	评分标准	扣分	得分	备注
取样	1. 取样方法准确 2. 样本数目准确	20	1. 不随机取样，扣10分 2. 取样数目不准确，扣5分 3. 不抽取后备样本，扣5分			
浸种取胚	1. 浸种程度适宜 2. 取种胚或“胚方”操作方法正确	30	1. 浸种不符合要求，无法取种胚或“胚方”，扣20分 2. 取种胚或“胚方”操作方法不正确：损坏种子过多扣5分，不记录空粒、死亡粒、病虫害种粒以及其他显然没有生活力的种子粒数扣5分			
染色	1. 染色试剂配制准确 2. 染色温度、时间掌握准确	20	1. 染色试剂配制出现失误，扣10分 2. 因染色温度、时间不适宜造成染色效果不符合要求，扣10分			
结果	1. 种子生活力判断准确 2. 结果记录准确 3. 误差符合规定要求	30	1. 能根据染色的部位、染色面积的大小和染色程度，准确判断种子的生活力，否则扣20分 2. 结果记录完全、准确，计算正确，否则扣10分 3. 误差超过规定要求，重做			

项目6 优良度的测定

学习目标

1. 熟知测定种子优良度的意义。
2. 熟知判断优良种子、劣质种子的依据。
3. 掌握测定种子优良度的操作程序。

【学习任务】

1. 任务描述

对所提供的送检样品采用解剖法完成种子优良度的测定并填写种子优良度测定记录表。要求做到取样精确、优良种子和劣质种子判断准确、误差符合规定要求、种子优良度结果计算正确。

2. 任务流程图

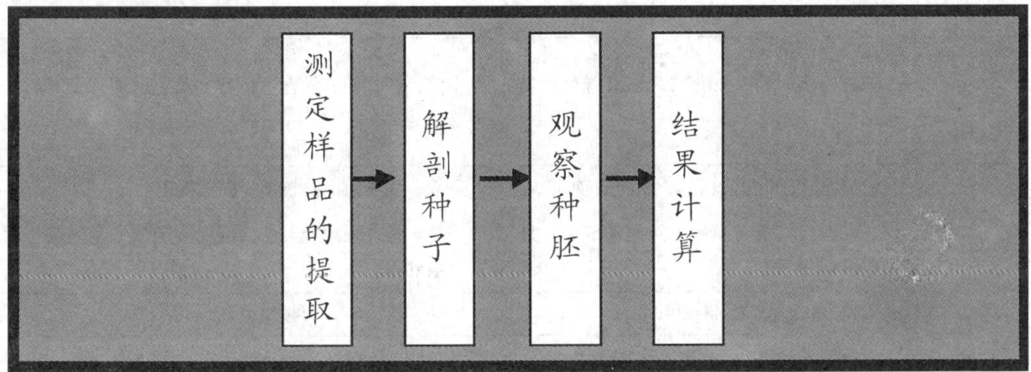

【环境设备】

材料：送检样品（供检验的植物种子2～3种）。

仪器：种子检验板、直尺、毛刷、取样匙、解剖刀、解剖剪、镊子、锤子、放大镜、玻璃杯、铝盒、载玻片。

【学习过程】

种子优良度即良种率，是指优良种子数与供检种子总数的百分比。种子优良度的测定简单易行，可迅速得出结果。在生产上主要适用于种子采集、贮藏、收购等工作现场，发芽测定结束时对未发芽粒的补充检验及休眠期长而又不能用染色法测定的种子，测定时可根据种子外观和内部状况较快鉴定出种子质量以确定其使用价值和价格。

优良度的检验主要依靠感观，多用于大、中粒种子。如果经验丰富，松杉一类小粒种子也可用此法。但往往因个人的主观因素结果可能出入较大，鉴定的标准不易统一。

一、测定样品的提取

从经过充分混合的送检样品中随机数取100粒（种粒大的取50粒或25粒），作为一个重复，共取 4 个重复。种皮坚硬难于剖切的，可在测定前浸种，使种皮软化。

二、解剖种子

先对种子的外部特征进行观察，即感官鉴定。例如种粒是否饱满整齐、颜色及光泽是否新鲜正常、是否过潮过干、有无异常气味、有无感染霉菌的迹象、有无虫孔、有无机械损伤等。为了观察种子内部状况，可适当浸水，如不浸水能解剖检验的，尽量不浸水，然后分组逐粒纵切。

三、观察种胚

仔细观察种胚、胚乳或子叶的大小、色泽、气味以及健康状况等，区分优良种子与低劣种子。优良种子具有下述感官表现：种粒饱满，胚和胚乳发育正常，呈该树种新鲜种子特有的颜色、弹性和气味。劣质种子具有下述感官表现：种仁萎缩或干瘪，失去该树种新鲜种子特有的颜色、弹性和气味，被虫蛀，有霉坏症状，有异味，或已霉烂。其标准详见《林木种子检验方法》国家标准。现仅列部分树种的标准供参考（见表 3-23）。

表 3-23　主要造林树种种子优劣标志表

树 种	优良种子	低劣种子
红松 油松 马尾松	种粒饱满，胚、胚乳白色，有弹性，有松脂香味	空粒，胚、胚乳发育不正常，黄色透明，发霉腐烂，有油哈拉味
桧柏	种粒饱满，胚呈乳白色，组织较软	空粒，胚萎缩干瘪较硬，胚黄褐色
银杏	胚乳饱满，表面浅色，剖面黄绿色，胚浅黄绿色	胚乳干瘪，表面淡黄色，剖面石灰质白色，胚干缩，深黄色或发霉
棕榈	饱满，胚乳白色，胚黄白色	种粒干瘪，胚乳和胚深黄色
核桃 核桃楸	内种皮淡黄色，有光泽，子叶淡黄白色，有油香味，饱满	内种皮褐黄色，子叶深褐色，有油哈拉味，味苦，干瘪，皱缩，发霉
山核桃	子叶乳白色，饱满，油香味	子叶灰白黄色或白色，干缩，有涩味
麻栎	子叶硬而有弹性，浅黄白色或带红色，胚芽、胚根正常	子叶较软，干缩无弹性，褐色，发霉后酒精味，受虫蛀
板栗	种壳有光泽，子叶较硬，有弹性浅黄色，清香味	种壳无光泽，子叶软，无弹性，皱缩，发霉，味苦
油桐	种粒饱满，胚乳空心光滑，黄白色，胚白色	胚和胚乳干缩，胚黄褐色，胚乳土黄色
乌桕	胚乳白色，胚根，子叶均白色，新鲜，有弹性	胚乳、胚根、子叶均为黄色或深黄色，胚及胚乳干缩，不新鲜
黄连木	种仁饱满，略有香油味，稍苦，子叶淡黄色或淡黄绿色，胚根白色	空粒或种仁皱缩
苦楝 川楝	种仁饱满，胚根淡黄色，子叶白色，有光泽	种仁干缩，子叶及胚根褐色或黄色，无光泽
椴树	饱满，胚黄色，胚乳黄白色	空粒，胚萎缩，胚乳脱离

（续）

树 种	优良种子	低劣种子
女贞	种粒饱满，胚、胚乳白色	种粒干瘪，种胚灰白色，有斑痕
杉木	种粒饱满，胚乳暗白色，有油光，或胚根稍带粉红色	空粒，半仁，胚和胚乳干缩无油光，硬化，深褐色，涩粒
凤凰木	胚淡黄色，坚硬饱满，胚乳灰白色	胚黄褐色，胚乳黑褐色
铁刀木	种子褐色，有光泽，子叶黄绿色，胚根白色，有弹性	空粒，子叶灰色，无弹性，并有褐黄色斑点或条纹
刺槐 紫穗槐 胡枝子	种粒饱满，褐色，有光泽，子叶及胚根均为淡黄色，发育正常	瘪，空粒，褐色，无光泽，子叶内侧有白色菌丝或蜡状透明块斑、有虫孔
槐树	种粒饱满，子叶浅绿色，胚根黄色	种粒干瘪，子叶及胚根黄色或浅褐色，硬实种子深褐色
皂荚	胚根、子叶浅黄色，种粒饱满，子叶多开展，种壳黄褐色	胚根、子叶深黄色，子叶多闭合，子叶、胚根有蜡状或透明状块斑，种皮深褐色者多为硬实
水曲柳 花曲柳	种粒饱满较硬，胚白色，胚乳白色或淡蓝色较硬，无虫害	种粒薄、瘪、萎缩，胚黄色或灰白色，较软，透明，胚乳变硬，浸水时胚腐烂，有虫孔
元宝枫	种粒饱满，种皮橙棕色，子叶或黄色或绿色，胚根较白	种子干缩或空粒，种皮深棕色或黑色，子叶灰黄色或灰绿色 ，子叶有虫孔
赤 杨 桦 木	种子饱满，子叶白色	种粒干瘪，空粒或半空粒，子叶浅黄色或腐烂
文冠果	种粒饱满，深棕饱满，有光泽，胚白色	种粒不饱满，无光泽，胚干缩，黄色
沙枣	种粒饱满，子叶白色，有光泽，剖面浅黄色或近白色	空粒或干瘪，子叶黄色或浅褐色，剖面深绿色或变软透明
沙棘	胚根浅黄色，子叶乳白色，饱满，切开时轻脆感觉	子叶、胚根暗色，切开时易碎

以果实作为播种材料的树种，如楝树果实为多室子房组成，其中只要有一粒健康正常的种子，该果实也算优良种子。根据鉴定的结果求出种子的优良度。

将各个重复的优良种子、劣质种子以及剖切时发现的空粒、涩粒、无胚粒、死亡粒和虫害粒的数量记入种子优良度测定记录表（见表3-24）。

表3-24 种子优良度测定记录表

编号________ 树种________ 样品号________ 样品情况________

测试地点________ 环境条件：温度________℃ 湿度________%

测试仪器：名称________ 编号________

重复	测定种子粒数	观察结果						优良度（%）	备注
		优良粒	死亡粒	空粒	涩粒	病虫害粒			
1									
2									

（续）

重复	测定种子粒数	观察结果						优良度（%）	备注
		优良粒	死亡粒	空粒	涩粒	病虫害粒			
3									
4									
平均									
实际差距				容许差距					
测定方法									

本次测定：　有效 □　无效 □　　测定人________　校核人________

测定日期：　　年　　月　　日

四、结果计算

测定结果以优良种子的百分率表示，分别计算各个重复的百分率，并按表3-15检查各次重复间的差距是否为随机误差，如果各重复中最大与最小值之差没有超过容许差距范围，就用各重复的平均数作为该种批的优良度，用整数的百分比来表示。如果各重复中最大值与最小值之差超过表3-15所列的容许范围，应按发芽重新测定的规定重新测定并计算结果。

【质量评价标准】

项目质量考核要求及评分标准见表3-25。

表3-25　项目质量考核要求及评分标准

考核项目	考核要求	配分	评分标准	扣分	得分	备注
取样	取样方法准确	10	取样方法不准确，扣10分			
解剖种子	1. 种子外部特征观察仔细 2. 解剖种子便于观察 3. 安全操作	40	1. 不仔细观察外部特征，扣10分 2. 种子解剖破碎过多，扣20分 3. 操作中存在不安全因素，扣10分			
种胚观察	1. 熟知优良种子和低劣种子的区别 2. 种子质量判断准确	20	1. 不熟悉优良种子和低劣种子的区别，扣10分 2. 优良种子和低劣种子判断不准确，扣10分			
结果计算	1. 准确掌握误差分析要求 2. 结果计算准确 3. 规范、准确填写优良度测定记录表	30	1. 不了解误差分析要求，扣10分 2. 结果计算不准确，扣10分 3. 填写优良度测定记录表不规范、不准确，扣10分			

【扩展与提高】

其他种子优良度检验方法

1. 挤压法（压油法）

适用于小粒种子的简易检验。落叶松、松类等种子含有油质，可用挤压法。即将种子放在两张白纸间，用瓶滚压，使种粒破碎。凡显示油点者为好种子，无油点的为空粒或劣种。桦木等小粒种子，可将种子用水煮10min，取出用两块玻璃片挤压，能压出种仁的为好种，空粒种子只能压出水来，变质的种仁黑色。

2. 透明法

主要用于小粒种子，操作简单。如杉木种子用温水浸泡24h后，用两片玻璃夹住种子，对光仔细观察，透明的是好种子，不透明带黑色的是坏种子。

3. 比重法

根据种子在各种不同浓度的液体中沉浮情况，来测定种子的优良度。将栎类种实放入3%～5%食盐溶液中浸30min，下沉者为品质优良的种子，半浮或上浮者为品质不良的种子。马尾松、油松等比水轻的种子浸在相对密度为0.924的酒精溶液中，下沉的为品质优良的种子，上浮的是空粒、半空粒。此外，生产上也常用泥浆水、石灰水来测定种子的优良度。

4. 爆炸法

此法适用于含油脂的中、小粒种子，如油松、侧柏、云杉、柳杉等。把选做样品的100粒种子，逐粒放在烧红的热锅或铁勺中，根据有无响声和冒烟情况，来鉴别种子的质量。凡能爆炸、有响声，有黑灰色油烟冒出的是好种子，反之为坏种子。

【单元复习题】

1. 案例分析

2000年4月11日，农民李某见到某种苗站正卖沙棘种子，店主向他推销时说，播沙棘种每亩可育苗20～30万株，一年高度可达20～30cm，每株市场价格为2～3分，种苗站可回收。于是，李某以每斤15元的价格买了105斤沙棘种子。次日，他砍掉了3.5亩约280棵已挂果8年的苹果树。4月15日，播下沙棘种子，4月19日开始出苗，形状就像麦子，李某感觉不像沙棘，于是挖了几棵苗送到县技术监督局，交200元费用作鉴定，结果令他目瞪口呆：根本不是沙棘，而是一种普通的草。2004年春季，一育苗户购买了100多斤杜仲种子，满怀信心播种着希望，结果播种后一个多月的时间过去了，杂草满地，也没有见到几棵杜仲幼苗。近年来，每当某一树种苗木需求量增大，价格上涨时，育苗户开始增多，种子价格升高，种子销售商掺假售假的事情层出不穷，致使许多育苗户上当受骗。在生产中经常遇到很多育苗户购买的种子出现种子沙藏腐烂、播种后不发芽或出苗率很低的情况，使育苗户经济受损严重。试分析在购买种子时应该采取哪些方法来避免或减少此类现象给生产可能带来的损失。

提示：在购买种子时要做到“七注意”：一是注意售种单位是否手续齐全，手续齐全是

指种子经营许可证、种子生产许可证、种子标签和营业执照。凡是四证齐全的售种单位，一般是不会出售假劣种子的。并且凡在县种子部门及其代销部门出售的引进外地的各种良种，一般都已作发芽率试验和引种试验，试验符合要求后，方可投入市场，育苗户可放心购买。二是注意检查种子包装是否规范，是否配套。有的种子袋中还随袋装有浸种药品和激素药品。非制种单位不能随意拆袋，以防有假劣种子混入。三是注意察看种子质量。对种子的光泽、饱满、纯度以及霉变情况要逐项检查，有疑问的要及时查询。四是注意阅读种子使用说明和注意事项。不明事项要及时咨询，以免操作失误，影响产量和品质。五是注意种子的生产日期，避免过期种子。虽然陈年种子并非不能用，但一般情况下，种子时间一长，对其发芽率会有一定影响，所以种子还是新一点好。六是注意保存种子包装袋和购种发票，时间为一季，以备万一发生种子纠纷时，可以此为依据进行索赔。七是在购买自己不熟悉的散装种子时，一定要找专业人士或有实践经验的技术人员帮助识别真伪，最好采取先进行种子净度、生活力、发芽率、优良度等指标鉴定，了解种子的发芽能力指标，符合购买要求后再行购买。

2. 思考与练习

（1）种子品质检验工作的意义是什么？检验项目有哪些？

（2）根据国家标准《林木种子检验方法》简述抽样的技术规定。

（3）纯净种子、其他植物种子、夹杂物分类标准是什么？

（4）种子千粒重测定的方法有哪些？

（5）低恒温烘干法、高恒温烘干法、二次烘干法测定含水量时温度和时间要求是什么？

（6）发芽率、发芽势的计算方法是什么？

（7）用靛蓝和四唑染色法测定种子生活力的原理是什么？

（8）不同测定方法判定优良种子和劣质种子的依据是什么？

（9）练习并掌握种子净度、千粒重、含水量、发芽力、生活力、优良度测定的操作步骤。

单元4　播种育苗技术

播种育苗是指利用种子培育苗木的方法。用播种繁殖所得到的苗木称为播种苗或实生苗。播种育苗的优点是：很多植物结实能力强，种子体积较小，种子采收、贮藏、运输、播种相对简单；在短时间内可以获得大量的播种苗木；播种苗根系发达，对不良环境及病虫害的抵抗能力较强；苗木阶段发育年龄小，可塑性强，后期生长快，寿命长，形成的生态景观比较稳定。播种育苗在苗木的繁殖中占有重要的地位。

1. 一年生播种苗的生长特点

播种苗从播种开始，到当年进入休眠的整个生长期中，在外部形态、生理机能，内在特性等方面，发生着一系列的变化，对外界环境条件的要求也不同。根据一年生播种苗的生长特点，可将全年生长过程划分为出苗期、幼苗期、速生期、苗木硬化期等四个时期。

（1）出苗期　出苗期是从播种到地上部分出现真叶，地下部分出现侧根，幼苗能独立进行营养供给时为止。

出苗期的特点是种子播入土壤后吸水膨胀，胚根突破种皮，伸入土中，形成主根，但无侧根；随着胚轴的伸长，幼芽出土，但未长出真叶或真叶未展开；地上部分生长较慢，地下部分生长较快；幼苗十分幼嫩，根系分布浅，抗性弱。

影响种子发芽出苗的环境因素主要是土壤水分、温度和通气条件（覆土厚度）。若土壤水分不足，种子发芽困难，土壤水分过多，土温降低，通气不良，不仅影响种子发芽甚至造成种子腐烂。在水分和通气条件满足时，温度则成为主导因素。一般种子在日平均温度5℃开始发芽，以20～25℃较适宜，过高过低都影响种子发芽。如油松种子在4.4℃开始发芽，20～26℃发芽最快，高于26℃时随温度上升，发芽率降低。覆土厚度通过影响土温、水分、通气等因素间接影响种子发芽，覆土过厚，种子即使发芽也往往不能出土。

这个时期的主要任务是为种子发芽和幼苗出土创造良好条件，满足种子发芽所需要的水分、温度和通气条件，提高种子发芽率，使幼苗出土整齐、生长健壮。为此必须做好播前种子的催芽处理，适时播种，提高播种技术，掌握正确覆土厚度，加强播种地的管理，如覆盖、灌水、松土除草等。

（2）幼苗期　幼苗期从幼苗能独立进行营养供给开始到苗木高生长大幅度上升为止。

这个时期幼苗出现真叶和侧根，但地上部分生长慢，地下部分生长快。一般阔叶树苗在此期的高生长量不超过全年总生长量的10%；苗木组织幼嫩，根系较浅，根系活动的土层厚约10～20cm，但主要侧根在2～10cm的土层内；对不良环境如炎热、低温、干旱、水涝、病虫等抵抗力差，最容易死亡。

影响幼苗期的环境条件包括水分、温度、养分、光照和通气条件。苗木对土壤水分特别敏感，如水分不足，幼苗生长停滞，光照不足，幼苗生长纤弱，气温过高易遭日灼，过低易遭冻害。对养分需要量不多，但较敏感，尤其是磷氮肥。

幼苗期主要育苗技术要求是提高幼苗保存率，在保苗的基础上进行蹲苗，促进根系生长发育，为下一阶段的速生创造条件。应加强管理，做到及时松土除草，间苗、补苗、定苗，

合理灌溉施肥，注意防治病虫害，特别是易患猝倒病的苗木，要及时预防。对某些树种要进行必要的遮阳。

（3）速生期　速生期从苗木高生长量大幅度上升开始到生长量大幅度下降为止，是苗木生长最旺盛的时期。

此时期温度高，雨量大，苗木地上部分和地下部分生长都很迅速，不论是高生长，还是苗径生长都很显著。一般树种高生长量约占总生长量的80%以上；苗干上长出侧枝，根系也强烈生长，营养根系主要分布在40cm以内的土层中，主根长可达0.3～1m。大多数树种速生期从5月下旬～6月上旬开始，到8月底～9月初为止，一般为80～90天。

此时期苗木对外界环境条件的要求主要是充足的水分和养分。在速生期，有些树种苗木表现出两个生长阶段，即“二次生长”现象，高生长在速生期内出现一次生长暂缓期，主要是由于不良环境条件的影响和苗木体内的营养分配重心转移等原因所造成。第一阶段，在7月上旬左右，此时苗木已具有发达的根系，地上部分营养器官也较发达，气温也较适宜，所以生长快；随着气温逐渐升高，进入炎热而干旱的季节时，苗木生长暂缓；到8月中下旬左右，水分充足，气温适宜，雨量充沛，苗木出现第二次速生。也有人认为，当苗木高生长旺盛时，光合产物制造充足，不断输送到根部，促使根部旺盛生长，而使地上部分生长暂缓；根系的旺盛生长，使养分吸收充足，又促使了地上部分的旺盛生长。

速生期是决定苗木质量的关键时期，主要工作任务是满足苗木速生所需要的水、肥条件，提高苗木的质量。及时进行施肥、灌溉、松土除草、防治病虫害、抹芽、修枝。在速生阶段后期，应停止施氮肥和灌溉，适量追施磷钾肥，促进苗木木质化。

（4）苗木硬化期（生长后期）　苗木硬化期从苗木高生长量大幅度下降开始，到根系生长结束为止。

此期高生长量急剧下降直至停止，高生长量一般只有全年高生长量的5%；苗木木质化，形成顶芽，对低温干旱抗性提高，体内营养物质转变为贮藏状态。

这一时期主要工作是防止徒长，促使苗木充分木质化，使之形成健壮的顶芽，提高苗木越冬抗寒能力。主要措施是控制苗木生长，停止一切促进苗木生长的措施，如追肥、灌溉、除草松土等，做好越冬防寒的准备工作。

以上各个时期的长短及出现的早晚，因树种和外界环境条件的不同而异，由于采取的各项育苗技术措施如播种期早晚，催芽与否及土壤水分、温度的不同，也都会使各个时期的持续期发生相应的变化。

2. 留床苗的年生长规律

留床苗又称为留圃苗，是头年育苗地上留下的继续培育的苗木，包括播种苗和其他幼苗。与播种苗的年生长规律不同，留床苗的生长是从冬芽萌发开始的，而播种苗年生长则是从种子萌芽开始。

（1）苗木的高生长类型　留床苗的生长，根据苗木高生长（延长生长）期的长短，可分为前期生长类型和全期生长类型。

1）前期生长类型。苗木的高生长期很短，一般为1～2个月，大部分树种是在春夏之交的5～6月份。北方树种一般为20～40天，南方树种稍长，也只有40～60天。油松、白皮松、银杏、白蜡、栓皮栎、臭椿、核桃等都属这种生长类型。高生长停止以后，苗木叶面积逐渐加大，数量增多，新长出的细嫩枝条逐渐地木质化，高生长即停止。

前期生长类型的苗木，在早秋有时由于气温高，圃地的土壤水分充足或氮肥多等原因，会使苗木出现二次生长。二次生长的秋生枝，因不能充分木质化，对低温和干旱抵抗力弱，易受冻害。

由于这类幼苗速生期短，所有促进生长的抚育管理措施，如施肥、松土、除草、灌溉等一定要迅速、及时，错过了速生期，将影响全年的生长量。幼苗木质化前，要及时控制水、肥，以防枝条的二次生长。

2）全期生长类型。苗木的高生长速生期相对较长，高生长持续在整个生长期内。北方树种一般在3~6个月以上，南方树种为7~8个月，有的可达9个月以上（热带树种除外），如杨树、柳树、悬铃木、泡桐、侧柏、桧柏、雪松、圆柏等。

每个树种高生长期的长短，因树种和其产地的气候条件不同，差异很大。南方的树种生长期较长（如杉木可达8~9个月），而北方树种的生长期较短（如华北的侧柏生长期为5~6个月）。

全期生长类型的苗木，并非在整个生长期内均匀生长，它也有相对速生和相对缓生的交替。因营养物质分配等原因，高生长一般会出现1~2次生长暂缓期，在暂缓期中的高生长速度显著减慢。

（2）留床苗的生长阶段　留床苗在生长发育过程中，根据地上部分和地下部分的生长情况可分为生长初期、速生期、硬化期三个阶段。

1）生长初期。一般从冬芽膨大开始到高生长量大幅度上升为止。这是苗木的缓慢生长阶段。

苗木生长特点：苗木高生长缓慢，主要是根系生长。前期生长类型的苗木，生长初期持续的时间很短，约2~3周；全期生长类型的苗木，生长初期持续时间较长，约1~2个月以上。

育苗技术要点：生长初期的苗木对肥、水敏感，在北方，早春土壤中的氨态氮常不足，故在生长初期要及时进行追肥、灌溉和松土。这对前期生长类型的苗木尤为重要，第一次追肥时间应在生长初期的前半期。全期生长类型的苗木可适当晚些。同时要给苗木创造充足的光照条件。

2）速生期。速生期一般从苗木高生长量大幅度上升时开始，到高生长量大幅度下降时为止。

苗木生长特点：在速生期，苗木的地上部和地下部的生长量都最大。与播种苗的速生期相同，但两种生长类型苗木的速生期持续时间长短相差显著。前期生长类型的苗木，北方树种速生期一般3~6周左右；南方树种的生长期较长，如杉木可达两个月左右。

全期生长类型的苗木速生期与一年生播种苗相似。

育苗技术要点：留床苗速生期对环境条件的要求与播种苗相同。育苗技术要点可参考播种苗。但因前期生长类型苗木速生期短，故施肥时间应在速生期之初进行。全期生长类型的苗木，在速生期的后期，不要施氮肥。

3）硬化期。苗木硬化期是从苗木高生长量大幅度下降时开始，到根系生长停止时为止。

苗木生长特点：前期生长类型的苗木，高生长速度大幅度下降后，很快即停止高生长。在此时期叶子迅速生长，如叶面积加大，数量增加，逐渐出现冬芽，细嫩的新生枝条逐渐木质化；直径和根系继续生长，并出现1~2次生长高峰，不断充实冬芽和积累营养物质；到后期，苗木体内的含水量降低，干物质增加，充分硬化，抗逆性提高。前期生长类型苗木的硬化期较长，大部分树种从5~6月份开始直到秋季或冬初，持续时间为3~6个月。

全期生长类型的苗木，生长特点与播种苗相同。

育苗技术要点：前期生长类型的苗木由于硬化期时间长，直径和根系生长期较长。为促进直径和根系生长，在硬化期的前期，即直径生长高峰之前，可以施用速效性氮肥和钾肥。如果施肥过晚或过多地施用氮肥，易造成秋季的二次生长现象，影响苗木的木质化程度，降低苗木的抗寒和抗旱能力。

全期生长类型的苗木，硬化期的育苗技术，与一年生播种苗硬化期的育苗技术相同。

项目1　播种前种子准备

学习目标

1. 掌握确定播种量的方法
2. 掌握种子消毒方法。
3. 掌握种子催芽方法。

【学习任务】

1. 任务描述

结合苗圃播种育苗要求在播种前完成种子的准备工作。

2. 任务流程图

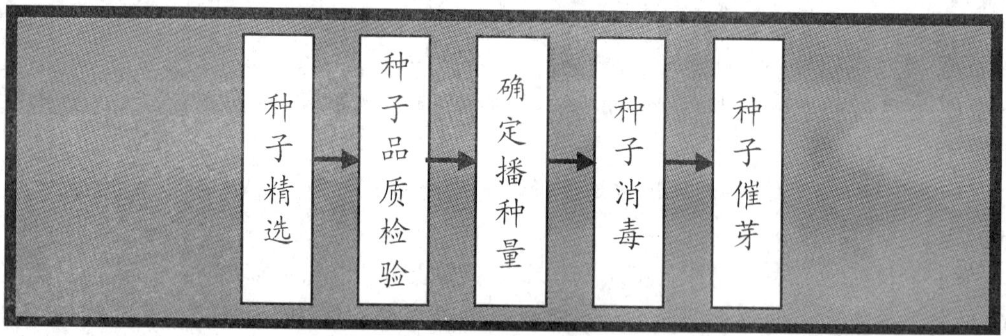

【环境设备】

材料：本地区主要树种的种子2~3种、福尔马林、高锰酸钾、退菌特等。

用具：烧杯、量筒、盛种容器、铁锹等。

【学习过程】

为了提高播种质量，保证种子正常发芽，播种前必须做好种子的处理工作。

一、种子精选

具有良好播种品质的种子，生活力强，发芽率高，出苗整齐，苗木生长健壮，抗病性能强。所以在播种前应精选种子，在去除杂质保证种子净度的同时，为防止劣质种子成为病害的初侵染源，还要将病粒、虫蛀粒、小粒、秕粒等劣质种子拣出。精选的方法根据种子特性和夹杂物特性而定，有风选、水选、筛选、粒选等。

种子精选后，还应进行种子品质检验（种子品质检验的方法见单元3），了解种子的净度、千粒重、发芽率等指标，以确定合理的播种量。

二、确定播种量

播种量是指单位面积或单位长度播种行上播种种子的数量，是决定苗木密度的基础。苗木密度决定着苗木品质的好坏和产量的高低，苗木密度大小，在某种条件下取决于播种量的多少，播种量不仅与苗木生长发育有着极为密切的关系，而且在经济上也有一定意义。播种量过大，浪费种子，增加间苗工作量和种苗成本；播种量过小，幼苗出土困难，苗木产量低，苗间孔隙大，杂草容易侵入，增加抚育费用。

播种量的计算理论上主要是根据单位面积最适宜的产苗量和种子品质确定的。公式如下：

$$X = \frac{10NP}{EK} \cdot C$$

式中 X——播种量（g/m^2 或 1m 长播种沟）；

P——种子千粒重（g）；

E——种子净度（%）；

K——种子发芽率（%）；

N——单位面积计划产苗量（株数）；

C——损耗系数。

在实际生产中播种量应考虑土壤质地板结、气候冷暖、雨量多少、病虫灾害、种子大小、播种方式、管理水平等情况，把苗床预期的损失计算在内。式中 C 值的确定，根据种子大小、圃地条件、育苗技术和经验确定。一般大粒种子（指千粒重在700g以上的种子）$C \geqslant 1$，中小粒种子 $2 < C < 5$，极小粒种子（千粒重在3g以下的种子）$C \geqslant 5$。

部分园林树木播种量与产苗量见表4-1。

表4-1 部分园林树木播种量与产苗量

树种	$100m^2$ 播种量/kg	$100m^2$ 产苗量/株	播种方式
油松	10～12.5	10000/15000	高床撒播或垄播
白皮松	17.5～20	8000～10000	高床撒播或垄播
侧柏	2.0～2.5	3000～5000	高垄或低床条播
桧柏	2.5～3.0	3000～5000	低床条播
银杏	7.5	1500～2000	低床条播或点播
黄杨	4.0～5.0	5000～8000	低床撒播
小叶椴	5.0～10	1200～1500	高垄或低床条播
紫椴	5.0～10	1200～1500	高垄或低床条播

（续）

树种	100m² 播种量/kg	100m² 产苗量/株	播种方式
榆叶梅	2.5～5.0	1200～1500	高垄或低床条播
国槐	2.5～5.0	1200～1500	高垄条播
刺槐	1.5～2.5	800～1000	高垄条播
合欢	2.0～2.5	1000～1200	高垄条播
元宝枫	1.5～3.0	1200～1500	高垄条播
小叶白蜡	1.5～2.0	1200～1500	高垄条播
臭椿	1.5～2.5	600～800	高垄条播
香椿	0.5～1.0	1200～1500	高垄条播
茶条槭	1.5～2.0	1200～1500	高垄条播
皂角	5.0～10	1500～2000	高垄条播
栾树	5.0～7.5	1000～1200	高垄条播
青桐	3.0～5.0	1200～1500	高垄条播
山桃	10～12.5	1200～1500	高垄条播
山杏	10～12.5	1200～1500	高垄条播
海棠	1.5～2.0	1500～2000	高垄或低床两行条播
山定子	0.5～1.0	1500～2000	高垄或低床条播
贴梗海棠	1.5～2.0	1200～1500	高垄或低床条播
核桃	20～25	1000～1200	高垄点播
卫矛	1.5～2.5	1200～1500	高垄或低床条播
紫藤	5.0～7.5	1200～1500	高垄或低床条播
紫荆	2.0～3.0	1200～1500	高垄或低床条播
小叶女贞	2.5～3.0	1500～2000	高垄或低床条播
紫穗槐	1.0～2.0	1500～2000	平垄或高垄条播
丁香	2.0～2.5	1500～2500	低床或高垄条播
连翘	1.0～2.5	2500～3000	低床或高垄条播
锦带花	0.5～1.0	2500～3000	高垄条播
紫薇	1.5～2.0	1500～2000	高垄或低床条播
杜仲	4.0～5.0	1200～1500	高垄或低床条播
枫杨	1.5～2.5	1200～1500	高垄条播

三、种子消毒

为消灭种子表面所带病菌，减少苗木病虫害，在催芽、播种之前要对种子进行消毒灭菌，预防苗木病害。生产上常用的消毒方法是采用药剂进行消毒。

1. 福尔马林溶液消毒

在播种前1～2天，把种子放入0.15%的福尔马林溶液中，浸泡15～30min，取出后密封2h，然后将种子摊开阴干，即可播种或催芽。

2. 硫酸铜溶液消毒

以0.3%~1.0%硫酸铜溶液浸种4~6h，取出阴干备用。生产实践证明，用硫酸铜对部分树种（如落叶松）种子消毒，不仅能起到消毒作用，而且还具有催芽作用，提高种子发芽率。

3. 高锰酸钾溶液消毒

以0.5%溶液浸种2h，或用3%的溶液浸种30min，取出后密封0.5h，再用清水冲洗数次，阴干后备用。注意胚根已突破种皮的种子，不能采用此法。该法除灭菌作用外，对种皮也有一定的刺激作用，可促进种子发芽。

4. 硫酸亚铁溶液消毒

用0.5%~1%的硫酸亚铁溶液浸种2h，捞出用清水洗后阴干。

5. 退菌特（80%）溶液消毒

将80%的退菌特稀释800倍，浸种15min。

6. 敌克松粉剂拌种

用药量为种子重量的0.2%~0.5%，先用10~15倍的细土配成药土，再拌种消毒。此法防治苗木猝倒病效果较好。

四、种子催芽

通过人为的措施，打破种子的休眠，促进种子发芽的措施叫种子催芽。种子通过催芽，不仅可以解除休眠，而且可以使幼芽适时出土，整齐一致，提高发芽率，同时还可提高苗木的抗性（抗病、抗旱、抗热、抗寒），提高苗木的产量和质量。生产上常用的有水浸催芽、层积催芽、药剂催芽等，可根据种子特性和经济效果来选择适宜的方法。

1. 水浸催芽

水浸催芽是最简单的一种催芽方法。水浸催芽的作用在于软化种皮，促使种子吸水膨胀，使酶的活性增加，促进贮藏物质的转化，以保证种胚生长发育的需要，打破休眠，提早发芽。

不同树种对水温的要求不同。种皮坚硬、含有硬粒的树种，可用70℃以上的高温浸种，如皂荚、合欢、紫穗槐等；种皮较厚的种子，如枫杨、苦楝、国槐等树种，可用60℃左右热水浸种；种皮薄，种子含水量较低的树种，如泡桐、悬铃木等树种，可用冷水或30℃左右的水浸种。对硬粒种子，采用逐次增温浸种的方法，效果较好。先用70℃的温水浸种一昼夜后漂选，把膨胀的种子，漂选出来进行催芽，对未膨胀的种子，用80~90℃的水浸种一昼夜（浸种时注意搅拌），再次漂选出膨胀的种子，以后再用同样的方法处理1~2次即可。

浸种时种子与水的容积比例以1∶3为宜，将水倒入盛种子的容器中，并注意边倒水边搅拌，然后自然冷却，使种子受热均匀。浸种时间超过12h的都应换水（冷水），每天1~2次。浸种以后要进行催芽，若种子数量少，可将种子放入细筛或下面有洞的容器内，上盖湿布，放在温暖处（20~30℃）催芽，每天用净水淘洗种子2~3次。种子数量较多或种粒特大，可选择向阳背风温暖的地面，架垫秸秆，铺上苇席，将浸泡过的种子捞出摊放在上面，厚度为10~20cm，上盖塑料薄膜，或将种子混以3倍的湿沙，上盖湿草片，置于温暖处催芽。无论采用哪种方法，都要注意温度、水分和通气状况，温度控制在25℃左右，要经常换水，当种子有1/3裂嘴漏白时，即可播种。

2. 层积催芽

层积催芽是把种子和湿润物混合或分层放置于一定的低温、通气条件下，促进其发芽的方法。经过层积催芽，种子内生长抑制物质逐渐减少，生长激素增多，促进了种胚的生长发育，有利于帮助种子完成后熟过程，对于长期休眠的种子，出苗效果极其显著，在生产中应用广泛。

层积催芽技术类似种子露天埋藏。种子先进行消毒，然后在室温下用冷水或温水浸种（自然冷却），经1～3天（每日换水），除去空粒，将种子与洁净的湿沙按1∶3的容积比例均匀混合，沙的湿度为其饱和含水量的60%～80%，手握成团，不滴水为宜。当种子数量很少时，也可将种沙混合物放在底部有孔的木箱或花盆内，埋于地下或置于比较稳定的低温处即可。基质也可改用泥炭、蛭石、碎水苔等。

种子层积催芽温度一般为0～10℃，催芽期间应定期检查，防止基质干燥。层积催芽的天数是影响催芽效果的重要因素，时间太长或太短对育苗生产均有不利影响。不同树种，要求层积催芽的天数不同，如银杏、栾树要求100～120天，白蜡、复叶槭为20～90天，女贞、榉树为50～60天，桧柏为180～200天。

层积催芽时要注意控制催芽的强度，当种胚裂嘴达30%左右即可播种。早春播种前要经常观察种子催芽的程度，如果已达到所要求的程度，要立即播种或使种子处于低温条件下，以控制胚根的生长。如果种子发芽不够，在播种前1～3周把种子取出用较高的温度（18～25℃）催芽。催过芽的种子要播在湿润的圃地上，以防回芽。

有些种子用低温催芽所需的时间很长，用变温层积催芽可使催芽时间大大缩短。这是因为变温比恒温更接近于种子长期经历的自然条件，另外变温使种皮伸缩受伤，刺激酶的活性，呼吸作用加强。生产上当急待播种又来不及普通层积催芽而需要快速处理时，往往采用变温层积催芽。变温层积催芽是用高温和低温交替加速进行种子催芽的方法，高温期温度一般控制在20～25℃，低温期温度一般控制在0～5℃。

3. 药剂催芽

用化学药剂、微量元素、植物激素等处理种子，可以改善种皮的透性，促进种子内部生理变化，如酶的活性和养分的转化，从而促进种子发芽。

常用的化学药剂有硫酸、盐酸、小苏打、溴化钾、硫酸钠、硫酸铜、钼酸铵、高锰酸钾等。种皮具有油质或蜡质的种子，如车梁木、黄连木、乌桕、花椒等树种，用1%苏打水浸种，会有较好的催芽效果。用98%浓硫酸浸种皮坚硬的种子，如豆科类浸5min，松类、皂荚渍30min，漆树种子渍60min，浸种后取出用清水冲洗，再放入冷水浸泡两天后，可促使种皮软化膨胀，待露出胚芽，即可播种。

植物激素和微量元素，如赤霉素、2，4—D、吲哚乙酸、吲哚丁酸、萘乙酸、激动素及硼、铁、铜、锰、钼等，对种子都有一定的催芽效果。但所需浓度和浸种时间要经过试验，催芽时要慎重。如用赤霉素发酵液（稀释5倍）处理，浸种24h，对臭椿、白蜡、乌桕等种子，都有较显著的效果，不仅提高了出苗率，而且显著提高了幼苗生长势。利用植物激素浸种时，一定要掌握适宜浓度和浸种时间，浓度过低，效果不明显，浓度过高对种子发芽有抑制作用。

此外，对于种皮厚而坚硬的种子，如核桃、山楂、紫穗槐、棕榈等，可用锉刀、锤子、老虎钳、砖块等工具擦伤破皮，增强种皮的透性，促进种子吸水萌芽。

【质量评价标准】

项目质量考核要求及评分标准见表4-2。

表4-2　项目质量考核要求及评分标准

考核项目	考核要求	配分	评分标准	扣分	得分	备注
种子精选	选用品质优良的种子	10	1. 不进行种子精选，种子净度过低，扣5分 2. 不进行种子品质检验，扣5分			
播种量的确定	1. 熟知确定合理播种量的意义 2. 种子播种量计算准确	15	1. 不了解确定合理播种量的意义，扣5分 2. 种子播种量计算错误，扣10分			
种子消毒	1. 种子消毒药剂选择合理 2. 种子消毒效果良好	25	1. 种子消毒药剂选择不适宜，扣10分 2. 种子消毒效果差，扣15分			
种子催芽	1. 根据种子特性选择合适的催芽方式 2. 种子催芽效果好	50	1. 种子催芽方式选择不适宜，扣10分 2. 种子催芽效果差，扣40分（如水浸催芽时水温不适宜、长时间浸泡不换水、播前种子不露白、种子腐烂等）			

【扩展与提高】

种子休眠

种子休眠是指有生活力的种子由于某些内在因素或外界环境条件的影响，一时不能发芽或发芽困难的自然现象。种子休眠具有一定的生物学意义，它是植物在长期的系统发育过程中自然选择的结果，有利于物种的保存和繁衍。同时，种子休眠在生产上也有一定的意义，利于种子的调拨、运输及贮藏。当然种子休眠同样也给育苗带来诸多不便，未解除休眠的种子播种后，难以出苗，发芽期长（如核桃要2～3个月），生长不整齐，影响苗木的质量。生产上必须采用一定的技术措施对种子进行处理，保证种子正常发芽。

1. 种子休眠的类型

种子休眠分两种：一为被迫休眠（短期休眠），是由于种子得不到发芽所需要的条件而休眠，一旦遇到适于发芽的温湿度和氧气时即可发芽，如油松、侧柏等种子干藏时即如此。另一种为生理休眠（长期休眠），这类种子由于自身的原因，即使得到了发芽所需条件仍需较长时间才能发芽，若不经处理即播种，当年不能出苗或出苗很少，有的第二年甚至第三年仍陆续出苗，如圆柏、椴树、黄栌、银杏、白蜡、元宝枫等。

2. 种子休眠的原因

种子短期休眠的原因是种子得不到发芽所需的基本条件。造成种子长期休眠的原因较为复杂，主要有以下几个方面的因素。

1）种皮的影响。有些种子成熟后，种皮坚硬致密，具角质层或腊质，不透水，使种子不能吸胀而不能发芽；有些种子虽然种皮能透水透气，但由于种皮过于坚硬，胚伸长时难以通过，也影响种子的萌芽，如椴树、花椒、刺槐、核桃、桃、杏等。可以通过破坏种皮、高温浸种、药剂处理等方法解除休眠。

2）生理后熟作用。银杏、七叶树等种实形态成熟后脱落，但生理上尚未成熟，胚还很小需继续发育，需完成后熟作用后才能发芽。

3）含有抑制素。槭树、白蜡等树种，胚、胚乳或种皮内含有某些抑制发芽的物质而影响发芽，主要是脱落酸、植物碱、酚类、醌类等，需经一段时间及外界条件作用促使其转化或消失后方可发芽。

4）种子贮藏物质钝化。有些林木种子如山楂、花椒等形态上虽已成熟，种胚也发育健全，但由于胚乳、子叶较硬，内含营养物质不易溶解转化，难以被胚吸收利用，需经过一段时间低温湿润等条件才能发芽。

5）综合因素影响。紫椴、桧柏不仅种皮坚韧、致密，而且胚和胚乳含有大量抑制物质，因而迫使种子休眠。

对于某一树种来说，种子长期休眠可能是由一个原因造成，也可能是几种因素综合作用的结果。种子休眠的原因不同，解除休眠的方法也不相同。

项目2　苗床播种

学习目标

1. 掌握播种育苗的时间。
2. 掌握常见树种的播种方法。
3. 掌握常见树种的播种技术。

【学习任务】

1. 任务描述

结合生产情况进行苗床播种育苗，掌握播种育苗技术。

2. 任务流程图

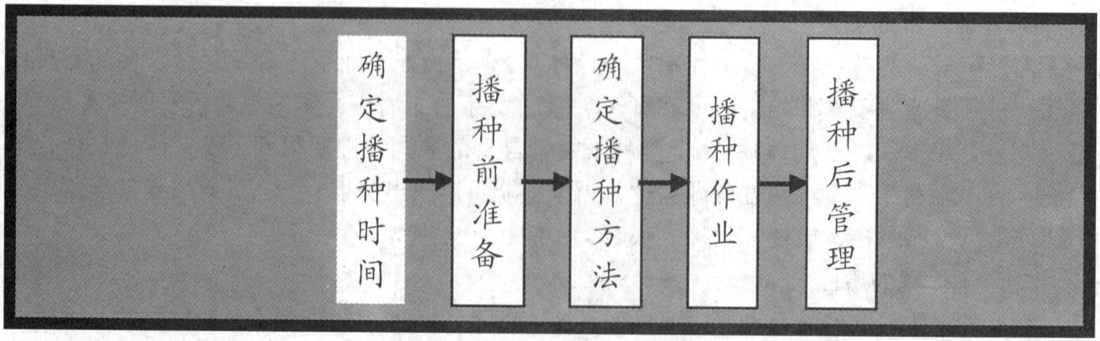

【环境设备】

材料：本地区常见树种的种子2~3种。

用具：铁锹、钉耙、皮尺、木桩、绳子、灌溉设备等。

【学习过程】

播种技术的好坏，直接影响出苗的质量。为了给种子发芽和幼苗生长发育创造良好的条件，便于苗木管理，在整地施肥的基础上，要根据育苗的不同要求把育苗地做成苗床或苗垄。如培育需要精细管理的苗木、珍稀苗木，特别是种子粒径较小，顶土力较弱，生长较缓慢的树种，多采用苗床育苗。作床时间应与播种时间密切配合，一般在播种前5~6天内完成。

一、确定播种时间

确定播种时间是育苗工作的重要环节之一，它直接影响到苗木的生长期，出圃的年限，幼苗对环境条件的适应能力、土地的使用率以及苗木的养护管理措施等。适宜的播种时间能促使种子提前发芽，提高发芽率，播后出苗整齐，苗木生长健壮，并具有较强的抗寒、抗旱和抗病能力，从而节省土地和人力。

播种时间的确定，要依树种的生物学特性以及当地的气候条件而定。我国地域辽阔，树种繁多，各地树种的生物学特性和气候条件差异极大。同一地点，树种不同，其种子发芽所需的生物学最低温度也不同。在同一季节，不同树种播种时间也有差异。南方一般四季均有适播树种，而北方则多数树种以春播为主。总之，播种时间要适时、适地、适树才能达到良好的效果。

1. 春季播种

春季是主要的播种季节，春播具有从播种到出苗时间短、减少管理用工，可减轻鸟、兽、虫等对种子的伤害等优点。春播还具有气温适宜、土壤不板结等好处，利于种子萌发、出苗和生长。春播幼苗出土后，气温逐渐增高，可避免低温和霜冻的危害。

在大多数地区、大多数树种都可以在春季播种，一般在土地解冻后至树木发芽前进行。播种时间宜早不宜迟，适当早播的幼苗抗性强，生长期长，病虫害少。松类、海棠等尤需早播。春播要注意防止晚霜危害，对晚霜比较敏感的树种如刺槐、臭椿等不宜过早播种，应使幼苗在晚霜完全结束后才出土，以避过晚霜危害。

春播应根据树种和土壤条件适当安排播种顺序。一般针叶树种或未经催芽处理的种子应先播，阔叶树种或经过催芽处理的种子后播；地势高燥的地方和干旱的地区先播，低湿的地方后播。

2. 夏季播种

适用于易丧失发芽力，不易贮藏的夏熟种子，如杨树、榆树、桑树等，随采随播，种子发芽率高。夏播应尽量提早，当种子成熟后，便立即进行采种、催芽和播种，以延长苗木生长期，提高苗木质量，使其能安全越冬。

夏季气温高，土壤水分易蒸发，表土干燥，不利于种子发芽，尤其在夏季干旱地区更为严重。应在雨后进行播种或播前充分灌水，浇透底水有利于种子发芽，播后要加强管理，经常灌水，保持土壤湿润，降低地表温度，以利于苗木生长。

3. 秋季播种

秋播是次于春播的重要季节。一些大、中粒种子或种皮坚硬的、有生理休眠特性的种子都可以在秋季播种。一般种粒很小或含水量大易受冻害的种子不宜秋播。

秋播是符合自然规律的播种期，种子在土壤中完成了休眠、催芽过程，来春幼苗出土早、整齐，扎根深，能增强抵抗力。秋播节省了种子贮藏和催芽工作费用，可降低育苗成本。但秋播也具有种子留土时间长，易受鸟、兽危害，播种量较春播大等缺点。

秋播的时间，因树种特性和当地气候条件的不同而异。自然休眠的种子播种期应适当提早，可随采随播；被迫休眠的种子，应在晚秋播种，以防当年发芽受冻。为减轻各种危害，秋播应掌握“宁晚勿早”的原则。

4. 冬季播种

我国南方气候温暖，冬天土壤不冻结，而且雨水充沛，可以进行冬播。冬播实际上是春播的提早，也是秋播的延续。部分树种（如马尾松等）初冬种子成熟后随采随播，可早发芽，扎根深，能提高苗木的生长量和成活率，幼苗的抗旱、抗寒、抗病能力均较强。

播种不仅要选择季节，而且应注意以下三点：一是风大的天气不宜播小粒和特小粒种子；二是土壤过湿时不宜播种；三是土壤干燥，又无灌溉条件的不宜播已催芽的种子。

二、播种前准备

播种前除要完成土壤整地、施肥、接种、作床和种子的消毒、催芽等准备工作外，还要结合本地区的具体情况确定合理的苗木密度。

苗木密度是指单位面积（或单位长度）上苗木的数量。实际上是合理安排苗木群体之间的相互关系，保证在每株苗木生长发育健壮的基础上，获得最大限度的单位面积上的产苗量。这也正是苗木产量和质量之间存在的矛盾问题。苗木过密，每株苗木的营养面积过小，通风不良，光照不足，降低了苗木的光合作用，使光合作用的产物减少，表现为苗木细弱，叶量少，根系不发达，侧根少，干物质重量小，顶芽不饱满，易受病虫危害，移植成活率不高等。当苗木过稀时，不仅不能保证单位面积的苗木产量，而且苗木空间过大，土地利用率低，易滋生杂草，增加土壤水分和养分的消耗，给管理工作带来困难。合理的密度可以克服由于过密或过稀而产生的缺点，保证在每株苗木生长发育健壮的基础上获得单位面积（或单位长度）上最大限度的产苗量，实现苗木的优质高产。

生产中确定苗木密度可根据以下几个方面综合考虑：

（1）树种的生物学特性　生长快、冠幅大的密度应稀，反之应密些。

（2）苗龄及苗木种类　苗木年龄不同，其密度也不同。一般培育两年生苗的密度要比一年生苗的小，年龄越大密度越小。

（3）苗圃地的环境条件　土壤、气候和水肥条件好的宜密，条件差的宜稀。

（4）育苗方式及耕作机具　苗床育苗的密度比垄作育苗的密度大，所以产量比垄作高。另外，确定密度还必须考虑苗期管理所使用的机器、机具，以便确定合适的行（带）距。

（5）育苗技术水平　育苗技术水平高、管理精细的密度可高些；反之，育苗技术水平较低、管理条件较差的，密度宜稍低。

苗木密度的大小，取决于株行距，尤其是行距的大小。播种苗床一般行距为8～25cm，

大田育苗一般为50～80cm，行距过小不利于通风透光，也不利于管理。

三、确定播种方法

目前常用的播种方法有条播、点播和撒播。播种方法因树种特性、育苗技术和自然条件等不同而异。

1. 条播

条播是按一定行距开沟，然后将种子均匀地播撒在沟内。条播主要用于中小粒种，如紫荆、合欢、国槐、五角枫、刺槐等。条播用种少，幼苗通风透光条件好，生长健壮，管理方便，利于起苗，可机械化作业，生产上广泛应用。

条播一般播幅（播种沟宽度）为2～5cm，行距10～25cm。由于条播苗木集中成条，发育欠均匀，单位面积产苗量也较低。为了克服这一不足，常采用宽幅条播，在较宽的播种面积上均匀撒播种子，这样既便于抚育管理，又提高了苗木的质量和产量，宽幅条播幅宽10～15cm，行距10～25cm。条播播种行一般采用南北方向，以利光照均匀。

播种行的设置方法，可采用纵行条播（与床的长边平行），便于机械作业；也可横向条播（与床的长边垂直），便于手工作业。

2. 点播

按一定的株行距挖穴播种，或按行距开沟后再按株距将种子播于沟内的播种方法。此法主要适于大粒种子和一些珍贵树种，如核桃、板栗、银杏、文冠果等。点播具有条播的优点，但苗木产量较低。点播的株行距可根据树种特性和苗木培育年限而定。点播时，应注意种子出芽的部位，一般种子出芽部位都在尖端，所以应横放，使种子的缝合线与地面垂直，尖端指向同一方向，使幼芽出土快（图4-1），株行距分布均匀。若在干旱地区播种，种子也可尖端向下，使其早扎根，以耐干旱。

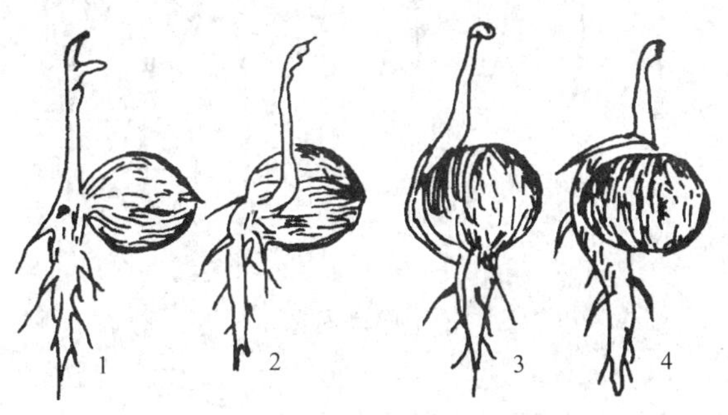

图4-1　核桃种子放置方式对出苗的影响

1—缝合线垂直　2—缝合线水平　3—种尖向上　4—种尖向下

3. 撒播

将种子直接均匀地撒播在苗床上，称为撒播，适用于极小粒种子。其优点是可以充分利用土地，单位面积产苗量较高，苗木分布均匀。但撒播用种量大，且由于苗木密度大，光照不足，通风条件不好，使苗木生长细弱，抗性差，易染病虫害。撒播在生产上多用于集中培育小苗，苗木发芽后长到3～5cm即进行移植。目前化学除草剂的应用，可减少中耕除草的次数，这样就为撒播的应用创造了良好的条件。

四、播种作业

播种作业工序包括播种、覆土、镇压等环节。人工播种，这几个环节可分别进行，播种机播种这几个环节是连续结合进行的。播种工作的质量和配合的好坏，直接影响到种子的发芽和幼苗生长。

1. 播种

首先根据计算的播种量，按苗床面积等量分开，把种子的数量落实到每一个苗床上。根据株行距定点画线，沿播种行开沟，沟要直，底要平，深度均匀一致，开沟深度应根据土壤性质和种子大小决定。将沟底适当进行镇压后，将种子均匀撒在播种沟内。小粒种子可用细沙子或泥炭土与种子混合均匀后播种，严防漏播或大风天播种。撒播可把种子直接撒在苗床上。

2. 覆土

种子播下后立即覆土，覆土厚度要根据种粒大小、发芽类型、育苗地土质、播种季节和覆土材料确定。覆土厚度为种子横径的2～3倍，微粒种子可用过筛土覆盖，以不见种子为度。子叶出土的树种覆土要薄，子叶不出土的树种覆土要厚。土壤黏重的圃地覆土要薄，土壤水分差的圃地覆土要厚；春季覆土要薄，秋（冬）播覆土要厚。

覆土时必须厚薄均匀，否则幼苗出土参差不齐，疏密不均，影响苗木的产量和质量（见图4-2）。

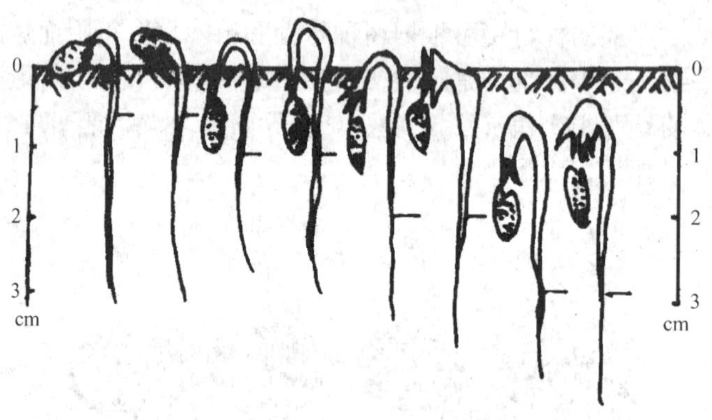

图4-2　不同覆土厚度对苗木出土的影响

3. 镇压

在干旱地区和土壤疏松的情况下，应进行镇压，使种子与土壤密接，恢复土壤毛细管作用，有利于水分的吸收。小粒种子可在播种以前将床面先镇压一下，再播种覆土。在黏重或潮湿的土地上，不能镇压。

播种微、小粒种子和发芽出土缓慢的种子，覆土、镇压后要及时覆盖。

五、播种后出苗前的管理

播种后为了给种子发芽和幼苗出土创造良好的条件，对播种地要进行精心管理，以提高场圃发芽率。主要内容有覆盖、灌溉、松土除草等。

1. 覆盖

播种后对床面进行覆盖，能起到保持土壤水分，防止床面板结的作用。用塑料薄膜覆

盖，还能提高土壤温度，促使种子早发芽，缩短出苗期，并能提高发芽率，增加合格苗产量。此外覆盖还具有防止鸟害的作用。

覆盖的材料应就地取材，以经济实惠、不给播种地带来杂草种子和病虫为前提。另外覆盖物不宜太重，否则会影响幼苗出土。常用的覆盖材料有塑料薄膜、稻草、麦草、竹帘、苔藓、锯末、腐殖土以及树木枝条等。

用塑料薄膜覆盖，要使薄膜紧贴床面，并用土将四周压实。幼苗出土时要及时在幼苗顶部将薄膜划开破口，口的大小以幼苗能露出薄膜为宜，同时要随时用湿土压实薄膜的出苗口，以防高温灼伤幼苗。在生长期内追肥、松土、除草等需打开薄膜时，要随开随压实。用其他覆盖物覆盖时，覆盖物的厚度要根据当地的气候条件和覆盖物的种类而定，如用草覆盖时，一般以使地面盖上一层、隐见地面为宜。

当幼苗大量出土（60% ~70%）时，要及时分期撤除覆盖物。凡影响光照和不利于幼苗生长的覆盖物都要分次撤除。

在播种后覆土较厚的苗床，或水分条件较好，管理较精细的苗圃，播种后可不覆盖，以减少育苗费用。

2. 灌溉

播种后表土干燥，会造成种子萌发和幼芽出土困难，经催芽萌动的种子缺水容易回芽。特别是在北方干旱地区，春雨较少，空气干燥，春季播种覆土浅的小粒种子，更易受到干旱的危害。因此播种小粒种子，在幼苗出齐前，要经常保持床面湿润。

灌溉次数和灌溉量要根据覆盖物的有无、树种特性和覆土厚度而定。播种前灌足底水的，在不影响种子发芽出土的情况下不必灌溉，以保持土壤温度。如需灌水，应尽量采用喷灌，使种子处于比较湿润的土壤中即可，最好不浇蒙头水以免降低地温和造成表层土壤板结，不利于出苗。

3. 松土除草

幼苗出土前因下雨或灌溉造成土壤板结时，应进行松土。松土深度应比原覆土厚度浅些，结合松土要清除杂草。

4. 防止鸟兽危害

播种后为防止鸟兽危害种子造成幼苗减产，应及时防除鸟兽。松柏类种子发芽时顶壳出土，易受到鸟的危害，鸟啄食种壳，折断幼芽。生产中常用铅丹将其染成红色，避免出苗时被鸟啄食。铅丹与种子的比例一般为1:10。另外，在出苗时，也可采用遮盖幼苗、或驱赶、恐吓等办法防鸟害。

【质量评价标准】

项目质量考核要求及评分标准见表4-3。

表4-3　项目质量考核要求及评分标准

考核项目	考核要求	配分	评分标准	扣分	得分	备注
播种时间	因树因地确定适宜的播种时间	5	播种时间确定不适宜，扣5分			
播前准备	1. 播种苗床建作、种子、工具等准备充分 2. 苗木密度确定合理	15	1. 苗床、种子、工具准备不充分等，扣5分 2. 苗木密度确定不合理，扣10分			

（续）

考核项目	考核要求	配分	评分标准	扣分	得分	备注
播种方法	1. 熟知不同播种方法的应用条件 2. 采用播种方法正确	20	1. 不熟悉播种方法，扣10分 2. 采用的播种方法不合理，扣10分			
播种作业	1. 播种工序准确 2. 播种均匀 3. 覆土厚度适宜，深浅一致 4. 镇压后种子与土壤密结	30	1. 播种工序不正确，扣10分 2. 播种不均匀，扣10分 3. 覆土厚度不适宜，深浅不一致，扣5分 4. 不镇压或镇压不合适，扣5分			
播后管理	能因地制宜地进行覆盖、灌溉、松土除草等管理	30	对分配的管理任务因管理不到位造成发芽率过低，扣30分			

【扩展与提高】

播种苗苗期管理

1. 间苗

为调整苗木疏密，为幼苗生长提供良好的通风、透光条件，保证每株苗木需要的营养面积，需要及时间苗、补苗。

间苗的时间和次数，应以苗木的生长速度和抵抗能力的强弱而定。大部分阔叶树种，如国槐、白蜡、臭椿等，幼苗生长快，抵抗力强，可在幼苗出齐后，长出两片真叶时一次间完。大部分针叶树种，如侧柏、水杉等，幼苗生长缓慢，易遭干旱和病虫危害，可结合除草分2~3次间苗。第一次间苗宜早，可在幼苗出土后10~20天进行，第二次在第一次间苗后的10天左右，最后一次为定苗，定苗留苗数应比计划产苗数量高5%~10%。间苗的原则是间小留大，去劣留优，间密留稀，全苗等距。间苗时间最好在雨后或土壤比较湿润时进行。间苗时难免要带动保留苗的根系，间苗后应及时灌溉，以淤塞间苗留下的苗根空隙，防止保留苗因根系松动而失水死亡。

对幼苗疏密不均或缺苗的现象，要及时补苗。补苗应结合间苗进行，补苗时间宜早不宜迟，以减少大量伤根，早补苗不仅成活率高，而且后期生长与原生苗无显著差异。

补苗时由于幼苗主根不长，同时尚未长出侧根，可以带土或不带土，在补苗前将苗床灌足水，然后用小铲或手将密集的幼苗轻轻掘出，立即栽于缺苗处。如幼苗较大，主根较长，补苗时最好选择阴雨天或傍晚进行，避过高温强日照时段，以提高成活率。有条件的地方，补苗后进行2~3天的遮阳，可提高苗木成活率。

2. 遮阳

遮阳是为了防止日光灼伤幼苗以及减少土壤水分蒸发而采取的一项降温、保湿措施。幼苗刚出土，组织幼嫩，抵抗力弱，难以适应高温、炎热、干旱等不良环境条件，需要进行遮阳保护。有些树种的幼苗特别喜欢庇荫环境，如白皮松、含笑等，应给予充分的遮阳。遮阳

一般在撤除覆盖物后进行，常搭成一个高约0.4～1.0m平顶或南北向倾斜的荫棚，用竹帘、苇席、遮阳网等作遮阳材料。遮阳时间为晴天上午10点到下午5点左右，早晚要将遮阳材料揭开。每天的遮阳时间应随苗木的生长逐渐缩短，一般遮阳1～3个月，当苗木根茎部已经木质化时，应拆除遮阳物。

3. 截根

主要是截断苗木的主根。截根的作用在于除去主根的顶端优势，控制主根的生长，促进侧根和须根生长，扩大根系的吸收面积。同时，由于截根，暂时抑制了茎、叶生长，使光合作用产物对根的供应增加，使根茎比加大，利于苗木后期生长；通过截根还可以减少起苗时根系的损伤，提高苗木移植的成活率。苗木截根抚育主要适用于主根发达、侧根较少的树种。

截根的时期，应在苗木速生期到来之前进行，使苗木在截根后有较长的生长期，以利侧根生长，截根过晚不利于苗木生长。树种截根的深度，一般为10～15cm。截根可采用截根刀，从苗床表面下截断主根，也可用铁锹在苗木旁向土中斜切，以断主根。截根后应立即灌水，并增施磷、钾肥，促使苗木增长新根。

项目3 容器育苗

学习目标

1. 熟知容器育苗的特点。
2. 掌握育苗容器的种类与规格。
3. 掌握营养基质的选材与配制方法。
4. 掌握容器苗播种与管理技术。

【学习任务】

1. 任务描述

选择适宜的育苗容器进行营养基质的配制和播种作业，完成容器苗播种与管理。

2. 任务流程图

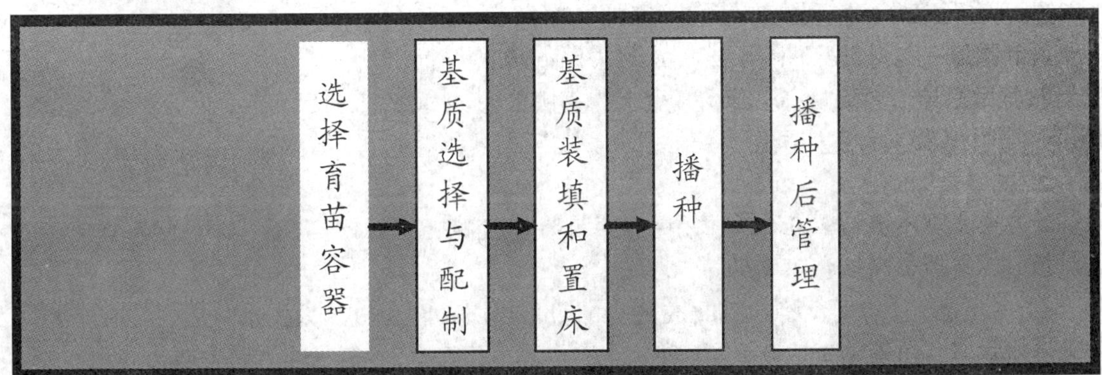

【环境设备】

材料：育苗基质、肥料、种子、土壤消毒药剂等。

用具：穴盘或营养钵、花铲、铁锹等。

【学习过程】

容器育苗是在装有配制好营养基质的容器中培育苗木。容器育苗在城市绿化苗木生产中日渐普及。相对于苗床育苗，容器育苗具有诸多优点：第一，种苗根系在容器内形成，有发育良好的完整根团，起苗时不伤根，栽植后没有缓苗期，苗木成活率高；第二，容器育苗采用与苗木生长相适应的营养基质和精细化管理，有利于培育优质壮苗，并可缩短育苗周期。第三，容器播种往往比圃地育苗节约2/3～3/4的种子；第四，设施容器育苗可以提前播种，延长苗木生长期，并且不受季节限制，可以周年生产，且管理方便；第五，育苗全过程都可实行机械操作，有利于育苗工厂化。容器苗特别适用于珍稀树种的苗木培育。

目前，容器育苗存在的主要问题是：育苗技术较复杂，需要一定的栽培设施，育苗综合成本高。新型育苗容器和新型塑料温室的进一步研制，机械化装播作业和育苗车间环境条件自动控制技术进一步推广，基质营养成分配比及根系营养特性等相关技术的进一步成熟，都将会给容器育苗带来广阔的前景。

一、选择育苗容器

育苗容器种类很多，根据制作材料可分为以下四类：

1. 泥质容器

用泥炭、牛粪、苗圃土、塘泥等掺入适量的过磷酸钙等肥料为材料制成，也有用土、秸秆、木屑、禽畜肥料、粉煤灰、腐殖质等配方制成的各种形状容器，称为泥质容器，也称环保型育苗容器。可用手工制造或添加纸浆用压力机和模具等机械制造成营养砖、营养杯、营养钵（泥钵）等，如图4-3所示。

图4-3　泥钵

目前，生产上已有研制成功的新型育苗容器，可以针对不同的植物对肥料的不同需求加入相应的有机肥压制成真正的营养钵，实现配方施肥，也可以加入保水剂制成旱作育苗容器，提高干旱地区苗木栽植的成活率，还可以加入防治农药病虫害农药，减少土传病害的感染和虫害，使育苗容器集环保、育苗、配方施肥、保水、病虫害防治于一体。

2. 塑膜容器

一般用厚度为0.02～0.06mm的无毒塑料薄膜加工制作而成的容器，简称塑料袋或营养袋。塑膜容器又可分为以下两种：

（1）有底塑膜容器　将塑膜吹成筒状，切割热压粘合而成。为排水、通气，在塑料袋下半部需打6～12个直径为0.4～0.6cm的小孔，小孔间距2～3cm或者剪去两边底角。

（2）无底塑膜容器　将塑膜吹成筒状切割而成。制作简单，成本较低。无底塑膜容器又分单筒式和联筒式两种，联筒式便于机械化育苗。

塑料薄膜容器规格根据培育的苗木规格而异。培育3~6个月苗木，以直径4~5cm，高10~12cm为宜；培育一年生苗，以直径5~6cm，高12~15cm为宜。

3. 硬质塑料容器

用聚氯乙烯或聚苯乙烯通过模具制成的容器称为硬质塑料容器。例如硬塑料杯，又分单杯式和联体多杯式；如塑料营养钵和硬质塑料花盆（见图4-4），平顶式育苗盘和穴式育苗盘（见图4-5）等。

a)　　b)

图4-4　塑料营养钵和硬质塑料花盆

a)　　b)

图4-5　平顶式育苗盘和穴式育苗盘

育苗盘又叫穴盘、播种盘、联体育苗钵。由聚苯乙烯泡沫或聚乙烯醇等材料制成，具有很多小孔（或称塞子）。小孔呈塞子状，上大下小，底部有排水孔。在小孔中盛装泥炭和蛭石等混合基质，用精量播种机或人工播种，一孔育一苗。长成的幼苗根系发达，移植时根系连同基质可一起脱出，定植后易成活，生长好，适于专业化、工厂化、商品化生产，成批出售。穴盘的规格大致有以下几种：72穴盘（穴孔长×宽×高=4cm×4cm×5.5cm，下同）、128穴盘（3cm×3cm×4.5cm）、200穴盘（2.3cm×2.3cm×3.5cm）、392穴盘（1.5cm×1.5cm×2.5cm）等。也有为本木植物育苗设计的专用穴盘（穴盘规格见表4-4），主要是在普通穴盘的基础上，增加盘壁的厚度，增强抗老化性，使用寿命可达10年以上，有96T、60T等不同型号。

表 4-4　木本植物育苗穴盘规格

型号	外观规格/cm	穴孔大小/cm	穴盘高度/cm	容积/mL	育苗数/(株/m²)	包装数/个
96T	335×515	38×38	75	75	560	25
60T	310×530	50×50	170	240	350	10
60T	310×530	50×50	150	220	350	10
60T	310×530	50×50	90	170	350	10
35T	280×360	50×50	115	200	350	20

4. 纸质容器

纸质容器即以纸浆和合成纤维为原料制成的单体式纸质育苗钵（见图 4-6）和多杯式容器。多杯式容器是采用热合或不溶于水的胶粘合而成无底六角形纸筒。纸筒侧面用水溶性胶粘成蜂窝状，折叠式的 250～350 个纸杯可在瞬间张开装土。在灌水湿润后纸杯可以单个分离。通过调整纸浆和合成纤维比例来控制纸杯的微生物分解时间。

图 4-6　方形纸质育苗钵

二、基质选择与配制

1. 基质的选择

基质是指用于支撑植物生长的一种材料或几种材料的混合物。容器育苗对基质要求较为严格，良好的基质应具备以下条件：

1）基质材料的质地必须致密均匀，能抓牢种子与苗木，不论干湿其体积变化不大，如质地过于疏松，土团容易松散，太黏则容易板结。

2）基质的保水保肥性能要好，因为容器小，基质少，苗木生长所需的水分养分必须经常补充，因而基质必须具备良好的保水、保肥性能。

3）基质通透性能良好，有足够的孔隙度，有良好通气、透水性能。满足种子发芽，苗木生长对水分和氧气的需求。

4）基质材料的重量要轻，资源丰富，价格低廉。如果基质太重对于搬运及运输都不利。

5）基质中不带病虫和杂草种子，容器育苗如果杂草多，除草极为不便，如发生病虫，会造成容器苗的大量死亡。

6）含盐量低，基质若含盐量高容易造成苗木死亡。

容器育苗常用的基质材料有黄心土、火烧土、腐殖质土、细沙、泥炭、蛭石、珍珠岩等。

2. 基质的配制

育苗基质按照配制材料不同，可分为以下三类：一是以黄心土、火烧土为主要材料，质地紧密的重型基质；二是以泥炭、蛭石、珍珠岩为主要原料、质地疏松的轻型基质；三是质地重量介于前两者之间的半轻型基质，营养袋育苗多选用此类基质。

育苗时配方基质应就地取材，以降低育苗成本。基质配置比例应根据树种特性、材料特性和容器条件而定。各地常用配方有：

1）黄心土与火烧土各半，加入2%～3%经粉碎、腐热的过磷酸钙。

2）草炭土60%，腐殖土30%，细沙10%，适当加些过磷酸钙或氮肥。

3）泥炭土70%，蛭石20%，腐殖土10%。

4）蛭石30%，泥炭50%，黄心土（马粪、羊粪）20%。

5）黄心土（塘泥）85%，细沙13%，过磷酸钙2%。

6）肥沃表土60%，羊粪30%，过磷酸钙8%，硫酸亚铁2%。

7）培育松苗用红土（黄心土）50%＋火烧土30%＋菌根土15%＋钙镁磷肥5%。

配制基质时可添加适量基肥，既能提供必要的营养又能起到调节基质物理性状的作用，基肥以厩肥、堆肥、饼肥较好，但施用前要堆沤发酵，充分腐熟，无机肥以复合肥、尿素为主。

容器育苗基质的酸碱度，针叶树一般pH值为4.5～5.5，阔叶树一般pH值为5.7～6.5。苗木管理期间的灌水和施肥对酸碱度都有影响，育苗期间要根据情况不断调节。

为预防苗木发生病虫害，基质要严格进行消毒。消毒可用高温蒸汽消毒（80℃以上温度保持30min）和化学药剂消毒（常用的药剂有福尔马林、硫酸亚铁、代森锌、辛硫磷等）。

用容器培育松苗时应接种菌根，在基质消毒后用菌根土或菌种接种，菌根土可取自同种松林内根系周围表土，或从同一树种前茬苗床上取土，菌根土可混拌于基质中或用作播种后的覆土材料。用菌种接种应在种子发芽后一个月进行，可结合芽苗移栽时进行。

三、基质装填和置床

1. 塑料容器或营养钵育苗基质装填和置床

一般苗床育苗多采用塑料营养袋或营养钵，基质要在装袋前保持湿润，含水量10%～15%。基质必须装实，基质装至离袋口0.5～1cm处。将装好基质的容器整齐靠紧排放在设计好的苗床上，容器上口要平整一致，建成后的苗床宽约1～1.3m，长约10m。容器排列整齐、紧密，容器上沿和地面持平或略高1～2cm，不要低于地面。容器排好后，用沙或泥土填入各容器间的空隙，苗床周围用土培好。

用普通纸做的容器和轻质型育苗网袋应放置在苗架上，不用培土，穿出容器的根系可自行空气断根。

2. 穴盘育苗基质装填

将处理好的基质初步湿润，然后装盘，填料要均匀、充足。装盘时应注意不要用力压紧，因为压紧后，基质的物理性状受到了破坏，使基质中空气含量和可吸收水的含量减少，可采用刮板从穴盘的一方刮向另一方，使每个穴盘都装满基质，尤其是四角和盘边的孔穴，一定要与中间的孔穴一样，基质不能装得过满，以便留出足够的空间覆料，装满后各个格室应能清晰可见。

四、播种

容器育苗要选用良种或种子品质达到规定的二级以上种子，播种前种子要经过精选、检验、消毒和催芽。播前使容器基质吸足水，以利种子发芽，将种子播在容器中央，播种量为小粒种子播3～5粒，白皮松等较大种子播2～3粒，做到不重播，不漏播。播后将种子轻轻地按一下，使种子与基质密接，播后及时覆土，覆土可用有机肥、细沙、土按2:4:4的比例配制，将配制好的土均匀撒满床面，厚0.5～1cm，用细板刮平，覆土厚度为种子厚度的1～3倍，覆土后，随即浇透水。播种后至出苗期间要保持基质湿润。

穴盘播种量较少时可采用人工播种方法，播时用筷子打孔，深约1cm，不能太深，播种完一盘后覆盖基质，然后喷透水，保持基质有适宜的湿度。专业穴盘种苗生产企业多采用精量播种生产线，完成从基质搅拌、消毒、装盘、压穴、播种、覆盖、镇压到喷水的全过程，实现了商品化、工厂化生产。

有的地方先在沙床上播种，待种子发芽出土刚脱掉种壳时，移到容器内进行培育。这样不仅幼苗生长整齐均匀，活力强，而且节约种子。芽苗移植过程如下：将经过消毒催芽的种子均匀撒播在沙床上，待芽苗出土后移植到容器中。针叶树种应在种壳即将脱落、侧根形成前进行。移植前保持沙床湿润，芽苗要移植于容器中央，移植深度在根颈以上0.5～1.0cm，每个容器移芽苗1株，晴天移植应在早上或傍晚进行。移植后随即浇透水，必要时还应适当遮阳。

五、播种后管理

1. 水分管理

浇水要根据苗体大小和季节灵活掌握。幼苗期间，尽量保持基质的湿润；速生期要干湿交替，干则浇透，生长后期注意控水。芽苗移植后的一周内要坚持早、晚各浇一次水，一周后要坚持每天早上浇一次水。雨天要注意排水，做到内水不积，外水不淹。

2. 追肥

不同发育时期要追施不同的肥料，追肥主要采用叶面喷施。幼苗生长初期主要是根系的生长，以磷肥为主，浓度0.2%～0.4%。速生期以施氮肥为主，促进苗木加速生长。速生后期施钾肥，促进苗木木质化。一般15天左右结合喷水喷施1次0.2%～0.3%磷酸二氢钾液或尿素液肥，施肥后要用清水冲洗叶片。严禁干施化肥和在高温时施肥，每次施肥时间以阴天或傍晚基质湿润时施入为宜。

3. 病虫害防治

控制好用水量，保持育苗容器有一定的通透性，以防幼苗烂根。为预防立枯病发生，每隔7～10天喷药1次，使用药剂有200倍等量式波尔多液、2%硫酸亚铁溶液、500倍敌克松药液、0.5%高锰酸钾药液等，喷施药液要均匀，以药液渗到苗根为度。坚持预防为主，对症下药，在生长期每隔7～15天使用1次杀菌剂，在虫害高发期要及时用药防除。

4. 除草

掌握“除早、除小、除了”的原则，做到容器内、床面和步道上无杂草，人工除草在基质湿润时连根拔除，要防止松动苗根。

【质量评价标准】

项目质量考核要求及评分标准见表4-5。

表4-5　项目质量考核要求及评分标准

考核项目	考核要求	配分	评分标准	扣分	得分	备注
选择育苗容器	1. 熟知园林苗圃常见的育苗容器 2. 因地制宜地选用育苗容器	10	1. 不熟悉常见的育苗容器，扣5分 2. 选用育苗容器不适宜，扣5分			
基质的选择与配制	1. 熟知常见的育苗基质 2. 育苗基质选择适宜 3. 准确进行基质配制 4. 准确进行基质消毒	40	1. 不熟悉常见的育苗基质，扣5分 2. 基质选择不适宜，扣5分 3. 基质配方不正确，比例不合适，扣20分 4. 基质不消毒或消毒不符合要求，扣10分			
基质的装填与置床	1. 基质装填符合要求 2. 容器摆放整齐稳固	20	1. 装填前基质不湿润，扣5分 2. 装填基质过满或过少，扣5分 3. 装填基质过疏松或过紧实，扣5分 4. 容器摆放不整齐，扣5分			
播种	1. 播种深浅适宜 2. 播种量适宜 3. 覆土厚度适宜	15	1. 播种过深或过浅，扣5分 2. 播种量过多或过少，扣5分 3. 覆土过厚或过薄，扣5分			
播后管理	能及时进行水分、温度、养分、防病虫管理	15	不能按要求进行有效的管理，扣15分			

【扩展与提高】

1. 美植袋新型栽培容器

美植袋（见图4-7）是由无纺布织成，绿色环保无污染，移植到土壤中可降解，不会造成白色污染。适用于多种园林植物栽培，如树木盆景、乔木、灌木、竹类、棕榈类植物等，同时也广泛应用于果树、绿化苗木初期培育。

采用美植袋培育苗木，小苗可以直接栽植入袋，不需假植、换土、换盆。美植袋具有良好的透水透气性，能让水分、养分自由渗透，树苗不会有根腐现象；美植袋内根系不易环绕，主根于袋内范围生长，细根可穿过袋侧边吸收水分、养分；与一般花盆容器相比，其移植成本低，苗木移栽成活率高；用美植袋培育大苗时，根系不会往下生长过长，仅有少数侧根会穿透袋底，只需简单工具切断侧根即可移植树木，移植快速，移植季节不受限制。

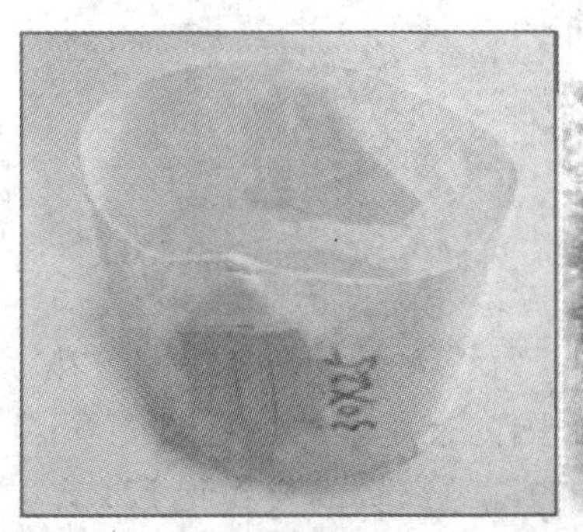

图4-7　无纺布美植袋和美植袋育苗

2. 网袋容器

网袋容器是由可降解或半降解的纤维材料，经过织造或非织造工艺，加工成网状结构的育苗容器。网袋容器透气、透水性好，根系易于穿透，经过独特的空气切根和物理修根技术处理，苗木发根多，根系发育完整舒展，无窝根和根系缠绕等缺点，接近自然生长状态。栽植时不必进行脱袋，移栽成活率高，缓苗期短，栽后即迅速转入正常生长，减少了杂草等对幼树生长的危害。由于容器里的根系始终在透气环境条件下生长，长在容器壁附近的根系始终接触空气，尤其在空气炼苗过程中经常处于干燥恶劣环境下，根系在生长过程中得到锻炼，容器壁及容器里面生长的根系粗壮强健、抗干旱耐瘠薄、抗逆性强，如图4-8所示。

a)　b)　c)　d)

图4-8　网袋容器育苗

a）轻质型网袋容器　b）网袋容器装盘　c）网袋容器育苗置床　d）网袋容器育苗

【单元复习题】

1. 案例分析

（1）原是红豆衬衫常熟总代理的温某，一次，他路过江阴，听说无锡某知名集团曾花巨资收购1000粒优质红豆种子，并请专家培育红豆苗，欲建“国内首座千株红豆园”。可惜得很，1000粒红豆种下后仅有3粒成活出苗。当时，品质好的红豆最贵的要卖到120多块钱一粒，普通品相的红豆一般也在30元左右。温某由此开始投资红豆树育苗，刚开始采用的传统育种方式，选种、浸泡、播种。一次、两次、三次，育种红豆到了第三个年头，还

不见一棵红豆苗出芽，10多万块钱投入进去没有反应。从此他开始细心观察播种方式和过程中出现的问题，比如由于种子浸泡得过于熟透，到了地里就腐烂了；刚种下的红豆种子就被虫子吃了。于是他开始不断请教专家和有经验的种树老农，还到书店购买有关培育红豆的书籍，逐渐从失败中摸索到了解决药水浸种、土壤消毒、病虫防治等技术难题。终于在2006年，温某在他的红豆育种基地成功培育出12000余株红豆幼苗。试结合此案例分析在播种育苗中容易导致育苗失败的主要因素，并调查周边苗圃播种育苗的现状。

（2）山核桃是深受广大群众喜爱的经济和绿化树种，因其浑身是宝、效益明显，近年来，各地竞相引种栽培，扩大生产规模。但山核桃育苗普遍存在着出苗差、生长慢、保存低等诸多问题。产生这种情况主要有采种质量差，种子品质低，催芽效果差，播种和管理粗放等原因。试根据山核桃的生物学特性分析出现这种情况的原因和解决办法。

提示：山核桃播种育苗的技术要点有：

1）山核桃幼苗有怕强光、积水的习性，育苗时要选择排水良好的沙质壤土，幼苗期要尽量避免阳光直射，有条件的可搭建遮阳网及其他遮阳设备。为防止排水不良，引起幼苗烂根，苗床应以20~25cm的高床为好。

2）山核桃春播应于2、3月份进行，播种越迟，发芽越迟，出土后的幼苗易受炎夏的高温烈日灼伤。催芽后的种子可相应推迟到3月底或4月初播种。

3）播种前最好进行催芽处理，生产上多采取层积催芽，要注意催芽温度、基质湿度和催芽时间。洛阳地区室外层积催芽时间至少需要三个月，生产中经常遇到由于催芽时间不够造成育苗失败的现象。

4）经催芽的种子要有1/3左右裂嘴后方可播种，播种时裂面应与地面垂直横放，发芽的种子嫩芽（胚根）应向下，这样胚根和胚芽在生长过程中没有阻碍，苗木根颈处没有弯曲，苗木通直，不仅出苗率高，而且生长良好。

5）山核桃幼芽细弱，对土壤穿透力不强，特别是在土壤黏重的地方如果覆土过厚，不仅延迟了嫩芽出土期，同时也影响后期生长。沙质土壤一般覆土不超过4cm，半黏重土壤应在3~3.5cm为宜。

6）山核桃从播种到成苗的过程中，按照群众的经验要过3关，即出苗关、雨季关、炎夏关。幼苗出土时最怕土壤板结、日灼及除草伤苗，因此幼苗期要及时松土，防止土壤板结，适当遮阳，减少幼苗日灼。除草时应用手拔，免伤幼苗，拔草时间宜在早晚，忌在炎热中午。雨季时，要注意清沟排水，防止烂根。在7、8月份高温干旱季节，要适时做好遮阳、灌溉，防止高温伤苗。

2. 思考与练习

（1）播种苗有哪些特点？

（2）简述春播、夏播和秋播的特点。怎样确定春播和秋播的时间？

（3）怎样进行播前的种子消毒？

（4）简述休眠种子的特点，为什么要进行种子催芽？

（5）举例说明种子休眠的类型有哪些？

（6）简述苗圃中播种的方法及其特点。

（7）简述苗圃播种技术要点。

(8) 怎样进行间苗?

(9) 论述一年生播种苗的年生长特点及相应的育苗技术措施。

(10) 容器育苗的特点有哪些? 容器育苗的容器种类有哪些?

(11) 育苗基质按照配制材料不同，可分为哪些种类?

(12) 容器育苗的培养基质应具有哪些特点?

(13) 容器育苗要做好哪些管理工作?

(14) 结合当地实际情况练习苗床播种育苗和容器播种育苗。

单元5　扦插育苗技术

扦插繁殖是利用植物营养器官的再生能力，切取植物根、茎、叶等营养器官的一部分，在一定的环境条件下插入土壤或栽培基质中，促使其生根、发芽成为一个独立新植株的方法。用扦插的方法繁殖出的苗木（新植株）叫扦插苗。扦插育苗所用的繁殖材料（营养器官）叫插穗。

扦插育苗在园林植物生产中应用广泛，通过扦插繁殖能够保持母本的优良性状，苗木生长快，开花结实早。尤其是那些不结实、种子稀少、种子不易采集或用种子育苗困难的植物，扦插育苗是主要繁殖手段之一。扦插苗和实生苗相比，对田间管理要求比较精细，苗木抗性较弱，寿命短。

1. 扦插成活的原理

植物的每一个细胞不但具有亲本的遗传性，而且还具有发育成完整植株的能力，这种特性称为植物细胞的全能性。扦插育苗就是利用这种特性进行苗木繁殖的。

扦插成活的关键在于插穗生根，不定根的形成取决于插穗根原始体的形成。根据根原始体在插穗中部位和形成时期不同，可分为皮部生根型和愈伤组织生根型两种类型。

（1）皮部生根型　属于这种生根类型的植物在正常情况下，随着枝条的生长，形成层进行细胞分裂，能够形成许多特殊的薄壁细胞群，即根原基。根原基多位于髓射线与形成层的交叉点上，随着细胞进一步分裂，根原基向内穿过木质部髓射线通向髓部，从髓细胞中取得养分，向外分化逐渐形成钝圆锥形的薄壁细胞群（根原始体），其外端通向皮孔。当枝条的根原始体形成后，截制成的插穗在适宜的环境条件下，很快就能从皮孔中萌发出不定根。皮部生根类型的植物扦插比较容易生根，如杨、水杉、紫穗槐、柳树等。

（2）愈伤组织生根型　任何植物在局部受伤时，都具有恢复生机、保护伤口免受不良外界环境影响的能力。插穗截制后，与伤口直接接触的薄壁细胞，在适宜的条件下迅速分裂，产生半透明不规则的瘤状突起物，这就是初生愈伤组织。初生愈伤组织继续分生，逐渐和插穗的木质部、韧皮部、形成层等组织发生联系，充分愈合，形成根原始体，进而萌发形成大量的不定根，这就是愈伤组织生根。这种生根类型的植物扦插后生根往往需要较长的时间，生根相对困难，如悬铃木、雪松、桧柏、胡枝子等。

扦插过程中大多数树种生根是处于中间状况的，即兼有皮部和愈合组织生根的两种类型。插穗生根时有的是皮部生根在先，愈伤组织生根在后（见图5-1），有的是愈伤组织生根在先，皮部生根在后（见图5-2）。

2. 影响插穗生根成活的主要因素

扦插育苗是一个复杂的生理过程，影响因素不同，成活难易程度也不同。不同植物、同一植物的不同品种、同一品种的不同个体生根情况也有差异。插穗能否生根成活与植物种类本身的生物学特性和外界环境条件密切相关。

（1）内在因素

1）树种的遗传特性。根据植物扦插生根的难易，大致可分为四类：

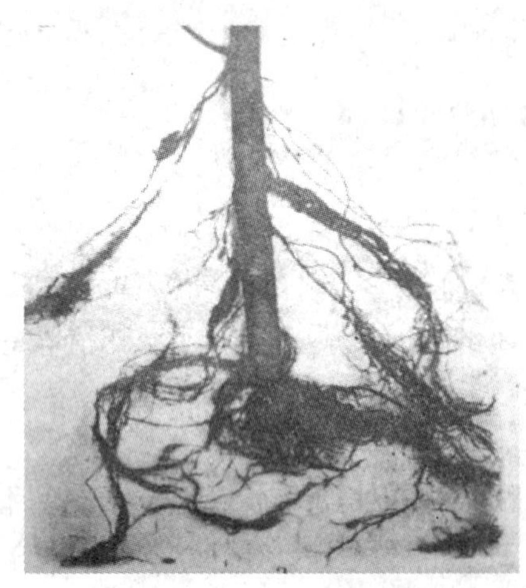

图 5-1 先从皮部生根，后从愈伤组织生根

图 5-2 先从愈伤组织生根，后从皮部生根

容易生根的植物：如旱柳、欧美杨、柽柳、沙地柏、珊瑚树、连翘、木槿、金银花、卫矛、红叶小檗、黄杨、紫薇、爬山虎、葡萄、无花果、石榴、迎春等。

较易生根的植物：如毛白杨、刺槐、国槐、悬铃木、侧柏、扁柏、花柏、铅笔柏、罗汉松、接骨木、杜鹃、蔷薇、夹竹桃、绣线菊、猕猴桃、珍珠梅等。

较难生根的植物：如槭树、榉树、梧桐、苦楝、臭椿、米兰、树莓、枣树等。

难生根的植物：松树、柿树、核桃、棕榈、榆树、栎类、广玉兰、苹果、梨等。

上面的划分只是相对而言的，一些难生根树种，如松树、榆树等，通过创造生根需要的适宜条件，采取适当的生根促进措施，也都可以育苗成功。

2）母树及插穗的年龄。植物的新陈代谢作用和生活力往往随年龄增加、发育阶段变老而降低。一般从幼龄植株上采集的枝条其再生能力比成年植株的强，生根快，生长也好。大多数植物的插穗，年龄越大，生根成活率越低。扦插时多数植物以一年生枝条为好，对那些一年生枝条比较细弱的，为了保证成活，插穗可以带一部分2～3年生枝条，如圆柏、雪松等。

3）枝条着生的位置及生长发育情况 。枝条着生的部位不同，扦插时生根效果也不同。根颈处或树冠下部萌条，处于发育阶段，比较幼小，同时离根系近，水分得到优先供应，可以积累各种代谢物质，分生能力强，可塑性大，生根快，成活率高。而树冠上部枝条较老，插穗生根差，成活率低，生长也差。一般向阳面的枝条生长健壮，组织充实，生根容易。生产上常常采集幼壮龄母本上位于树冠中下部、尤其是根颈处萌条作插穗，有利于提高成活率。

枝条的部位不同，生长发育状况也不同。一般来说，枝条中下部粗壮，木质化程度高，贮藏养分充分，芽体饱满，根原始体数量较多，有利于插穗生根和幼苗生长。枝条基部过粗，芽体瘦弱，扦插后愈合能力差，生根慢，发芽晚，幼苗生长缓慢。上部和梢部的枝条细弱，组织幼嫩，贮藏的营养物质较少，芽体不饱满，根原始体的数量少，不利于生根。但枝条部位与扦插成活率的关系，因树种不同有很大的差异，如水杉壮龄树枝条以中部为好，幼龄树则以梢部为最好。

插穗内部贮藏的营养物质含量与插穗生根能力密切相关。因为扦插后到生根前的一段时间内，主要靠插穗本身的营养物质维持生命。采集插穗时，应选择生长健壮，发育充实，营养物质含量丰富的枝条，以提高扦插成活率。

4）插穗长度和芽、叶对生根的影响。扦插时截制的插穗长，插穗内贮藏的营养物质多，有利于生根成活和苗木生长。但插穗过长，不但会降低繁殖系数，还会增加扦插深度而影响插穗的呼吸作用，导致生根困难甚至死亡。在剪制插穗时，应根据植物的生物学特性，按照既不影响生根效果又不浪费插穗的原则来确定插穗的适宜长度。插穗长度一般为10～20cm。

插穗上带叶能进行光合作用，补充碳素营养，供给根系生长发育所需要的养分和生长激素，促进愈合生根，所以嫩枝扦插时常常要带适量的叶片。但叶片过多，蒸腾量过大，易造成插穗失水死亡。

芽的附近根原基分布较多，营养物质丰富，而且在芽萌发时，内源生长激素增多，这些都有利于插穗生根成活，生产上截制插穗时，下切口一般在芽下0.5cm处。

（2）环境因素　影响插穗生根的外界环境因素主要是温度、水分、光照、空气和扦插基质等。各种条件之间既相互影响，又相互制约。

1）土壤（基质）水分和空气湿度。插穗自身的水分平衡是影响扦插成活的重要因素之一。在插穗生根和发芽期间，适宜的空气相对湿度和基质含水量对保持插穗水分平衡至关重要。空气干燥和土壤含水量低，插穗水分蒸发快，易失去水分平衡，不利于成活；土壤含水量过高，插床透气性差，易使插穗腐烂甚至死亡。为促进生根，扦插后土壤含水量一般应保持在田间最大持水量的60%～70%，嫩枝扦插时，空气相对湿度应保持在80%～90%，低于65%就容易枯萎死亡。

2）温度。温度对插穗的成活影响很大，多数植物生根的适宜温度在15～25℃范围内。通常萌芽早的植物要求的温度低（如小叶杨、柳树在7℃左右，毛白杨在12℃左右即可生根），萌芽晚的植物要求的温度较高。不同材料的插穗对温度的要求也不同，硬枝扦插对温度的要求偏低，因为插穗成活前需要消耗内部贮存的营养物质，过高的温度会加速插穗内养分消耗，影响扦插效果。嫩枝扦插成活前消耗的养分，主要来自插穗上叶片的光合作用，较高温度对嫩枝扦插是有利的。如果温度过高（如超过30℃）则抑制生根，导致扦插失败。根据实践经验，扦插繁殖时地温高于气温3～5℃，有利于插穗先生根后发芽，提高成活率。

温度的变化受太阳辐射的影响很大，为了提高扦插成活率，现在多采用一些栽培设施调节温度，如日光温室、塑料大棚、地热线及全光间歇喷雾设备等。

3）氧气。插穗形成愈伤组织和成活的过程中呼吸作用强烈，需要大量的氧气供应，土壤的通气条件和插床含氧量对插穗生根率作用明显（见表5-1）。土壤质地对土壤的保水性和通气性有重要影响，黏重土壤易积水，通气条件差，沙土通气条件好，但保水能力差。为促进插穗生根，扦插时可选择通气良好、保水能力强的蛭石、珍珠岩等作扦插基质。

表5-1　插床含氧量与生根率

含氧量（%）	插穗数/根	生根率（%）	平均根重		平均根数/条	平均根长/cm
			鲜重/mg	干重/mg		
标准区	8	100	51.5	11.3	5.3	16.6
10	8	87.5	23.3	5.4	2.5	8.2
5	8	50	17.3	3.1	0.8	2.8
2	8	25	1.4	0.4	0.4	0.7
0	8	0	—	—	—	—

4）光照。适宜的光照是带叶嫩枝扦插或常绿植物扦插生根不可缺少的因素。叶片通过光合作用可提供插穗营养物质，增加植物生长激素含量，促进插穗生根，提高扦插成活率。但光照强度过大，水分又不能及时补充时，插穗易失水，生产中常采用适度遮阳或全光照自控喷雾的办法，控制插穗生根期间温度、湿度和光照。

3. 促进插穗生根的技术措施

（1）机械处理　在生长季节，对要作插穗的枝条进行刻伤，环状剥皮或绞缢，阻止枝条上部的营养物质向下运输，增加枝条营养物质的积累，从这种枝条上剪取的插穗容易生根。有些生根困难的树种，可将插穗的下端纵向切开，中间夹以石子等物，或用小刀在插穗基部1~2节的节间刻伤5~6道纵伤口，在插穗基部裹以泥球后扦插，来促进插穗生根。

（2）黄化处理　在扦插前3周进行，在新梢生长期用黑色纸、布或塑料薄膜等包裹基部遮光，在黑暗条件下生长，使叶绿素消失，组织黄化、软化，皮层增厚，薄壁细胞增多，生长素积累，有利于根原始体的分化和生根。这种方法适用于含有较多色素、油脂、樟脑或松脂的树种。

（3）激素处理　植物激素可促进插穗呼吸，提高酶的活性，加速分生细胞分裂，对不易生根的树种，采用植物激素处理能有效地促进插穗生根。常用的有ABT生根粉、绿色植物生长调节剂（GGR）、萘乙酸、吲哚乙酸、吲哚丁酸、2，4—D等（见表5-2）。应用生长激素处理插穗的方法有溶液浸泡和粉剂处理两种。

粉剂处理是将1g生长激素与1000g滑石粉混合均匀成粉剂，将插穗下切口浸湿2cm，蘸上配好的粉剂即可扦插，扦插时注意不要擦掉粉剂。一般1g的ABT生根粉能处理插穗4000~6000根。

溶液浸泡法是先将配好的药液装在干净的容器内，然后将捆扎成捆的插穗的下切口浸泡在溶液中至规定的时间，浸泡深度为3cm左右。溶液浸泡的方法有两种，一种是低浓度（20~200mg/L）、长时间（6~24h）浸泡；另一种是高浓度（500~1500mg/L）、短时间（2~10s）速蘸。草本植物所需浓度可更低些，一般为5~10mg/L，浸泡2~24h。市场上出售的植物激素一般都不溶于水，使用前需要先用少量的酒精溶解，然后兑水配成处理溶液。

表5-2　常用植物激素的主要用途

名称	英文缩写	用　　途
ABT生根粉	ABT1号	主要用于难生根树种，促进插穗生根，如银杏、松树、柏树、落叶松、榆树、枣等
	ABT2号	主要用于扦插生根不太困难的树种，如刺槐、白蜡、紫穗槐、杨、柳等
	ABT3号	主要用于苗木移栽时，苗木伤根后的愈合，提高移栽成活率；用于播种育苗，能提早生长、出全苗，而且有效地促进难发芽种子的萌发
	ABT6号	广泛用于扦插育苗、播种育苗、苗木栽植等，在农业上广泛用于农作物、蔬菜、牧草及经济作物等
	ABT7号	主要用于扦插育苗、造林及农作物和经济作物的块根、块茎
绿色植物生长调节剂	GGR	主要用于林木的扦插育苗、播种育苗、植苗造林、飞播造林等。能显著影响营养元素的吸收和代谢作用，调节植物生长发育和器官形态形成，提高苗木产量

（续）

名称	英文缩写	用途
911 生根素	911	主要用于松树针束扦插和生根非常困难的树种扦插。使用浓度为100～200mg/L，插穗浸泡12～24h
HL－43 生根剂	HL－43	主要用于板栗等难生根树种的扦插。插穗在原液中浸泡5～10s或将原液用水稀释10倍，浸泡1～6h扦插
萘乙酸	NAA	刺激插穗生根，种子萌发，幼苗移植提高成活率等。用于嫁接时，用50mg/L的药液速蘸切削面较好
2，4—D	2，4—D	用于插穗和幼苗生根
吲哚乙酸	IAA	促进细胞扩大，增强新陈代谢和光合作用；用于硬枝扦插，用1000～1500mg/L溶液速浸（10～15s）
吲哚丁酸	IBA	主要用于形成层细胞分裂和促进生根；用于硬枝扦插时，用1000～1500mg/L溶液速浸（10～15s）

（4）化学药剂处理　用化学药剂处理插穗，能增强新陈代谢作用，促进插穗生根。常用的化学药剂有酒精、蔗糖、高锰酸钾、二氧化锰、醋酸、硫酸镁、磷酸等（见表5-3）。如用1%～3%的酒精或1%的酒精和1%的乙醚混合液浸泡6h，能有效地除去杜鹃类插穗中的抑制物质，显著提高生根率；用0.05%～0.1%的高锰酸钾溶液浸泡硬枝12h，不但能促进插穗生根，还能抑制细菌的发育，起到消毒的作用；水杉、龙柏、雪松等插穗用5%～10%的蔗糖溶液浸泡12～24h，可直接补充插穗的营养，有效地促进生根。

用清水或温水浸泡有利于除去部分抑制生根物质，促进生根。

表5-3　插穗用化学药剂处理浓度、时间

处理药剂名称	浓度（%）	处理时间/h
流水	清水	24～72
温水	30～35℃	2～24
酒精	1～3	6
酒精＋乙醚	1＋1	2～6
高锰酸钾	0.1～1	12～24
硝酸银	0.05～0.1	12～24
消石灰	2～5	12～24

必须注意的是，应用生长激素、化学药剂处理插穗时，应严格掌握浓度和时间。浓度过低，处理后生根效果不明显。浓度过大，不但不能刺激生根，反而起抑制作用，如2，4—D在高浓度时是一种生长抑制剂，可以做除草剂。另外，用生长激素、化学药剂处理插穗后的生根效果，因树种不同；即使同一种植物，处理幼龄植物比壮龄的效果好，处理幼嫩的组织比木质化程度高的效果好。各地在使用时，要先进行试验，取得经验后再推广应用，不要盲从。

项目1 硬枝扦插育苗

学习目标

1. 掌握硬枝扦插的时期。
2. 掌握种条的采集与插穗贮藏方法。
3. 掌握插穗的截制要求。
4. 掌握硬枝扦插的技术及插后管理方法。

【学习任务】

1. 任务描述

选择适宜的树种进行硬枝扦插育苗，掌握硬枝扦插育苗技术。

2. 任务流程图

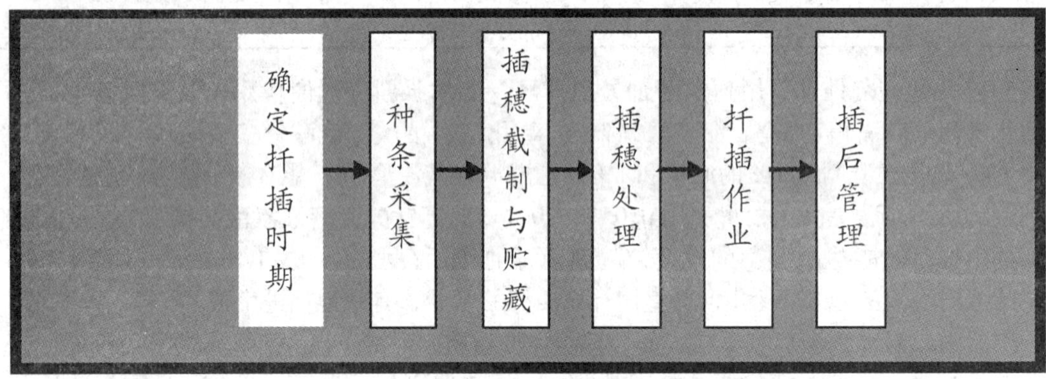

【环境设备】

材料：常见树种的插穗、生根粉或萘乙酸、酒精等。

用具：修枝剪、切条器、钢卷尺、盛条器、测绳、喷水壶、铁锹、钉耙、平耙等。

【学习过程】

硬枝扦插是指利用充分木质化的插穗进行扦插的育苗方法。此法技术简便、成活率高、适用范围广。很多园林植物都可用硬枝扦插，特别是落叶树种的扦插，生产上应用极为广泛。

一、确定扦插时期

硬枝扦插春、秋两季均可进行，一般以春季扦插为主。春季扦插宜早，通常在萌芽前进行，北方地区可在土壤解冻后及时进行，一般在3月上、中旬至4月上、中旬进行扦插。秋季扦插在落叶后、土壤封冻前进行，扦插应深一些，并保持土壤湿润。我国南方温暖地区普遍采用秋插。在北方寒冷地区，秋插插穗易遭冻害，一般不在秋季扦插。冬季硬枝扦插需要

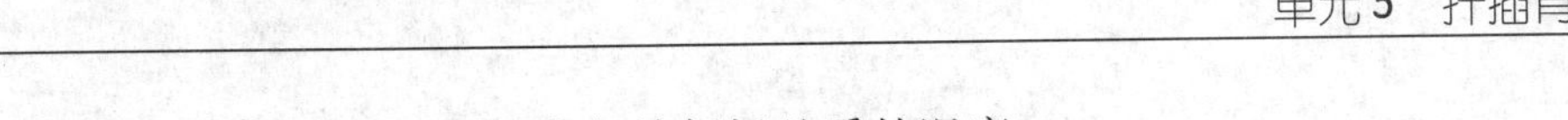

在大棚或温室内进行，并注意保持扦插基质的温度。

二、种条采集

采集插穗应根据植物种类和育苗目的选择母树，如乔木树种，应选生长迅速、干形通直、没有病虫害、生长势强、品种优良的植株做采穗母树。花灌木则要求色彩丰富、香味浓郁、观赏期长的植株做采穗母树。从母树上采集树冠外围中下部充分木质化1～2年生芽体饱满的枝条作插穗，最好采集主干或根茎部的萌条做插穗，或从发育阶段较为年轻的植株上采集。

采条时期，多数树种宜在秋末冬初落叶后至早春树液流动以前的休眠期进行。如过早，营养物质积累不多，木质化程度较差，不利于插穗贮藏和插后成活；如过晚，水分损失过多，特别是在树液流动后，芽体膨大，营养物质开始消耗，插后水分蒸发快，不利于插穗生根成活。

三、插穗截制与贮藏

采集后的扦插材料必须及时进行剪制，首先剪去基部无芽和梢部组织不充实的部分，针叶树不可剪去梢端。剪制插穗主要考虑插穗的长度、插穗上留芽的数量、剪口的位置和形状。

1. 插穗长度

决定插穗长度的主要因素是：插穗要含有一定数量的根原始体、养分和水分，插后深度适宜，便于扦插和节省种条。插穗长度应根据树种生根难易、土壤条件以及枝条粗度而定。一般粗条宜短，细条宜长，容易生根树种短，难以生根树种长，黏土地插穗稍短，沙土地插穗稍长。插穗一般剪成10～20cm，有些极易生根树种，为了节省种条，可进行单芽短穗（长3cm左右）扦插，可节约穗条3～4倍。但短穗育苗保存率低，应加强圃地管理。

2. 插穗剪口位置

插穗剪口位置会影响插穗的生根和体内水分平衡。通常情况下，上剪口应位于芽上1cm左右（最低不能低于0.5cm），如果过高，上芽所处位置较低，没有顶端优势，不利愈合，易造成死桩；如果过低，上部易干枯，会导致上芽死亡，不利发芽。

下剪口的位置，在芽的基部以下0.5cm左右，或在萌芽环节处、带部分老枝等部位，营养物质积累较多，有利于生根成活。

3. 插穗剪口形状

插穗剪制时上剪口多为平面，伤口面积小，能有效保持水分平衡，减少水分蒸发。容易生根的插穗下剪口多为平面，伤口小，可以减少切口腐烂且愈合速度快，生根均匀；大多数难生根的植物下剪口可以剪成斜面（单斜面或双斜面），由于切口与基质接触面积大，利于吸收水分和养分，促进生根，但根系易集中于切面先端，形成偏根（如图5-3所示），且剪制费工，不便机械化作业。

插穗剪制时要特别注意，剪口要平滑，防止撕裂；保护好芽，尤其是上芽。

4. 插穗的贮藏

插穗最好在背阴处或室内截制，以防止失水干燥，剪好后按小头直径进行分级，每50～100根为一捆，并使插穗的方向保持一致，下剪口对齐，以备扦插或贮藏（见图5-4）。对

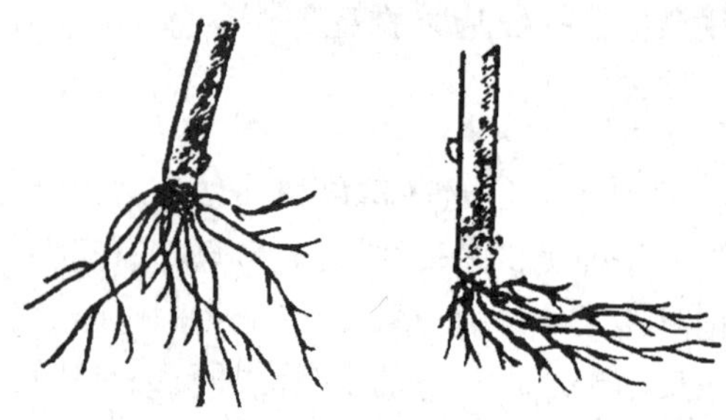

图 5-3 剪口与生根情况示意图

秋、冬季节采集的需要在春季扦插的插穗应进行贮藏。贮藏方法与层积催芽相同，注意将成捆的插穗，小头向上，分层隔沙竖立排放于坑内，保证每一根插穗周围都有湿润的河沙。贮藏期间要经常检查，并调节沟内温度、湿度。贮藏时间应在土壤冻结前进行，翌春扦插前取出插穗。

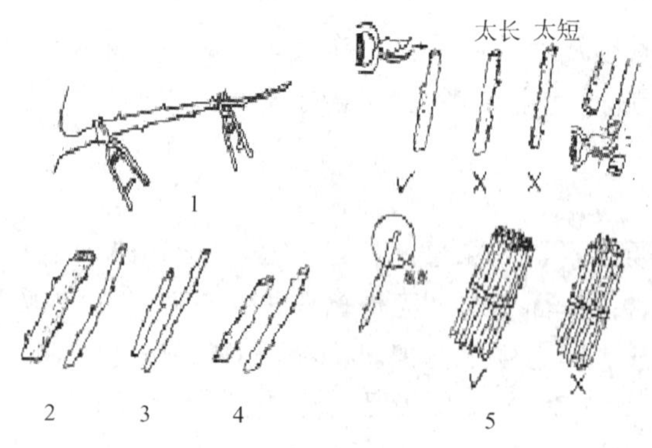

图 5-4 插穗剪制示意图

1—枝条中下部分作插穗最好 2—粗枝稍短细枝稍长 3—易生根植物稍短 4—黏土地稍短，沙土地稍长 5—保护好上端芽

四、扦插作业

插穗生根比较困难的植物，可在沙床或温床上密集扦插，以便于精心管理，插穗生根后移栽到苗床或容器里。容易生根的植物在苗床上扦插，一般株距为 20 ~ 30cm，行距为 30 ~ 60cm。扦插可以直插，也可以斜插。短插穗、生根较易、土壤疏松的应直插；长插穗、生根困难、干旱土壤可斜插或直插，斜插的倾斜角度不超过 60°。

硬枝扦插时，多用干插法，扦插后再浇水，操作非常方便。扦插深度为：春插时插穗上切口与地面平齐或略高于地面，秋插时应全部插入土壤，常绿树种插 2/3 左右。切忌倒插。

为避免插穗基部皮层破损，可用以下方法进行扦插：①直接插入法，在土壤疏松、插穗已催根处理的情况下，可以直接将插穗插入苗床。②开缝或锥孔插入法，在土壤黏重或插穗已经产生愈伤组织，要先用小锄开缝或用木棒开孔，然后插入插穗。③开沟浅插封垄法，适用于较细或已生根的插穗。先在苗床上按行距开沟，沟深 10cm，宽 15cm。然后在沟内浅插、填平踏实，最后封土成垄。

不管用哪种方法进行扦插育苗，最重要的是要保证插穗与土壤（基质）能够紧密地接触。插后及时压实、灌水，保持苗床湿润。

五、插后管理

扦插后应立即浇足第一次水，使插穗与土壤紧密接触，以后要进行适时合理的灌溉，做好松土与保墒，以保持土壤湿润。当未生根前地上部已展叶，则应摘除部分叶片。当插穗开始生根时，应适时适量进行追肥，可每隔1～2周用0.1%～0.3%尿素随浇水施入扦插苗床。加强松土除草的田间管理，为苗木根系生长创造适宜的环境条件。除草的方法有化学除草剂除草和人工除草两种，除草的原则是除早、除小、除了。

培育有主干的苗木，当新萌芽苗高长到15～30cm时，应选留一个生长健壮、直立的新梢，将其余萌芽条除掉，达到培育优质壮苗的目的。培育无主干的苗木，一般选留3～5个萌芽条，除掉多余的萌芽条；如果萌芽条较少，在苗高30cm左右时，采取摘心措施，增加苗木枝条量，以达到不同的育苗要求。

此外，还要加强病虫害防治，冬季寒冷地区还要采取越冬防寒措施。

硬枝扦插可根据实际情况进行移植，生长较快的种类可在当年休眠后移植，生长慢的常绿针叶种类，可培养2～3年后移植。

【质量评价标准】

项目质量考核要求及评分标准见表5-4。

表5-4　项目质量考核要求及评分标准

考核项目	考核要求	配分	评分标准	扣分	得分	备注
插穗的采集与截制	1. 准确选择母树、种条 2. 采集种条适时、适量、适宜 3. 插穗截制方法正确	35	1. 选择母树、种条不适宜，扣5分 2. 采集种条时间不适宜，数量差距大，损害母树，扣10分 3. 插穗截制长度、剪口不符合要求，扣20分			
插穗处理	插穗生根处理方法正确	15	1. 配制生根激素方法不正确，浓度不适宜，扣10分 2. 插穗生根处理时间不适宜，扣5分			
扦插时间	适时进行扦插	10	扦插时间不适宜，扣10分			
扦插技术	1. 扦插整齐，密度合理 2. 扦插深度正确 3. 插穗与土壤密接	30	1. 扦插不整齐，株行距不合理，扣10分 2. 扦插过深或过浅，扣10分 3. 倒插，扣10分			
插后管理	能因地制宜进行插后管理	10	插后管理不到位，扣10分			

【扩展与提高】

根插育苗技术

根插（或埋根）育苗是利用根的再生和发生不定根的能力，将截制的根段插（埋）入土中繁殖成苗的方法。凡根蘖性强的植物，如泡桐、楸树、火炬树、杨树、香椿、枣树、迎春、玫瑰、黄刺梅等均可用此法育苗。

种根应在树木休眠时从青、壮年母本周围挖取，也可利用苗木出圃时修剪下来的或残留在圃地中的根段。根穗粗度为0.5～2.5cm，长度为10～20cm。为区别根穗上下切口，在剪穗时可将上剪口剪成平口，下剪口剪成斜口。将剪好的根穗按粗度分级打捆、以备扦插。根插（或埋根）育苗多用低床，也可用高垄。因根穗柔软，不易插入土中，通常先在床内开沟，将根穗垂直插入或倾斜埋入土中，上面覆土1～2cm。扦插时注意不要极性倒转，防止倒插。插后镇压，随即灌水，并经常保持土壤湿度，一般经15～20天即可发芽出土。有些树种，如泡桐，根系多汁，插后容易腐烂，应在扦插前放置在阴凉通风处存放1～2天，待根穗稍微失水萎蔫后再插。插后适当灌水，但不宜太湿。有些树种的细短根段，可采用播根的方法，即将根段撒入苗床中，再覆土镇压，灌水保湿。

项目2　嫩枝扦插育苗

学习目标

1. 掌握嫩枝扦插的时期。
2. 掌握嫩枝扦插插穗采集和截制技术。
3. 掌握嫩枝扦插的方法及插后管理方法。

【学习任务】

1. 任务描述

选择适宜的树种进行嫩枝扦插育苗，掌握嫩枝扦插育苗技术。

2. 任务流程图

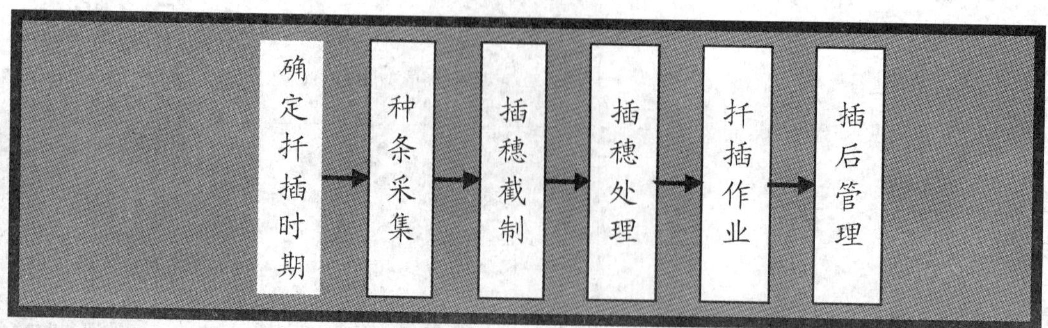

【环境设备】

材料：常见树种的插穗、生根粉或萘乙酸、酒精等。

用具：修枝剪、钢卷尺、盛条器、喷壶、铁锹、钉耙、平耙等。

【学习过程】

嫩枝扦插是在生长期中应用半木质化或未木质化的插穗进行扦插育苗的方法。嫩枝扦插的插穗，在扦插前插穗本身还没有形成根原始体，其形成不定根的过程和木质化程度较高的插穗有所不同。当嫩枝剪取后，剪口处的细胞破裂，流出的细胞液遇空气氧化，在伤口处形成一层很薄的保护膜，再由保护膜内新生细胞形成愈伤组织，并进一步分化形成输导组织和形成层，逐渐分化出生长点并形成根系。

由于嫩枝内薄壁细胞组织多，水分含量高，含有丰富的生长激素和可溶性糖类、氨基酸等，酶的活性很强，有利于插穗生根成活。嫩枝扦插适用于硬枝扦插不易成活的树种，如雪松、桧柏、龙柏、落叶松、红叶李、银杏、桂花等。

一、确定扦插时期

嫩枝扦插一般在夏季或早秋进行，此时枝条处于半木质化状态，嫩枝内部细胞分裂活跃，相对容易生根成活。过早，枝条幼嫩，水分多，细胞液浓度不高，组织不充实，保护膜形成慢，容易腐烂或失水萎蔫。过晚，枝条内部细胞分裂趋于停止，木质化程度高，生长素减少，抑制性增加，生根能力减弱，不易生根成活。

二、种条采集

采集插穗枝条，应选择生长健壮、无病虫害的幼龄母树，采集当年生刚开始木质化的粗壮嫩枝。对难生根的树种，年龄越小越好，母树的树龄越大，采集的枝条生根越困难。采穗一般在清晨或无风的阴天，做到随采、随截、随扦插。不能及时扦插的，要放置在阴凉处摊开，浇洒少量的水，再盖上浸透水的棉布保湿。

三、插穗截制

应选择发育充实的半木质化枝条，顶端过嫩扦插不易成活，应剪去不用，然后视其长短剪制成若干个插穗。插穗长度取决于树种及嫩枝节间的长短，一般都较硬枝扦插短，节间短的为2～4个节间，长约4～12cm；节间长的为1～2个节间，长约15～20cm。叶片较小时保留顶端2～4片叶，叶片较大时应留1～2片半叶，其余的叶片应摘去。如果叶片过大，可剪去叶片的2/3左右，以便行使光合作用，制造营养物质和生长素（见图5-5）。

下剪口，多用斜剪口，呈单马耳形或双马耳形，有些树种要保留顶梢。切取插穗应选择阴凉的地方，用锋利的枝剪剪取，应注意不要损坏树皮组织，切好后，将剪好的插穗立即用湿润材料覆盖，以免干燥。

截制好的嫩枝插穗，扦插前一般要用植物激素进行生根处理，但要注意浓度不可过高。

四、扦插作业

嫩枝扦插通常采用低床，用湿插法进行，即先将苗床或基质浇透水，让其充分吸足水

图 5-5 嫩枝扦插的插穗与扦插情况

分，然后再扦插。这种方法可以防止插穗下端幼嫩组织损伤，有利于保持插穗水分平衡并促使其与基质密接。扦插密度以插后叶面互不拥挤重叠为原则，株行距一般为 5～10cm 左右，采用正方形布点，根据插穗大小、生长快慢、育苗时间长短等确定。

扦插深度宜浅，一般为插穗长度的 1/3～1/2，以插下后不倒为原则。因枝条柔嫩，扦插基质要求疏松、精细整理，最好以蛭石、河沙、珍珠岩等材料为主。

扦插后，为了防止嫩枝萎蔫，插后注意通风，遮阳，保持较高的空气相对湿度，以利生根成活。插后如能通过喷雾降温，最好不遮阳，若遮阳，应保持适宜的透光度。

五、插后管理

嫩枝扦插由于插穗幼嫩，失水快，应加强管理。嫩枝露地扦插用塑料棚保湿时，初期空气湿度应保持在 95% 以上，下切口愈伤组织生出以后可降低至 80%～90%。棚内温度控制在 18～28℃为宜，超过 30℃时应立即采取通风、喷水、遮阳等措施降温。插穗生根以后，可延长通风时间，加大透光强度，减少喷水量，使其逐渐接近自然环境。插后每隔 1～2 周可喷洒 0.1%～0.3% 氮磷钾复合肥。成苗后要做好除萌、抹芽、松土和防治病虫害等工作。

嫩枝扦插，扦插初期密度较大，应在苗木扦插成活长出足够的侧根、根群密集但又不太长时及时起苗移栽，保证幼苗正常生长。移植时最好带土，移植后的最初几天，要注意遮阳、保湿。

【质量评价标准】

项目质量考核要求及评分标准见表 5-5。

表 5-5 项目质量考核要求及评分标准

考核项目	考核要求	配分	评分标准	扣分	得分	备注
插穗的采集与截制	1. 准确选择母树、种条 2. 采集插穗适时、适量、适宜 3. 插穗截制方法准确	40	1. 选择母树、种条不适宜，扣 5 分 2. 采集插穗时间不适宜，数量差距大，损害母树，扣 15 分 3. 插穗截制长度、剪口不符合要求，扣 10 分 4. 插穗截制前后保湿效果不好，活力减弱，扣 10 分			

（续）

考核项目	考核要求	配分	评分标准	扣分	得分	备注
插穗处理	插穗生根处理方法正确	20	1. 配制生根处理剂方法不正确，浓度不适宜扣 10 分 2. 插穗生根处理时间不适宜，扣 10 分			
扦插技术	1. 扦插整齐，密度合理 2. 扦插深度正确 3. 插穗与土壤密接	20	1. 扦插不整齐，株行距不合理，扣 10 分 2. 扦插过深或过浅，扣 10 分			
插后管理	1. 初期温度、水分、光照管理规范 2. 能因地制宜进行后期管理	20	1. 初期不能有效地进行温度、水分、光照管理，扣 15 分 2. 后期管理不到位，扣 5 分			

【扩展与提高】

全光照喷雾嫩枝扦插育苗技术

全光雾插育苗是全光照喷雾嫩枝扦插育苗技术的简称。全光雾插是在全日照条件下，不加任何遮阳措施，利用半木质化的嫩枝插穗和排水通气良好的插床，并采用自动间歇喷雾的现代技术，进行高效率规模化扦插育苗的方法。这种方法是当前国内外广泛采用的育苗新技术，其优点是：能充分利用自然条件；生根迅速，苗木生长快，育苗周期短；生产成本低廉；苗木培育接近自然状态，易适应移栽后的环境；可实行专业化、工厂化和良种化的大规模生产，是今后园林育苗现代化的发展方向。

1. 全光雾插的设备类型

带叶插穗在生根之前要保证叶面常有一层水膜，使插穗保持正常的生理状态，特别在炎热的夏天，但过多的水分常会造成基部腐烂，不断地喷雾又会降低扦插基质的温度，这些现象都会影响插穗的生根。根据插穗的生理需要，一些自动间歇喷雾装置，为插穗生根创造了最理想的环境条件。目前，在我国广泛采用的自动喷雾装置有 3 种，包括电子叶喷雾设备、双长臂喷雾装置和微喷管道系统，其构造的共同点都是由自动控制器和机械喷雾两部分组成。

（1）电子叶喷雾设备　电子叶喷雾设备，主要包括进水管、贮水槽、自动抽水机、压力水筒、电磁阀、控制继电器以及输水管道和喷水器等。将电子叶安装在插床上，由于喷雾而在电子叶上形成一层水膜，接通电子叶的两个电极，控制继电器的电磁阀关闭，水管上的喷头便自动停止喷雾；由于蒸发而使电子叶上的水膜逐渐消失，一旦水膜断离，电流也被切断，相反由控制继电器支配的电磁阀打开，又继续喷雾。这种随水膜干燥情况而自动调节插床水分的装置，在叶面水分管理上是比较合理的，它最大的优点是根据插穗叶片对水分的需要而自控间歇喷雾，这对插穗生根非常有利。

（2）双长臂喷雾装置　1987 年我国自行设计的对称式双长臂自压水式扫描喷雾装置，采用了新颖实用的旋转扫描喷雾方式和低压折射式喷头，正常喷雾不需要高位水压，在

$160m^2$ 喷雾面积内，只需要 $0.4kg/cm^2$ 以上水压即可。

对称双长臂旋转扫描喷雾装置的工作原理是：当自来水、水塔、水泵等水源压力系统为 $0.5kg/cm^2$ 的水从喷头喷出时，双长臂在水的反冲作用下，绕中心轴顺时针旋转进行扫描喷雾。

它的主要构造和技术指标包括水分蒸发控制仪、喷雾系统等。

（3）微喷管道系统　微喷灌是近些年发展起来的一门新技术。采用微喷管道系统进行扦插育苗，具有技术先进、节水、省工、高效、安装使用方便、不受地形影响，喷雾面积可大可小等优点。其主要结构包括：水源、水分控制仪、管网和喷水器等。插床附近最好修建水池，一般水池应不小于 2m×2m×2m。

2. 全光雾插育苗的架空苗床和沙床

全光雾插育苗有自己特殊构造的苗床，苗床选在地势平坦，排水良好，四周无遮光物体的地方，选用架空苗床或沙床。

（1）架空苗床　架空苗床的优点是可以对容器底部根系进行空气断根，增加容器间的透气性，减少基质的含水量，提高早春苗床温度，便于安装苗床的增温设施。

建造架空苗床的方法是：地面用一层或两层砖铺平，不用水泥以利渗水和环保，在上面砌 3~4 层砖高度的砖垛，砖垛之间的距离根据育苗盘尺寸确定，每个插床砖垛的顶面应在一个水平面内，上面摆放育苗托盘。一般在四个苗床中央修一个共用水池，这是最省工省料的设计方案，如图 5-6 所示。

图 5-6　全光雾插架空苗床

架空苗床上放置育苗托盘，育苗托盘用塑料或其他材料制作，底部有透气孔。育苗容器码放在托盘上面，有利空气断根，实现育苗过程机械化运输。

（2）沙床　沙床的优点是能使多余的水分自由排出，但散热快、保温性能差，在早春、晚秋和冬季育苗时，应采用保温性能好的基质或增设加温设备和覆盖物。

建造沙床的方法是：在建床的四周用砖砌高为 40cm 的砖墙，砖墙底层留多处排水孔，床内最下层铺小石子，中层铺煤渣，上层铺纯净的河沙，沙床上安装着自动间歇喷雾装置，如图 5-7 所示。

3. 轻质网袋容器育苗技术

轻质网袋容器育苗，即使植株生长在装有轻型基质、肥料的纤维网袋容器内，通过人为

图5-7　沙床示意图

控制，调节水分、养分、光照等条件，植株连同基质、容器一起移栽的新式育苗技术。图5-8所示为根系生长情况。

图5-8　轻质网袋容器育苗生根与根系生长情况

轻质网袋容器扦插育苗的核心技术是：架空苗床、空气修根。其技术要点主要有：

改进普通苗床为架空苗床，配套使用其专门研制的纤维网袋。纤维网袋材料的主要成分为可分解的纤维物质，透水、透气性能良好。植物根系可以自由穿透网袋壁，生长不受影响，移栽时不需脱去网袋，网袋在土壤中自行分解。网袋有幅宽150mm和幅宽170mm两种规格，育苗前在网袋内灌装基质并适当浸湿，按需要长度切段，切好段的容器摆放在育苗托盘上，进行播种或扦插。

轻质网袋容器育苗空气修根，在全光喷雾条件下，插床空气湿度大，当干燥空气从容器空隙间流过时，容器侧壁伸出的根系萎蔫干枯，促进了侧根的生长，经过一到二次空气断根处理，容器基质里面的根系和基质交织在一起形成富有弹性的根团。要指出的是，在喷雾条件下生出的根大部分是水生根，根毛少，通过空气断根和炼苗后能长出带有根毛的气生根。

【单元复习题】

1. 案例分析

（1）2006 年 3 月初，洛阳地区气温明显升高，当地一些育苗户就将冬季沙藏的紫薇插穗未做任何处理直接扦插到苗圃地。由于早春风多，气候干旱，造成苗床地表干燥，又连着浇了两次水。因为地温低，愈伤组织形成较慢，使生根受到抑制，而且地温低气温高，插穗往往先发叶后生根，发芽所消耗的养分、水分不能及时得以补偿，致使苗木假活现象严重，成活率低，导致育苗失败。试根据紫薇的生物学特性分析出现这种情况的原因和解决办法。

提示：紫薇萌芽较迟，扦插时间不宜过早，要在地温稳定在 10℃左右时扦插；紫薇属愈伤组织生根类型，生根时间长，扦插前插穗要采取水浸或激素处理等生根促进技术。

（2）扦插苗木“假活”现象，是指苗木扦插后，长出新叶或新梢，但此时幼苗生长靠消耗插穗自身养分，过了一段时间后，有些幼苗会停止生长或萎蔫死亡，给苗木生产造成严重损失。试分析出现“假活”现象的原因和应采取的相应措施。

提示：苗木“假活期”，一般在 20 天左右，这段时间为死亡高峰期。因种条质量问题而死亡的占 70%，其他因素占 30%，具体原因有以下几个方面：

1）插穗质量。一是种条的采集时间过早，在苗木未落叶或枝条尚未木质化就开始采集。二是从过老的母树上采集枝条，新陈代谢作用弱，生活力和适应性降低，插穗生根率低。三是插穗的规格达不到标准，只注重插穗长度，忽略粗度。

2）插穗处理。一是采集的种条剪穗不及时，已剪好的插穗未采取必要的保鲜措施，导致种条、插穗脱水。二是剪穗时没有按尺寸分级，只求数量，梢节部分舍不得放弃，造成剪穗粗细不均，长短不齐，剪口不平滑，剪穗受伤等。三是贮藏插穗方法不当，插穗受病菌感染、活性差，贮藏后的插穗根基部软组织活动不明显，观察不到“发胖”迹象。解决办法是在插穗处理时应本着“随采随截随扦插”的原则进行，粗枝短剪，细枝长留，剪穗长短适宜，粗细分开，分级打捆。秋冬季沙藏时要定期检查插穗情况，避免插穗失水或干燥。

3）扦插。一是扦插过早，地温低而气温高，温差过大。二是使用地膜覆盖时直接扦插，导致插穗根基部粘带地膜，阻碍呼吸及养分吸收，影响不定根形成。解决办法是扦插时要选择合适的扦插时间，落叶苗木扦插一般在 3 月中下旬至 4 月中下旬，秋插宜在 11 至 12 月土壤上冻之前。采用地膜覆盖的，扦插时应将地膜捅破再扦插。秋插插穗易遭风干和冻害，扦插后应进行覆土，待春季萌芽时再把覆土扒开。

4）管理。一是扦插后没及时浇水或浇水没浇透。二是假活期间施用除草剂不当产生药害。三是中耕松土动了插穗，使插穗与土壤之间产生空隙。四是发现假活苗叶片发黄后未及时灌水或采取措施。解决办法是扦插后首次浇水要浇足、浇透，以后经常保持土壤湿润，做好保墒及松土工作。假活期间应摘除部分叶片。为促进根系较快形成，假活期可喷 3 ~5 次叶面肥。当发现假活苗劣变时应及时去除，防止腐烂。

2. 思考与练习

（1）扦插繁殖有什么优点？

（2）试述扦插成活的原理。

(3) 扦插生根的类型有哪些?

(4) 试述影响插条成活的内在因素和外在条件。

(5) 如何促进插穗的生根?

(6) 硬枝扦插和嫩枝扦插截制插穗有什么不同?

(7) 试述硬枝扦插和嫩枝扦插技术的区别。

(8) 练习并熟练掌握硬枝扦插和嫩枝扦插技术。

单元6　嫁接育苗技术

嫁接是将具有优良性状的植物体营养器官，接在另一株植物的茎（或枝）、根上，使两者愈合生长，形成一个独立新植株的育苗方法。嫁接所用的优良性状植物的营养器官叫接穗，接受接穗的植株叫砧木。用嫁接的方法培育出的苗木叫嫁接苗。

嫁接繁殖能保持母本的优良性状，增加苗木的抗逆性和适应性，扩大植物的栽培范围，促使树木提前结实，还可以改变树型、恢复树势、更新品种，以满足园林绿化生产需要。

1. 嫁接成活的原理

树木嫁接后能否成活，关键在于接穗和砧木形成层能否结合成整体而共同生活。形成层是植物生长最活跃的部分，这层细胞具有很强的分生能力。嫁接时，接穗和砧木伤口的形成层，不断分裂，形成愈伤组织。这些愈伤组织可以把接穗和砧木伤口间的空隙填满，如果接穗和砧木之间具有较强的亲和力，这些愈伤组织就能进一步分化，愈伤组织各细胞的胞间连丝，把彼此原生质互相连接起来，不断形成新的木质部和韧皮部，把砧木和接穗的导管、筛管等输导组织互相连接起来。这样砧木根系和接穗的枝芽便形成了一个新的整体，接穗上的芽得到砧木根系所供给的养分和水分，便开始发芽生长，成为一棵新的植株。

可见，嫁接成活的关键在于接穗和砧木之间具有亲和力，能通过愈伤组织紧密结合成一体。因此，不论采用哪种嫁接方法，都必须尽量扩大砧木和接穗之间形成层的接触面，接触面越大，接合越紧密，一般来说成活率就越高。

2. 影响嫁接成活的因素

（1）植物内在因素　嫁接成活率受多种因素影响，其中植物内在因素有：

1）亲和力。亲和力是指砧木和接穗双方愈合并生长成新植株的能力。亲和力强的植株之间嫁接容易成活，并且能正常生长发育。反之，不亲和或亲和力差的植物相互嫁接不易成活，或者即便成活往往也生长不良，易从接口处劈折，或过早死亡。

亲和力强弱与砧木及接穗间的亲缘关系有关。一般地说，亲缘关系越近亲和力越强，同种间的嫁接亲和力最好，这种嫁接叫共砧（本砧）嫁接，如油松接于油松；同属不同种之间的嫁接，一般也较亲和，如梅花接于杏，苹果接于海棠、梨接于杜梨等；同科不同属之间的嫁接一般亲和力比较小，成活较困难，但也有较多嫁接成活的实例，如桂花接于小叶女贞，核桃接于枫杨，梨接于木瓜，枇杷接于石楠等；目前生产上尚无应用不同科之间嫁接的报道。

嫁接育苗常用的接穗与砧木见表6-1。

2）砧木、接穗的生活力及树种的生物学特性。愈伤组织的形成与砧、穗的生活力有关，砧、穗生长健壮，营养器官发育充实，体内营养物质丰富，生长旺盛，形成层细胞分裂最活跃，嫁接容易成活。砧木萌动比接穗稍早，可及时供应接穗所需的养分和水分，嫁接易成活。接穗萌动比砧木早，可能得不到砧木及时供应的水分和养分而“饥饿”致死。若接穗萌动太晚，砧木溢出的液体太多，也不利于成活。有些种类，如柿树，核桃富含单宁，切面易形成单宁氧化隔离层，阻碍愈合，松类富含松脂，处理不当也会影响愈合。

表6-1 常用接穗与砧木

接穗	砧木	接穗	砧木	接穗	砧木
桂花	小叶女贞	广玉兰	白玉兰	板栗	麻栎
碧桃	毛桃	郁李	山桃		茅栗
红叶李	山桃	无刺槐	刺槐	柿树	君迁子
樱花	野樱桃	红花刺槐	刺槐	核桃	枫杨
羽叶丁香	北京丁香	楸树	梓树		核桃楸
枣树	酸枣	郁李	山桃		野核桃
大叶黄杨	丝棉木	蝴蝶槐	国槐	牡丹	芍药
龙爪榆	榆树	梨	杜梨		牡丹
龙爪柳	柳树		棠梨	龙桑	桑
龙爪槐	国槐	梅花	梅	山楂	野山楂
金枝槐	国槐		山桃	木瓜	野木瓜

接穗的含水量也会影响嫁接的成功，接穗含水量过少，生活力弱，形成层就会停止活动，所以接穗在运输、贮藏期间和嫁接后，要注意防止接穗干燥。

此外，如果砧木和接穗的细胞结构和生长发育速度差距过大，嫁接则会形成“大脚”或“小脚”现象，如在黑松上嫁接五针松，在女贞上嫁接桂花，均会出现“小脚”。

（2）外界环境因素　嫁接成活的外界环境因素主要是温度和湿度。在适宜的温度、湿度和良好的通气条件下进行嫁接，有利于愈合成活和苗木生长发育。

1）温度。植物的愈伤组织必须在一定的温度下才能形成，一般植物愈伤组织生长的适宜温度为20～25℃，低于15℃或高于30℃就会影响愈伤组织生长，低于10℃或高于40℃，愈伤组织生长基本停止，高温甚至会引起愈伤组织死亡。不同植物愈伤组织生长的最适宜温度也各不相同，物候期早的如桃、杏、梅等愈伤组织生长的适温较低，为20℃左右；物候期适中的如苹果、核桃等为20～25℃，葡萄为24～27℃，山茶为26～30℃；物候期迟的如枣为30℃左右。生产上春季枝接时，应根据物候期不同来安排不同树种的嫁接次序。

2）湿度。水分饱满的细胞比萎蔫细胞更有利于愈伤组织增殖，空气相对湿度接近饱和，对愈合最为适宜。砧木因根系能吸收水分，通常能形成愈伤组织，但接穗是离体的，愈伤组织内薄壁组织嫩弱，不耐干燥。因此，生产上常在嫁接后用接蜡或塑料薄膜保持接穗和接口的湿度，促进砧穗愈合。

3）空气。砧木与接穗之间接口处的薄壁细胞增殖以及愈合，需要有充足的氧气。如氧气供给不足，代谢作用受到抑制，愈合组织不能生长。因此嫁接后用培土的方法保持湿度时，土壤湿度不能太大。

4）光照。光照对愈合组织生长起着抑制作用。在黑暗条件下，接口处愈合组织生长多且嫩，颜色乳白，愈合效果好。在光照条件下，愈合组织生长少且硬、颜色多淡绿或褐色，砧、穗不易愈合。因此在生产中，嫁接后创造黑暗条件，有利于愈合组织的生长，促进嫁接成活。

（3）嫁接技术水平　嫁接技术水平是影响嫁接成活的一个重要因素，体现在嫁接技术的正确性和熟练程度两个方面。嫁接操作应牢记“齐、平、快、紧、净”五字要领。

1）齐。齐就是指接穗削面的斜度和长度适当，砧木与接穗的形成层对齐。这样愈合组织才能尽快形成并分化成各组织系统，沟通上、下部分的水分和养分的输送途径。

2）平。平是指砧木与接穗的切面要平整光滑，最好一刀削成，不能呈锯齿状，否则影响砧、穗的吻合。如果接穗削面不平滑，嫁接后接穗和砧木之间的缝隙大，需要填充的愈伤组织就多，不易愈合。

3）快。快是指操作的动作要迅速，尽量减少砧、穗切面失水。对含单宁较多的植物，可减少单宁被空气氧化的机会。

4）紧。紧是指砧木与接穗的切面必须紧密地结合在一起。

5）净。净是指砧、穗切面保持清洁，不要被泥土污染。

3. 砧木与接穗选择

（1）砧木的选择与培育

1）砧木选择。嫁接时，选择适宜的砧木是保证嫁接达到生产目的的重要途径。砧木的选择要考虑以下几个方面：

① 砧木与接穗的亲和力要强。

② 能反映接穗原有的优良特性，有利于接穗的生长和开花，促进苗木生长健壮，丰产，花艳，寿命长。

③ 砧木要能适应当地的气候条件与土壤条件，本身要生长健壮、根系发达、具有较强的抗逆性，如抗寒、抗旱、抗涝、抗风、抗污染、抗病虫害等。

④ 砧木繁殖方法要简便，繁殖材料来源要丰富，易于成活，生长良好。砧木的规格要能够满足园林绿化对嫁接苗高度和粗度的要求。

2）砧木的培育。生产上多以播种苗作砧木，播种苗具有根系深、抗性强、寿命长和易大量繁殖等优点。但对种子来源少或种子繁殖不易的树种，也可用营养繁殖苗作为砧木。

播种育苗，一般是早春进行播种。为了提高地温，促进苗木生长，可以加盖小拱棚。苗木定植时应保持规则的株行距，以便嫁接操作，一般采用宽窄行方法，即在 1～1.2m 的畦面上播种 4 行，窄行距 20cm，两窄行间距 40cm。砧木苗培育除应通过加强苗期管理促使其旺盛生长外，还应通过摘心等措施控制苗木高度，促进其茎部加粗，并根据需要将苗木嫁接部位的枝叶及早剪除，以便于嫁接。

砧木的大小、粗细及年龄，与嫁接成活和接后的生长有密切的关系。生产实践证明，一般嫁接所用的砧木，粗度以 1～3cm 为宜。生长快而枝条粗壮的核桃，砧木宜粗。山茶、桂花等砧木可稍细。嫁接用砧木苗规格通常为 1～2 年生、地径为 1～2.5cm，有特殊要求的除外，如嫁接龙爪槐、龙爪榆、龙爪柳、红花刺槐等高接换头，规格通常为干高 2.2m 以上，胸径 3～4cm。子苗（芽苗）嫁接所用砧木则是刚刚萌芽的幼苗。

（2）接穗的采集与贮藏

1）接穗的采集。接穗应采自品质优良纯正、观赏或经济价值高、生长健壮、无病虫害的成年母树。从采穗母树的外围中上部，选向阳面、光照充足、发育充实的 1～2 年生枝条作为接穗。春季嫁接，一般采取节间短、生长健壮、发育充实、芽体饱满、无病虫害、粗细均匀的 1 年生枝条。但有些树种，2 年生或年龄更大些的枝条也能取得较高的嫁接成活率，甚至比 1 年生枝条效果更好，如无花果、油橄榄等，只要枝条组织健全、健壮即可。针叶常绿树的接穗应带有一段 2 年生发育健壮的枝条，这种枝条嫁接成活率高，且生长较快。

2）接穗的贮藏。夏、秋季节采集的接穗不能及时使用时，将枝条下部浸于水中，放在荫凉处，每天换水1~2次，可短期保存4~5天。如果要求保存时间更长，可将枝条放入井中、冷窖中保存，最好是用湿布或塑料薄膜包裹后放在冰箱中保存。

春季嫁接用的接穗，一般在休眠期结合冬季修剪采集接穗，每100根捆成一捆，附上标签，标明树种或品种、采条日期、数量等，在适宜的低温下贮藏，一般沙藏于假植沟或地窖内。在贮藏期间要经常检查，注意保持适当的低温和湿度，以保持接穗新鲜，防止失水、发霉。特别在早春气温回升时需及时调节温度，防止接穗芽体膨大，影响嫁接效果。对有伤流、流胶现象或单宁含量高的接穗，如核桃、板栗、柿树等，用蜡封方法贮藏效果较好，即：将枝条采回后，剪成8~15cm长的接穗（一个接穗上至少有3个饱满的芽）；将石蜡放在容器中，再把容器放在水浴箱或水锅内加热，通过水浴使石蜡熔化；当蜡液达到85~90℃时，将接穗两头分别在蜡液中速蘸，使接穗表面全部蒙上一层薄薄的蜡膜，中间无气泡；然后将一定数量的接穗装于塑料袋中密封好，放在－5~0℃的低温条件下贮藏备用，翌年随时都可取出嫁接。用这种方法贮藏半年以上的接穗仍具有生命活力，可有效地延长嫁接时间，在生产上具有很强的实用性，一般1万根接穗耗蜡量为5kg左右。

4. 嫁接用品

嫁接前应准备好嫁接所用的工具、绑扎和涂抹材料、磨石等必需用品。

（1）嫁接工具　嫁接方法不同，砧木大小不同，所用的工具也不同。嫁接工具主要有嫁接刀、修枝剪、手锯、锤子等（图6-1）。嫁接刀可分为芽接刀、枝接刀、单面刀片、双面刀片等。为了提高工作效率，提高嫁接成活率，嫁接前要磨好刀具，使刀口锋利。

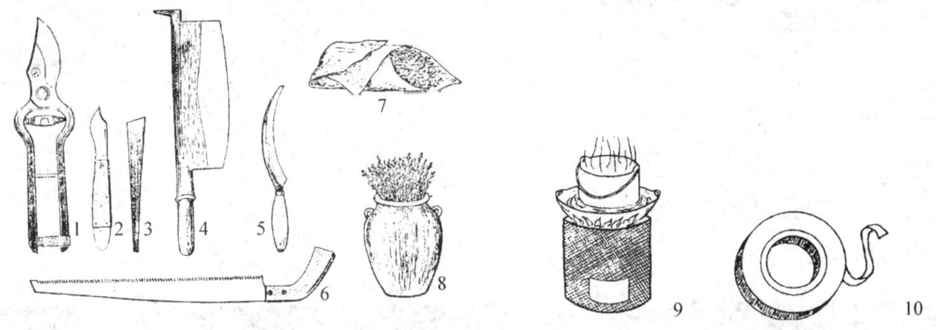

图6-1　嫁接工具

1—修枝剪　2—芽接刀　3—枝接刀　4—大砍刀　5—弯刀　6—手锯
7—包接穗湿布　8—盛接穗的水罐　9—熔化接蜡的火炉　10—绑扎用的材料

（2）绑扎和涂抹材料　绑扎材料常用蒲草、马蔺草、麻皮、塑料薄膜等，以塑料薄膜应用最为广泛，其保温、保湿性能好且松紧适度。嫁接时应根据砧木的粗细和嫁接方法的不同，选用厚薄和长短适宜的塑料薄膜，一般芽接所用的塑料薄膜较薄，剪成的塑料条窄而短，枝接所用的塑料薄膜比芽接要厚，塑料条相对也长一些，宽一些。砧木越粗，所用的塑料条就越长、越宽。

涂抹材料，通常为接蜡或泥浆，用来涂抹嫁接口，以保持嫁接部位湿度，防止病菌侵入，促进愈合，提高嫁接成活率。也可采用市售保湿剂直接涂抹。泥浆用干净的生黄土，加水搅拌成稠浆状即可。接蜡分为固体接蜡和液体接蜡两种（见单元8固体保护剂和液体保护剂）。

5. 嫁接成活后的管理

嫁接成活后要及时松绑或解除绑缚物，以免影响接穗的发育和生长，一般当新芽长至2～3cm时，即可全部解除绑缚物。生长快的树种，枝接最好在新梢长到20～30cm时解绑，过早，接口仍有被风吹干的可能。

嫁接成活后，砧木常萌发许多蘖芽，与接穗同时生长或者提前萌生，与接穗争夺并消耗大量的养分，不利于接穗生长。为集中养分供给新梢生长，要及时抹除砧木上的萌芽和根蘖，一般需要去蘖2～3次。

嫁接苗长出新梢时，遇到大风易被吹折或吹弯，从而影响成活和正常生长，一般在新梢长到30～40cm时，紧贴砧木立一支柱，将新梢绑于支柱上，防止风吹倒或吹折新梢（见图6-2）。

嫁接成活后，还应根据苗木生长状况及生长规律，加强肥水管理，适时除草松土，防治病虫害，促进苗木生长。

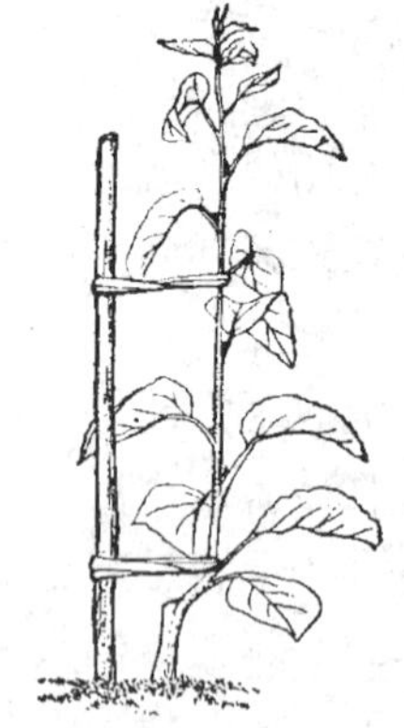
图6-2　立支柱

项目1　枝　　接

学习目标

1. 掌握枝接的时间。
2. 掌握不同枝接方法的技术要领。

【学习任务】

1. 任务描述

选择适宜的树种进行枝接练习，掌握枝接技术。

2. 任务流程图

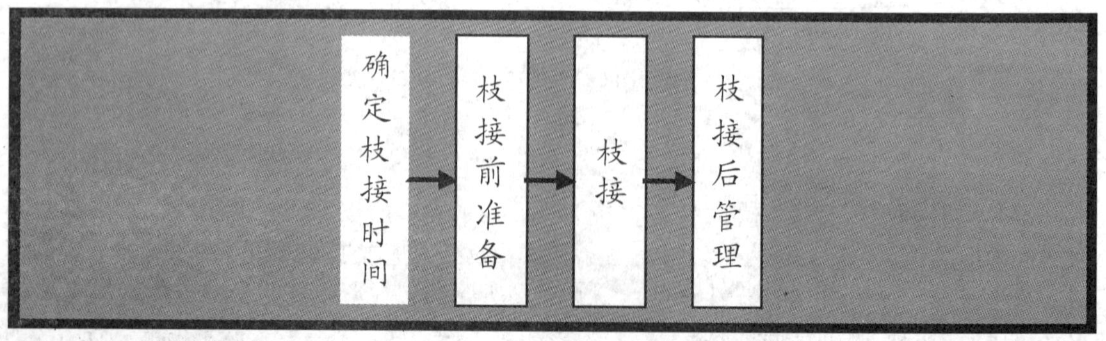

【环境设备】

材料：砧木、接穗、接蜡、塑料薄膜、湿布等。

用具：修枝剪、枝接刀、大砍刀、弯刀、手锯等。

【学习过程】

用枝条作接穗进行的嫁接叫枝接。枝接的优点是接后苗木生长快，健壮整齐，当年即可成苗。但枝接消耗的接穗多，对砧木粗度有一定的要求，且需要接穗数量大，可供嫁接时间较短。枝接常用的方法有劈接、切接、靠接、髓心形成层对接、舌接、腹接、桥接等。

一、确定枝接时间

枝接一般以春季顶芽刚刚萌动时进行最为理想，这时树液开始流动，接口容易愈合，嫁接成活率高。含单宁较多的核桃、板栗、柿树等，以在砧木展叶后嫁接为好。龙柏、翠柏、偃柏等，应在夏季新梢刚停止生长时嫁接为宜。如果用接穗木质化程度较低的嫩枝嫁接，应在夏季新梢生长至一定长度时进行，过早枝条生长量小，可利用的接穗少，过晚则枝条木质化程度太高，嫁接不易成活。

二、枝接前准备

1. 接穗的准备

接穗应在枝接前准备充分，以就近采集、随采随接最好。春季嫁接的接穗，应在发芽前采集备用。如果从外地采接穗，应按品种要求分别采集，并在运输途中妥善保管，以保证接穗质量。经越冬贮藏的接穗应检查其生活力，即抽取部分接穗，插入湿度、温度适宜的沙土中，若10天内形成愈合组织，即可用来嫁接，否则应予以淘汰。经低温贮藏的接穗，可在嫁接前的1~2天放在0~5℃的湿润环境中进行活化。经过活化的接穗，接前最好再用水浸12~24h，能提高嫁接成活率。

2. 砧木准备

嫁接前应加强管理，使砧苗生长健壮。必要时除去行间杂草，将砧木苗离地10cm左右的针刺、分枝等剪除，以利于嫁接。

3. 枝接工具及材料的准备

应准备的工具有嫁接刀、修枝剪、塑料薄膜等，其中嫁接刀应磨锋利，塑料薄膜应准备充足。

三、枝接（以劈接为例）

劈接是常用的枝接方法，通常在砧木较粗、接穗较小时使用。根接、高接换头和子苗（芽苗砧）嫁接也可使用。方法如图6-3所示。

（1）削接穗　把采下的接穗去掉梢头和芽不饱满的基部，截成长5~8cm，至少有2~3个芽的枝段。然后从接穗下部3cm左右处（保留芽）削成两个长马耳形的楔形斜面。削面长2.5~3cm，接穗一侧薄一侧稍厚。削面要平整光滑，才容易和砧木劈口紧密结合，形成层易连接，这是嫁接成活的关键。

（2）劈砧木　将砧木在离地面5~10cm左右，选光滑处剪（锯）断，并削平剪口。用劈接刀从其横断面的中心通过髓心垂直向下劈深2~3cm的切口。注意劈时不要用力过猛，要轻轻敲击劈接刀刀背或按压刀背，使刀徐徐下切，不要让泥土或其他东西落入劈口内。

（3）插接穗　用劈接刀撬开劈口，将削好的接穗轻轻插入砧木劈缝，使接穗形成层与砧木形成层对准。如接穗较砧木细，要把接穗紧靠一边，保证至少有一侧形成层对齐。砧木较粗时，可同时插入2个或4个接穗。插接穗时，不要把削面全部插进去，要露2~3mm的

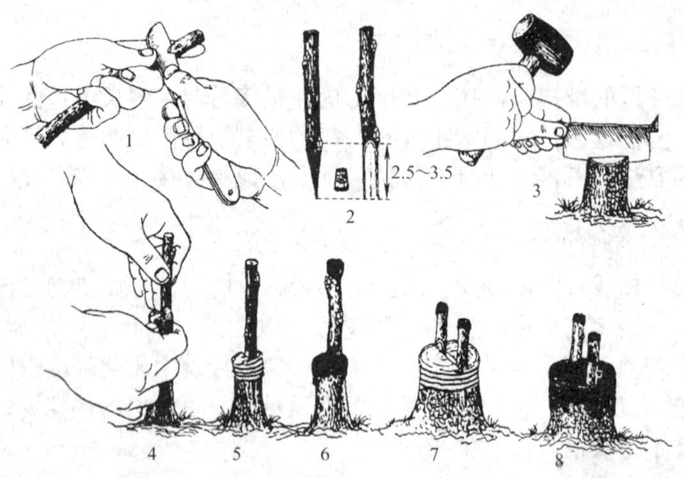

图6-3　劈接示意图（单位：cm）

1—削接穗　2—接穗削面　3—劈开砧木　4—插入接穗　5、6—绑扎　7、8—涂石蜡

削面在砧木外。这样接穗和砧木的形成层接触面大，有利于分生组织的形成和愈合。接穗插入后用塑料薄膜条或其他绑缚材料把接口绑紧。绑扎时注意不要触动接穗，以免砧穗形成层错开。为防止接口失水影响嫁接成活，接口可培土、接蜡封口或加塑料袋保湿。

四、枝接后管理

枝接后除进行常规管理外，还应注意：

一般在嫁接后20~30天左右检查成活率。若接穗保持新鲜，皮层不皱缩失水，或接穗上的芽已经萌发生长，表示嫁接成活。嫁接时培土的，将土扒开检查，芽萌动或切口产生愈合组织，表示成活，将土重新盖上，以防接穗受到曝晒死亡，新芽长至2~3cm时，即可扒开覆土。

枝接失败未成活的，可将砧木接口部分剪去，在砧木的萌条中选留一个生长健壮的进行培养，待到夏、秋季节，用芽接法或枝接法补接。

枝接由于接穗较大，成活后愈合组织虽然已经形成，但砧木和接穗常常结合不牢固，解除绑扎物不可过早，以防因其愈合不牢而自行裂开死亡。一般在接穗萌芽生长半月之后，长30cm左右时，再解绑。

【质量评价标准】

项目质量考核要求及评分标准见表6-2。

表6-2　项目质量考核要求及评分标准

考核项目	考核要求	配分	评分标准	扣分	得分	备注
嫁接时间	因树因地确定嫁接时间	10	嫁接时间不适宜，扣10分			
接前准备	1. 接穗数量准备充分，活力强 2. 工具准备充分 3. 圃地、砧木适宜嫁接	25	1. 接穗干燥、活力差、不符合嫁接要求，扣10分 2. 工具准备不充分，如嫁接刀不够锋利等，扣5~10分 3. 圃地、砧木不符合嫁接要求，扣5分			

（续）

考核项目	考核要求	配分	评分标准	扣分	得分	备注
嫁接技术	1. 接穗处理方法正确 2. 砧木处理方法正确 3. 形成层要求对齐 4. 绑扎方法正确	45	1. 接穗削面平滑，长度适宜，否则扣10分 2. 砧木劈口平滑，深度适宜，否则扣10分 3. 砧穗形成层对齐，上露白，下登空，否则扣15分 4. 砧穗绑扎紧实，否则扣10分			
接后管理	1. 能准确判断嫁接是否成活 2. 能适时进行补接、解绑、除萌除蘖、立支柱，进行常规管理	20	1. 不能判断嫁接是否成活扣10分 2. 不能适时进行补接、解绑、除萌除蘖、立支柱等常规田间管理，扣10分			

【扩展与提高】

其他嫁接方法

1. 切接

切接是枝接中最常见的方法之一，通常在砧木粗度较细时使用，方法如图6-4所示。

（1）削接穗　削接穗时，接穗上要保留2～3个完整饱满的芽，将接穗从下芽背面，用切接刀向内切一深达木质部但不超过髓心的长切面，长2～3cm。再于该切面的背面末端削一长0.8～1cm的小斜面。削面必须平滑，最好是一刀削成。

（2）切砧木　砧木宜选用2cm粗的幼苗，稍粗些也可以。在距地面5～10cm处或适宜高度处断砧，削平断面，选较平滑的一面，用切接刀在砧木一侧（切口宽度与接穗粗度接近或略宽）垂直向下切，深度2～3cm。

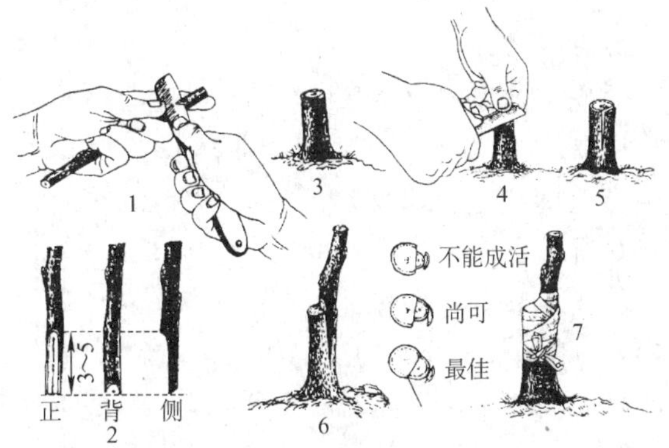

图6-4　切接示意图（单位：cm）

1—削接穗　2—接穗切面　3—砧木剪断后的削面

4、5—切砧木切口　6—插入接穗及其正误　7—绑扎

（3）插接穗　将接穗削好的长削面向里（髓心）插入砧木切口中，使砧穗形成层对准密接，接穗插入的深度以接穗削面上端露出2～3mm为宜，俗称“露白”，有利愈合成活。如果砧木切口过宽，可对准一边形成层，然后用塑料条由下向上捆扎紧密。必要时可在接口处培土、封泥或接蜡，以减少水分蒸发，达到保湿目的。

2. 靠接

主要用于培育一般嫁接难以成活的珍贵树种，要求砧木与接穗均为独立植株，且粗度相

近，在嫁接前还应将两者移植到一起。方法如图 6-5 所示。

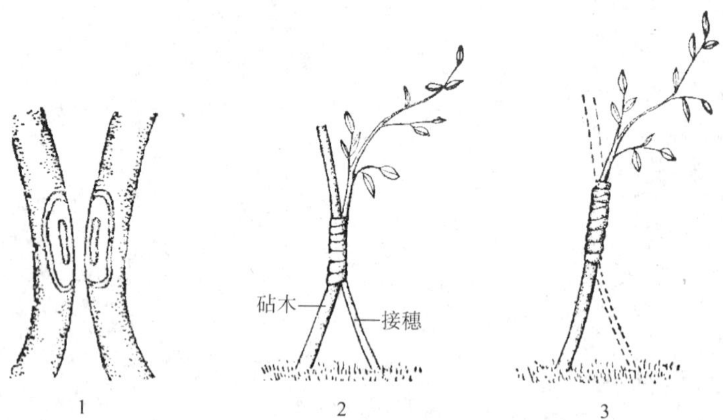

图 6-5　靠接示意图

1—砧、穗切削　2—结合绑扎　3—成活后剪砧木和接穗

（1）削切口　在生长季节（一般 6 ~ 8 月），将作砧木和接穗的植物靠近，然后在砧木和接穗相邻的光滑部位选无节方便操作的地方，各削一长、宽相等的削面，长 3 ~ 6cm，深达木质部，露出形成层。

（2）靠砧穗　使砧木、接穗的切口靠紧、密接，双方形成层对齐，用塑料薄膜绑缚紧。待愈合成活后，将砧木从接口上方剪去，接穗从接口下方剪去，即成一株嫁接苗。这种方法的砧木与接穗均有根，不存在接穗离体失水问题，故易成活。即使不成活，二者仍是完整的独立植株。

3. 插皮接

插皮接是枝接中易掌握、成活率高、应用也较广泛的一种嫁接方法。要求在砧木较粗，且皮层易剥离的情况下采用。在园林苗木生产上用此法可高接和低接。方法如图 6-6 所示。

（1）削接穗　在接穗下芽的 1 ~ 2cm 背面处，削一 2 ~ 4cm 的长斜面，再在斜面的后尖端削 0.6cm 左右的小斜面。

（2）切砧木　一般在距地面 5 ~ 10cm 处剪断砧木，用快刀削平断面。选平滑顺直处，将砧木皮层由上而下垂直划一刀，深达木质部，长约 1.5cm，顺刀口用刀尖向左右挑开皮层。有的砧木也可不划这个口，用楔形的竹签插入砧木木质部和韧皮部中间，然后拔出竹签，作插接穗的地方。如接穗太粗，不易插入，也可在砧木上切一个 3cm 左右上宽下窄的三角形切口，便于把接穗插入，使马耳形的长斜面贴紧木质部外缘形成层。

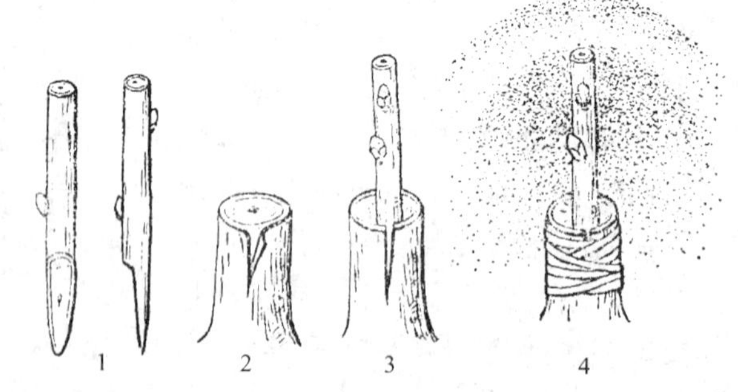

图 6-6　插皮接示意图

1—接穗的正侧面　2—砧木削法　3—插接穗　4—绑扎及覆土

（3）插接穗　把接穗插入切口，使削面在砧木的韧皮部和木质部之间。接时，将削好的接穗在砧木切口处沿皮层和木质部中间插入，长削面朝向木质部，并使接穗背面对准砧木切口正中。接穗插入时要轻轻地插入、注意“留白”。如果砧木较粗或皮层韧性较好，砧木

也可不切口，直接将削好的接穗插入皮层。最后用塑料条（宽1cm左右）绑缚。如高接龙爪槐、龙爪榆、龙爪柳等，可以同时接均匀分布的3～4个接穗，成活后即可作为新植株的骨架。为提高成活率，接后可套袋保湿。

4. 髓心形成层对接

髓心形成层对接多用于针叶树种的嫁接。以砧木的芽开始膨胀时嫁接最好，也可在秋季新梢充分木质化时进行嫁接。方法如图6-7所示。

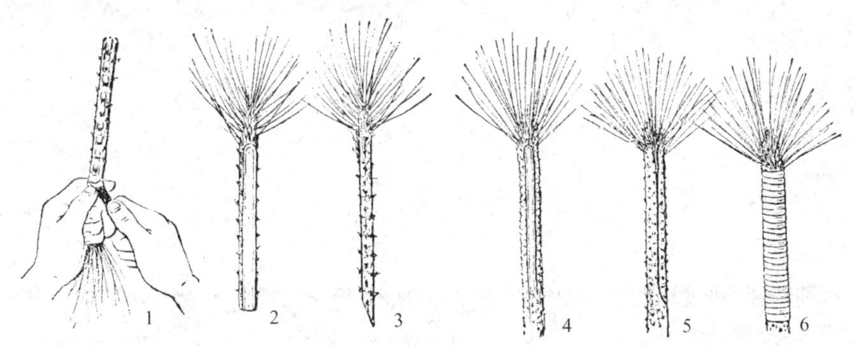

图6-7 髓心形成层对接示意图

1—削接穗 2—接穗正面 3—接穗侧面 4—削砧木 5—砧穗结合 6—绑扎

剪取带顶芽长8～10cm的1年生枝作接穗。除保留顶芽以下十余束针叶和2～3个轮生芽外，其余针叶全部摘除。然后从保留的针叶1cm左右以下开刀，逐渐向下通过髓心平直切削成一削面，削面长6cm左右，再将接穗背面斜削一小斜面。利用苗干顶端1年生枝作砧木，在略粗于接穗的部位摘掉针叶，摘去针叶部分的长度略长于接穗削面。然后从上向下沿形成层或略带木质部切削，削面长、宽皆同接穗削面，下端斜切一刀，去掉切开的砧木皮层，斜切长度同接穗小斜面相当。将接穗长削面向里，使接穗与砧木之间的形成层对齐，小削面插入砧木切面的切口，最后用塑料薄膜条绑扎严紧。待接穗成活后，再剪去砧木枝头。为保持接穗萌发枝的生长优势，可用摘心法控制砧木各侧生枝的生长势。

另外，对针叶树采用髓心形成层对接法进行地面嫁接或顶梢嫁接，有利于克服嫁接苗偏冠现象。在嫁接时剪砧，形同切枝法，称“新对接法”，如图6-8所示。此法对杉木和松类都有良好的效果。

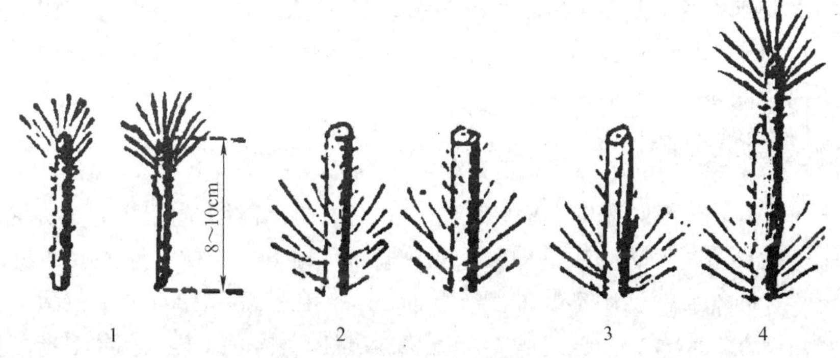

图6-8 髓心形成层新对接法

1—接穗 2—剪砧 3—切砧 4—砧穗结合

项目2 芽接

学习目标

1. 掌握芽接的时间。
2. 掌握不同芽接方法的技术要领。

【学习任务】

1. 任务描述

选择适宜的树种进行芽接练习，掌握芽接技术。

2. 任务流程图

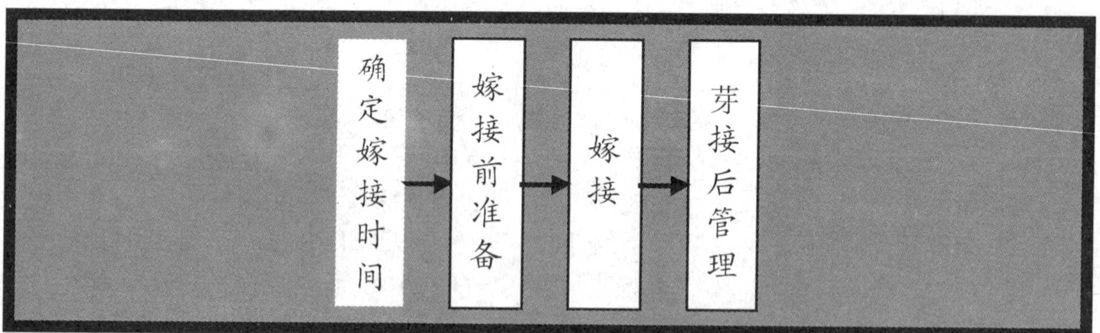

【环境设备】

材料：接穗（芽）、接蜡、塑料薄膜、湿布等。

用具：修枝剪、芽接刀、双刃芽接刀、手锯等。

【学习过程】

用芽作接穗进行的嫁接称为芽接。芽接的优点是节省接穗，一个芽就能繁殖成一个新植株，对砧木粗度要求不高，1年生砧木就能嫁接，技术容易掌握，效果好，成活率高，可以迅速培育出大量苗木。即使嫁接不成活对砧木生长影响也不大，可立即进行补接。常用的芽接方法有带木质部嵌芽接、T形芽接、方形芽接等。

一、确定嫁接时间

T形芽接、方形芽接最好在木本植物的韧皮部与木质部能够剥离的夏、秋季节进行。当年成苗的如红叶李、紫叶矮樱芽接一般在5月中旬~6月下旬。秋季芽接要掌握好时间，芽接过早，接芽发育尚未充实，砧木又处于旺长阶段，体内积累养分较少，成活率低，并且接芽当年萌发后，易发生冻害。芽接过晚，生理机能减弱，不易离皮，愈合困难影响成活。一般以8月至9月上旬芽接最好。

带木质部嵌芽接通常在春季砧木刚开始萌动时进行，如板栗、柿树、黄金槐等树种嵌芽

接可选在3月中旬至4月中旬。

二、嫁接前准备

和枝接一样，芽接前要准备好嫁接工具，如嫁接刀、修枝剪、手锯、磨石、接蜡等，剪好塑料薄膜条或其他绑扎材料。

嫁接前半个月应给砧木苗除草、松土、施肥，如遇干旱应在嫁接前5天灌水，以保证砧木有充足的水分，使砧木的树皮容易剥离。

接穗采集后，为了防止水分蒸发，只保留长0.5cm左右的叶柄，叶片全部剪去，放入水桶或用湿润的毛巾包裹等方法作短时间的保存。如需长途运输，要先用浸湿的材料包裹接穗，保持接穗湿润。运输途中还要经常检查，不断补充水分，防止接穗失水。对暂时不用的接穗，要放在凉爽、湿润的条件下贮藏备用。

三、嫁接（以T形芽接为例）

T形芽接是目前应用很广泛的一种嫁接方法，在夏季进行。芽接时接芽应选取接穗中段充实饱满的芽，上端的嫩芽和下端的隐芽都不宜采用（图6-9）。芽片的大小要适宜，芽片过小，与砧木的接触面小，难以成活；芽片过大，插入砧木切口时容易损伤，造成接触不良而降低成活率。特别要注意，接芽必须具有维管束（俗称芽垫），它是接芽与砧木之间进行水分与营养物质交流的通路，没有它则难以成活。

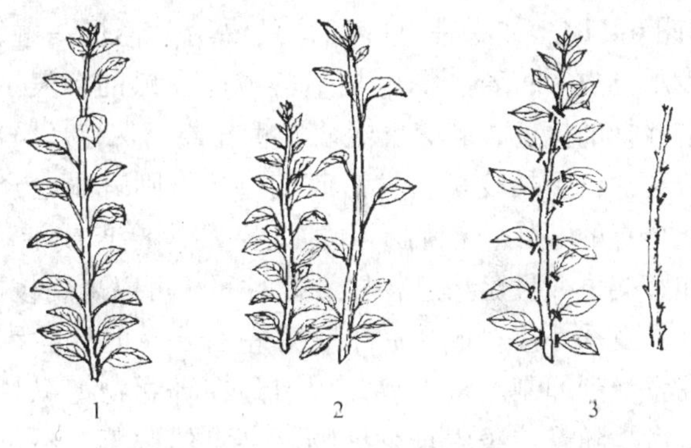

图6-9　生长季节接穗和接芽

1—适宜做接穗的新梢　2—不适宜做接穗的新梢　3—去除叶片

T形芽接方法如图6-10所示。

（1）取接芽　在已去掉叶片仅留叶柄的接穗枝条上，选健壮饱满的芽。在芽上方1cm左右处先横切一刀，深达木质部。再从芽下1.5cm左右处，从下往上削，略带木质

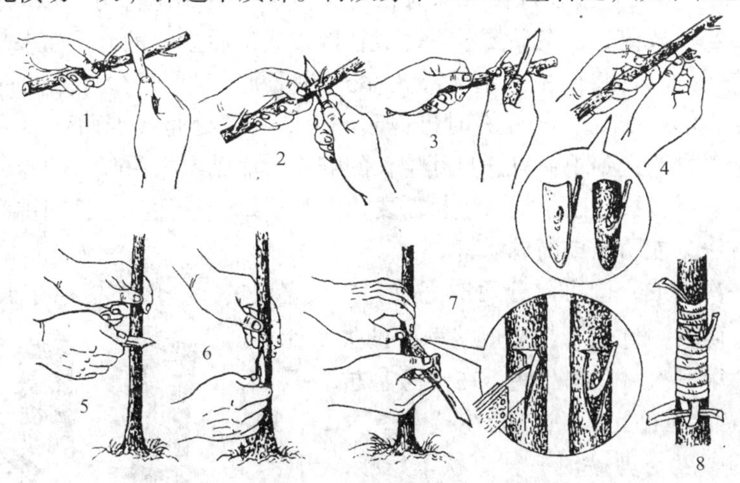

图6-10　T形芽接示意图

1、2、3、4—取接芽片　5、6—砧木切口　7—撬开皮层嵌入芽片　8—用塑料条绑扎

部，使刀口与横切的刀口相连接，削成上宽下窄的盾形芽片。用手横向用力拧，即可将芽片完整取下。

（2）切砧木　在砧木距离地面 7～15cm 处或满足生产要求的一定高度处，选择背阴面的光滑部位，去掉 2～3 片叶。用芽接刀先横切一刀（稍长些），深达木质部。再从横切刀口往下垂直纵切一刀，长约 1～1.5cm，刀口仅把韧皮部切断即可，不要太深，在砧木上形成一 T 形切口。切砧木切口时要注意，刀子不要在砧木上乱划动，以防形成层受到破坏。

（3）插接穗　左手拿接芽片，捏住叶柄并使其朝上，右手拿嫁接刀，用芽接刀骨柄轻轻地挑开砧木的韧皮部，迅速地将接芽插入挑开的 T 形切口内，压住叶柄往下推，接芽全部插入后再往回推一下，使接芽的上部与砧木上的横切口对齐。手压接芽叶柄，用塑料条绑扎紧即可。绑扎时先从芽上或芽下开始均可，叶柄应留在外边。

四、芽接后管理

芽接后除进行常规管理外，还应注意以下事项：

1）检查成活率。夏季芽接，接后 7～15 天即可检查成活率（图 6-11）。如果带有叶柄，只要用手轻轻一碰，叶柄即脱落的，表示已成活；若叶柄干枯不落或已发黑的，表示嫁接未成活。不带叶柄的接穗，若芽已经萌发生长或仍保持新鲜状态的即已成活；若芽片已干枯变黑，没有萌动迹象，则表明已经嫁接失败。秋季或早春的芽接，接后不立即萌芽的，检查成活率可以稍晚进行。如芽接失败且已错过补接最好时间，可以采用枝接补接。

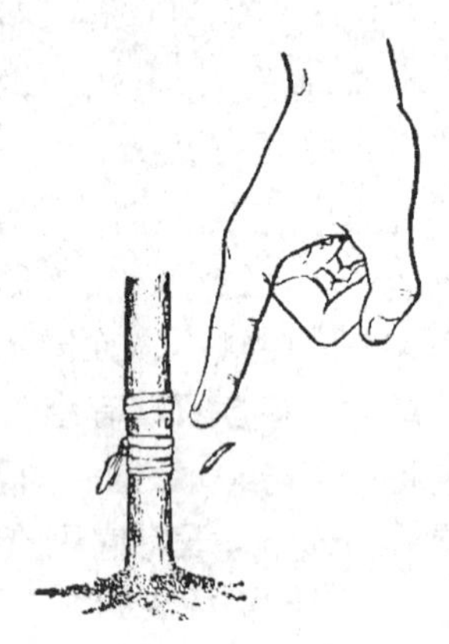
图 6-11　检查芽接成活

夏季芽接在成活后半个月左右要及时解除绑扎物，以免接穗发育受到抑制。松绑只需用刀片在绑缚物上纵切一刀，将其割断即可，随着枝条生长绑缚物就会自然脱落，不可划刀过深，以免将砧木划破。秋季芽接当年不发芽，解除绑扎物可以稍晚，只要不影响接芽萌发即可。

2）及时剪砧。剪砧是指在嫁接育苗时，剪除接穗上方砧木部分，以利接穗萌芽生长。芽接后当年萌发当年成苗的，剪砧要早，一般在嫁接成活后立即进行。如果嫁接部位以下没有叶片，可以先折砧（即将砧木的木质部大部分都折断，仅留一少部分的韧皮部与下部相连接），等接穗芽萌发长至 10cm 左右时再剪砧。折砧的好处是接穗萌芽前，砧木的叶片仍然可以继续创造养分输送到根系以满足其生长的需要，而砧木根系吸收的养分则不能运送到折断部分以上，只供接穗和砧木根系生长需要，有利于嫁接成活。尤其如桃、杏等，用先折砧、再剪砧的方法，能明显提高成活率。

剪砧可以一次完成，也可以分两次完成。一次完成的，一般在接穗芽上 1cm 左右，过高不利于接穗芽萌发，过低容易造成接穗芽的失水死亡。分两次完成的，第一次可以稍高些，在接穗上方 2～3cm，第二次在正常位置剪砧。折砧一般在接芽上方 2～3cm 处，折后再剪的高度与剪砧时一样。秋季嫁接，当年不需萌发而要在翌春才萌发的，应在萌芽前及时剪砧。剪砧位置示意图如图 6-12 所示。

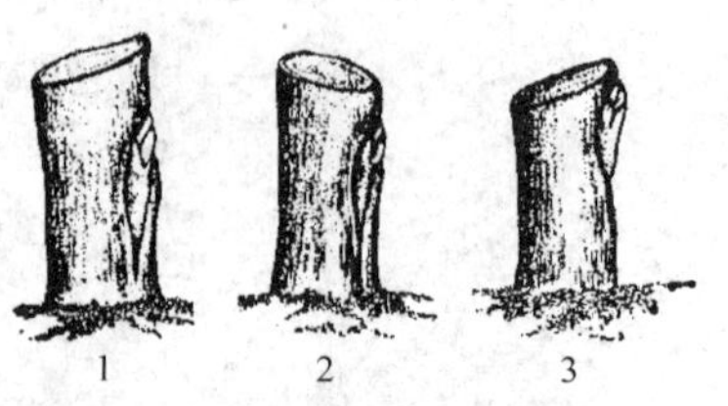

图 6-12　剪砧位置示意图

【质量评价标准】

项目质量考核要求及评分标准见表6-3。

表6-3　项目质量考核要求及评分标准

考核项目	考核要求	配分	评分标准	扣分	得分	备注
嫁接时间	因树、因地确定芽接时间	10	芽接时间确定不适宜，扣10分			
接前准备	1. 接穗数量准备充分，接芽大小适宜、生活力强 2. 工具准备充分 3. 圃地、砧木适宜嫁接	25	1. 接穗干燥、接芽过大或过小、活力差、不符合嫁接要求，扣10分 2. 工具准备不充分，如嫁接刀不够锋利等，扣5~10分 3. 圃地、砧木不符合嫁接要求，扣5分			
嫁接技术	1. 接芽处理方法正确 2. 砧木处理方法正确 3. 形成层要求对齐 4. 绑扎方法正确	45	1. 接芽饱满，盾形芽片上宽下窄，带维管束，否则扣10分 2. 砧木T形切口长度、深度适宜，树皮不损伤，否则扣10分 3. 砧芽横切口对齐，否则扣15分 4. 砧芽绑扎紧实，否则扣10分			
接后管理	1. 能准确判断芽接是否成活 2. 能适时进行补接、解绑、除萌除蘖、立支柱，进行常规管理	20	1. 不能判断芽接是否成活扣10分 2. 不能适时进行补接、解绑、除萌除蘖、立支柱等常规田间管理扣10分			

【扩展与提高】

其他芽接方法介绍

1. 方形芽接

方形芽接取接芽块大，与砧木形成层接触面积大，成活率较高，多用于柿树、核桃等较难嫁接成活的植物。生产中专门有“工”字形芽接刀来进行方形芽接，可以提高工效，如图6-13所示。

取接芽，用“工”字形芽接刀在饱满芽等距离的部位横切一下，深达木质部；再在芽位两侧各切一刀，也深达木质部，将接穗取成一长方形的接芽块。

在砧木上适当高度，选一光滑部位，去掉几片叶片。用“工”字形芽接刀切横向的两个切口，再在两切口中间或一侧纵切一切口（仅把韧皮部切断）。纵切一刀在中间的，切口成“工”字形状，砧木韧皮部可以向两侧打开的，叫“双开门”，纵切在一侧，切口成“]”形状，砧木韧皮部只能向一侧打开的，叫“单开门”。

用刀尖从切口处轻轻将砧木皮部挑起，把长方形的接芽嵌入，然后把砧木皮层覆盖在接

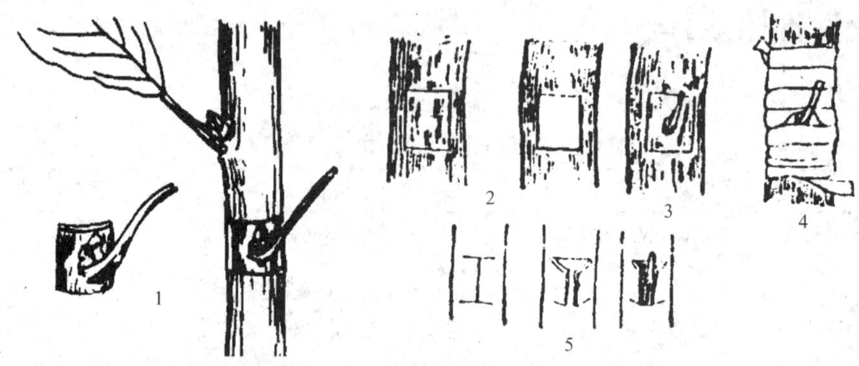

图 6-13　方形芽接示意图

1—取接芽　2—切砧木　3—嵌入芽片　4—绑扎　5—“工”字形砧木切削及芽片插入

芽上，用塑料条绑扎紧。

2. 嵌芽接

此种方法不仅不受树木离皮与否的季节限制，而且用这种方法嫁接，接合牢固，利于嫁接苗生长，已在生产上广泛应用。方法如图 6-14 所示。

(1) 取接芽　接穗上的芽，自上而下切取。先从芽的上方 1.5～2cm 处稍带木质部向下斜切一刀，然后在芽的下方 1cm 处横向斜切一刀，取下芽片。

(2) 切砧木　在砧木选定的高度上，取背阴面光滑处，从上向下稍带木质部削一与接芽片长、宽均相等的切面。将此切开的稍带木质部的树皮上部切去，下部留 0.5cm 左右。

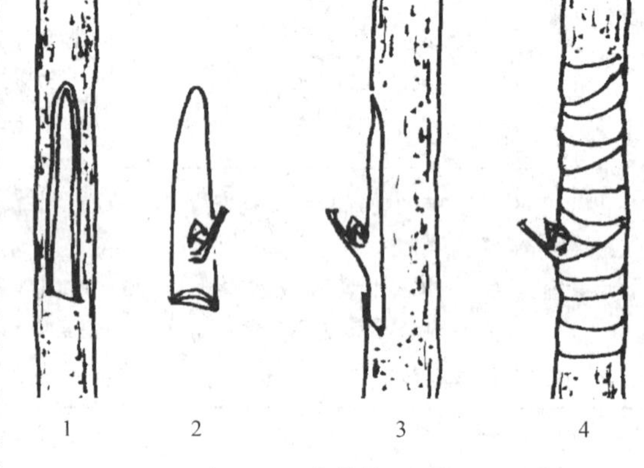

图 6-14　嵌芽接示意图

1—切砧木　2—取接芽　3—插入芽片　4—绑扎

(3) 插接穗　将芽片插入切口使两者形成层对齐，再将留下部分贴到芽片上，用塑料条绑扎好即可。

【单元复习题】

1. 案例分析

(1) 在育苗中，嫁接苗木的接穗，到了萌动生长的春季，长出几片新叶和一段短梢后，在无其他因素影响的情况下，停止生长并枯萎死亡，这种现象叫做“假活”。试分析出现“假活”现象的原因和应采取的相应措施。

提示：嫁接苗“假活”主要原因，一是嫁接时砧木和接穗不亲和，不能形成愈伤组织，或形成愈伤组织后不能连通输导组织，或其他物质引起导管或筛管阻塞，不能进行营养交换。解决的办法是选用与嫁接品种亲和力好、适应性强的砧木。二是嫁接方法不对，如在春季高接不是以切接为主，而是以腹接为主。因腹接过多，芽成活后在与砧木争夺养分中处于劣势而导致夭折。解决的办法是选择生长直立向上，生长势强的砧木侧枝进行补接。三是嫁接操作不认真，嫁接时砧穗二者的形成层没有对齐贴紧，或接触部分太少，发叶抽梢用完接穗中的水分和养分后，砧木不能及时供应水分和养分而导致死亡。因此，在嫁接时，操作人员应严格按照操作规程进行嫁接，不能马虎图快。四是剪砧过早，初春播种培育砧木苗，夏秋嫁接的苗木，接活后一次剪砧，结果连砧木一起死亡。其原因是剪砧后，接芽和砧木因无叶片制造养分而“饿死”。解决办法是在接活后 10 ~15 天，在接口上 5cm 处“折砧”，即把砧木主干折断 2/3，留下 1/3 连着，使上部叶片继续制造养分供给接芽抽枝和维持砧木生长，待接芽发出的枝条长到 30cm 左右时，能制造养分后再剪砧。另外，嫁接时注意在接口下留 4 ~5 片完好、健壮的叶片，剪砧后由下部叶片制造养分来供给接芽和砧木生长。

（2）近年来，部分不法苗木商家以实生苗冒称嫁接苗的事情常有发生。造假者惯用伎俩有：一是接穗假，部分苗木生产商家为了减少支出，不采用良种接穗，而是直接用本圃本株的实生苗做接穗进行嫁接，这样嫁接成活率确实提高了，成活后接穗与砧木的颜色也不一样，就是专业人员在落叶后也难分出真假。二是接穗劣，嫁接接穗正常是从良种采穗圃采条，随采随嫁接，造假者往往会用一般的品种取而代之，或是把不能利用的新品种秋梢、副梢上的瘪芽做接穗、接芽，质量大为降低。三是人工造假，有的苗木生产者，直接用芽接刀在砧木上的一个侧芽周围深刻成长方形、盾形或 T 形伤痕，外形和嫁接口愈合相似，其侧芽长成植株后冒充嫁接苗；有的虽采用优良母树接穗嫁接，但接芽没有成活，于是在嫁接点附近选一萌芽培育成苗。试根据所学内容分析怎样鉴别真假嫁接苗。

提示：一是从嫁接口上区别，嫁接苗有嫁接口，无嫁接口的是实生苗。优质嫁接苗伤口愈合紧密，嫁接苗在接口处都有愈伤组织存在，嫁接后形成 V 形愈伤组织的是真嫁接苗。V 形内部尖端较外部突出较多，里外颜色也不同，V 形下端成一锐角，无剪口状的交叉现象，接口上部明显比下部粗。劣质嫁接苗嫁接伤口不够紧密，栽植后难以成活。假嫁接苗 V 形愈伤组织内部尖端和外部一样，里外颜色一样，V 形下端有时出现剪刀状的交叉线，接口上下一样粗或上细下粗。二是从外观上区别，真嫁接苗芽体饱满呈圆形，砧木与接穗的气孔、皮色、节间长短明显不一样，假嫁接苗萌芽抽条处外皮皱纹多，接口上下部分芽眼、皮孔、皮色、芽棱一样，芽体瘦弱，呈长尖状。三是从枝条上区别，一般用盛果期母树做接穗嫁接的，分枝多，开张角度大；而实生苗因其生活力和顶端优势强，抽出的新枝直立，开张角度小。

2. 思考与练习

（1）嫁接苗有什么优点？

（2）嫁接育苗选择砧木应考虑哪些条件？

（3）为何核桃、柿、松树等嫁接比其他树种成活困难？

（4）试述影响嫁接成活的因子。

（5）试述接穗的采集与贮藏要求。

（6）劈接的技术要领有哪些？

（7）T 形芽接的技术要领有哪些？

（8）练习并熟练掌握几种嫁接方法。

单元7 其他营养繁殖育苗技术

分株育苗是利用植物的再生能力，人为地将植物体上长出来的新个体与母体分离，另行栽植培育成独立植株的繁殖方法。在生产中，有些树种有很强的根蘖和茎蘖能力，如刺槐、香椿、臭椿、银杏等，常在根部产生不定芽，不定芽长出地面形成一些未脱离母体的小植株，这就是根蘖；又如牡丹、腊梅、迎春、贴梗海棠、月季、玫瑰等灌木，能在茎的基部长出许多茎芽，形成许多不脱离母体的簇生小植株，这就是茎蘖。分株繁殖具有保持母本的优良性状、成活率高、成形早、见效快、简单易行等优点，但繁殖系数小，苗木规格不整齐，不便于大面积生产，多用于丛生性强、少量繁殖的名贵花木。

压条育苗是将未脱离母株的部分枝条或茎蔓压埋入土（基质）中，促其局部生根后，再切离母体培育成苗的方法。这种繁殖方法由于枝条不与母体分离，所需的水分和养分均由母体供给，而埋入土中（基质）的部分又有黄化作用，所以生根比较可靠。压条繁殖能保持母本的优良性状，操作技术简便，成活率高，但繁殖量不大。多用于扦插难以生根或一些易萌蘖的园林树木，如玉兰、桂花、山茶、贴梗海棠、樱桃等，常结合树木整形修剪进行繁殖。

项目1 分株育苗

学习目标

1. 掌握分株育苗的时间。
2. 掌握分株育苗技术。

【学习任务】

1. 任务描述

根据育苗对象的生物学特性，进行分株育苗。

2. 任务流程图

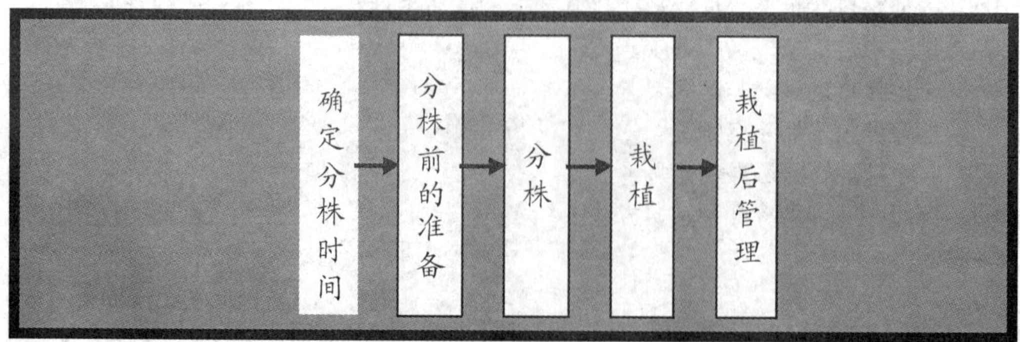

【环境设备】

材料：适宜于分株的树木2～3种。

用具：铁锹、锄头、斧子或劈刀、修枝剪、手锯等。

【学习过程】

牡丹是我国传统名花，素有“国色天香”之誉。牡丹是丛生状灌木，很适合分株，本项目以牡丹为例学习分株育苗技术。

一、分株时间

分株通常在春季和秋季进行，一般春季开花的树木多在秋季落叶后进行，夏秋开花的多在早春萌芽前进行。牡丹早春萌发很早，一般4～5月开花，每年7～8月底为花芽分化期，适宜分株繁殖的时间是在每年的秋分到霜降期间。此时，气温和地温较高，牡丹处于半休眠状态，根部生长尚未停止，分株后根部容易愈合，还能生出一些新根和少量的株芽。若分株过迟，根部伤口就难以愈合，当年根部生长很弱，或不发生新根，次年春，植株发育更弱，根弱则不耐旱，容易死亡。如分株过早，气温、地温较高，分株后仍能萌发新叶，消耗养分，影响来年生长和开花。我国有“春季栽牡丹，到老不开花”的说法，说明牡丹适时分株的重要性。

二、分株前的准备

牡丹是肉质根类植物，适宜生长在深厚、疏松富含有机质的土壤中。栽培地点一般选择在地势稍高，排水良好，阴凉、肥沃的地段。分株前要精细整地，可适量施以土杂肥做基肥，整地时要深翻，耙土碎细，以利于牡丹根系下扎。

用于分株的牡丹母株应选择生长健壮的4～5年生株丛，分株前对枝干上的老枝、枯枝、病枝、残枝、败叶等，可先行修剪。

三、分株

因牡丹根较深，挖时要离根远些，挖得深些，以离根50～60cm处下挖为宜，挖根的深度应为60～80cm。先扒开牡丹蔸部周围的土，然后将牡丹整蔸挖出，挖出后轻轻抖落牡丹根部附土，可剪去部分大根及中等根（亦可不剪），小根全部保留，并剪去所有带病黑根。牡丹根系肥大，容易折断，掘起后置阴凉处晾晒1～2天，待根变软后用手从根系纹理交接之处把种株从其根颈部分开，必要时使用利刀劈开，使每一新分子株保留适当根系和蘖芽。分劈后，伤口最好用硫磺粉或1%浓度的硫酸铜溶液消毒，以防感染病害。每株分子株多少以原株大小而定，大者多分，小者少分，一般可分出3～6个子株，每子株3～5个枝条（最少不能少于2枝），2～3条根。分株时注意把根系和芽苞保护好，切勿折断和碰伤。

四、栽植

栽植观赏用的牡丹，株行距为1～1.5m，用于商品生产的，株行距60～80cm。

栽植深度与苗木原来栽的深度相同，不宜过深或过浅。过深则植株生长不良，叶片发黄，根系易腐烂；过浅则根颈外露，影响发根和萌芽，也不耐干旱和严寒。栽植时，将新分子株放置在事先备好的穴上，把根理直，不可扭曲，然后用湿润的肥土把根按紧。植株顶端留1～2个芽苞外露，便于发芽。栽好覆土并踩实，浇1～2次透水，使土壤完全沉实，与根紧密接触。

五、栽植后管理

牡丹在分株繁殖移栽以后，管理尤其重要。一是要防止人畜践踏，特别要保护好花芽。二是移栽成活后，每年早春要施肥压节。方法是用火烧土、土杂肥加少量复合肥，从蔸部往上培肥培土，要培至植株上部只露出地面20cm。通过施肥压节的植株，会从芽梢部位长出根来，促使枝繁叶茂，根多皮厚。

华北地区冬季天气寒冷，第一年要做好越冬保护工作，用2～3层旧报纸将植株包裹即可。裹前要先用草绳将枝条捆拢，捆前用剪刀把叶子剪去，保留一部分叶柄，保护芽不至碰坏。第二年3月中、下旬再打开。

【质量评价标准】

项目质量考核要求及评分标准见表7-1。

表7-1　项目质量考核要求及评分标准

考核项目	考核要求	配分	评分标准	扣分	得分	备注
分株时间	1. 熟知分株对象的生物特性 2. 分株时间确定适宜	20	1. 不熟悉分株对象的生物特性，扣10分 2. 分株时间不适宜，扣10分			
分株前的准备	1. 土壤条件适合分株与栽植 2. 母株选择适宜	30	1. 土壤条件不适合分株与栽植，扣10分 2. 母株选择不适宜，扣20分			
分株	1. 挖取母株规范 2. 分开的子株根、枝、芽符合要求	40	1. 挖取母株时损伤过多，扣20分 2. 肉质根类挖取母株后不晾晒扣10分，切口不消毒扣5分 3. 分开子株时伤根、芽，扣15分			
栽植	1. 栽植技术规范 2. 栽植后管理到位	10	1. 栽植技术不规范，扣5分 2. 栽植后管理不到位，扣5分			

【扩展与提高】

木本植物常用分株方法

1. 茎蘖分株法

主要用于黄刺梅、玫瑰、珍珠梅、绣线菊、迎春、贴梗海棠等茎基部能长出许多茎芽并形成灌木丛的灌木。

分株时可将母株连根挖取，用利刀或利斧把株丛分成几份，每份上都有根系，略经修剪后分别栽植，各自即可长成新植株。也可将株丛根部周围的土壤挖开，用利斧劈下一些带根的株丛，进行栽植，再将母株根部用土掩盖好，如图7-1所示。

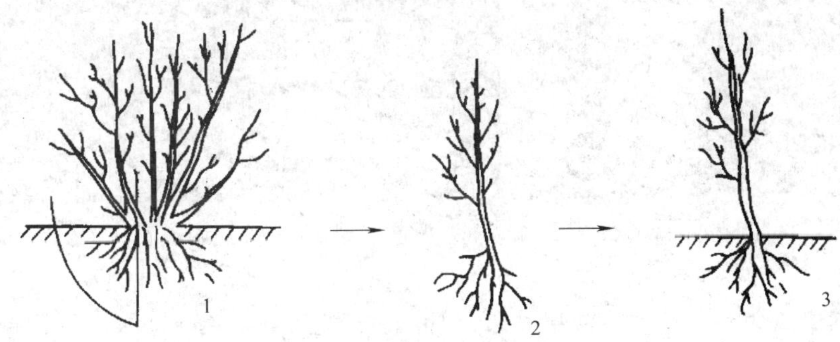

图7-1　茎蘖分株

1—切割　2—分离　3—栽植

2. 根蘖分株

这是利用树木根系周围能萌生根蘖的特点，将根蘖苗从母株上分离下来，栽植形成新植株的方法。主要用于枣、银杏、香椿、刺槐、桑等易萌生根蘖的树种。

分株时将母株的根蘖挖开，露出根系，用利器将根蘖株带根挖出另行栽植，如图7-2所示。

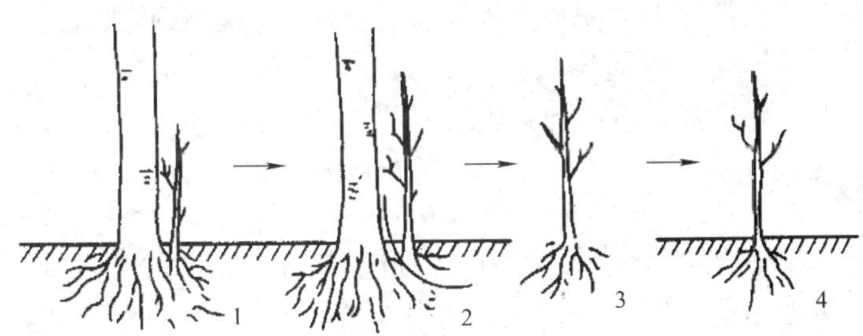

图7-2　根蘖分株

1—长出的根蘖　2—切割　3—分离　4—栽植

项目2　压条育苗

学习目标

1. 掌握压条的时间。
2. 掌握压条技术。

【学习任务】

1. 任务描述

本项目的任务是根据育苗对象的生物特性，进行高空压条育苗。

2. 任务流程图

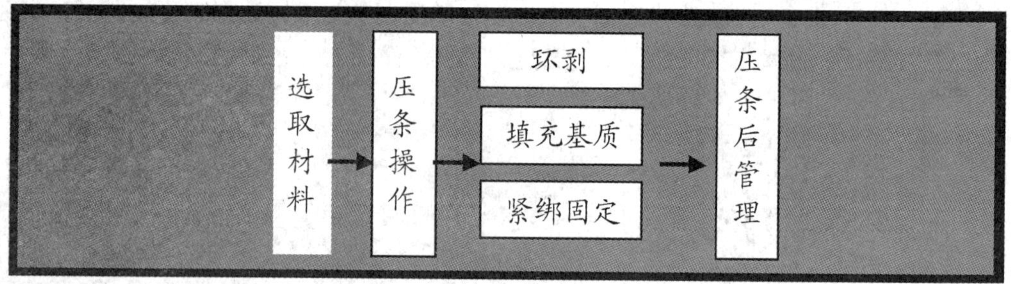

【环境设备】

材料：适宜于压条的植株、栽培基质（如调好的黄泥土）等。

用具：修枝剪、芽接刀、手锯、生根粉、塑料薄膜、竹筒、绳子等。

【学习过程】

高空压条，是在枝条上环状剥去皮层，并在环剥圈周围包裹培养基质。这样，从根系吸收的无机盐和水分仍然能通过枝条中的导管输送给环剥圈以上的枝条，但是环剥圈失去了韧皮层，环剥圈以上枝叶光合作用产生的碳水化合物等有机营养却不能回馈给植株，而不断积累，这有利于在环剥区形成愈伤组织并促使发根。高空压条后枝条的新根由基质包裹，剪下定植不会伤根，高空压条过程中无需特别管理，维持包裹基质不干就行。主要用于枝条坚硬不易弯曲、树身较高、不易产生萌条的树种，如山茶、樱花、白玉兰、广玉兰、桂花、梅花、印度橡皮树、木本绣球等。本任务以红叶李为例学习高空压条育苗技术。

一、选取材料

红叶李是园林绿化中应用的重要树种，花、叶、果都有很高的观赏价值，多用于草坪绿地点缀。在苗圃上多采用桃、李、杏做砧木嫁接繁殖。由于红叶李一年生枝条细弱，芽较小，小枝皮层又薄，劈接和芽接都不易操作。结合疏枝修剪，利用过密过高的枝条进行高空压条，一方面修整了树形，另一方面还可以缩短育苗周期，提前出圃，是红叶李无性繁殖的一条简捷途径。

压条时选择枝条稠密或生长过高过快的成年母树枝条，压条枝要有一定的粗度，以便能够支撑起足够重量的基质。一般以 3 ~4 年生成熟健壮、芽饱满的枝条为好，压条枝须无病虫害，压条部位枝皮光滑无伤痕。

二、压条操作

1. 环剥

春季 4 ~5 月份，待叶子全部发齐，即可开始压条操作。在压条部位用芽接刀刻划间距 1 ~2cm 的两道刻痕，深至木质部，然后把树皮轻轻环剥掉，环剥圈涂生根促进剂。

2. 填充基质

接着用塑料薄膜在距下刀口 4 ~5cm 处捆绑、套袋，袋内填充湿润的苔藓或调和好的黄泥浆等基质，基质要求通透性好，有一定的蓄水性，不能用纯珍珠岩、蛭石、腐叶土、河沙等基质，应以高压生根后剪开袋时基质仍结团不散为准。将基质捏成长椭圆形包住枝条，使伤口处在基质中部偏下位置，由于重力作用基质下垂恰好能使基质紧紧包住伤口部位。

3. 紧绑固定

最后把上口扎住，将塑料袋和基质捆绑树枝上，上口注意不要系死，在以后的管理过程中要经常解开上口检查和补充水分。

三、压条后管理

经常检查基质，用手轻按塑料袋，感觉基质柔软，说明包扎较好，不透气，基质较湿润。若用手按塑料袋压不动，说明基质没有包扎好，已经变干，应注入适当的水，在外面再重新套一层塑料袋包扎好。

如果枝条不堪负重，可以用细杆支撑，或用细绳牵挂在粗枝上。注意不要让塑料袋破损透气或由于包扎不紧而透气，那样会使基质变干，枝条不易生根。

大约一个月后伤口愈合并开始生根。待到秋季树叶脱落，在霜降后用枝剪于基质下端将枝条剪断，小心解开包扎的塑料袋，移植于圃地中。注意不要把基质碰碎，以免拉断新生的幼根，不利于成活。

高空压条示意图如图 7-3 所示。

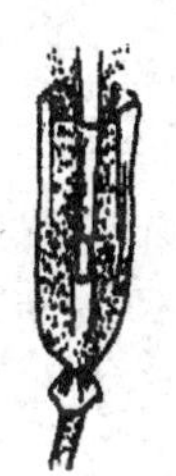

图 7-3　高空压条示意图

【质量评价标准】

项目质量考核要求及评分标准见表 7-2。

表 7-2　项目质量考核要求及评分标准

考核项目	考核要求	配分	评分标准	扣分	得分	备注
选取材料	1. 选取树种适宜压条 2. 压条枝健壮	20	1. 选取树种不适宜压条扣 10 分 2. 压条枝细弱、老化扣 10 分			
压条操作	1. 环剥宽度适宜 2. 生根处理准确 3. 填充基质符合要求 4. 基质枝条绑扎良好	60	1. 环剥宽度不适宜扣 15 分 2. 填充基质过干或过湿扣 15 分 3. 塑料薄膜破损扣 15 分 4. 基质枝条绑扎不牢固扣 15 分			
压条后的管理	1. 基质保持湿润 2. 及时切离母体	20	1. 基质干燥扣 10 分 2. 生根后不及时切离母体扣 10 分			

【扩展与提高】

压条方法简介

1. 普通压条

选择靠近地面而向外开展的1～2年生枝条。压条前先对枝条要埋入土中的部位进行刻伤或环剥，并结合涂抹生根促进剂处理，以刺激生根。再将枝条处理的部位弯入土中，使枝条梢端向上。为防止枝条弹出，可在枝条下弯部分压砖石或插入小木叉固定，再盖土压紧，生根后切割分离。绝大多数树木、藤本都可采用此法繁殖。

2. 水平压条

主要用于葡萄、紫藤、连翘、扶芳藤等藤本和蔓性树木。压条时选取生长健壮的1～2年生枝条，开沟将枝条平埋于沟内，并用竹钩和木钩固定。被埋枝条生根发芽后，将两株之间的地下相连部分切断，使之各自形成独立的新植株。

3. 波状压条

适用于地锦、常春藤、凌霄、金银花等枝条较长而柔软的蔓性植物。压条时将枝条成波浪状曲折埋入土中，待地上部分发出新枝，地下部分生根以后，再切断相连的波状枝，形成各自独立的新植株。

4. 雍土压条

又称堆土压条、培土压条。主要用于萌蘖性强和丛生的灌木，如贴梗海棠、八仙花、无花果、玫瑰、黄刺梅等。此法是对要压条的株丛先进行重剪，促其萌发多数分蘖。第二年将萌发枝条基部刻伤，并在周围堆土呈馒头状。待枝条基部根系充分生长后切离，重新栽植。

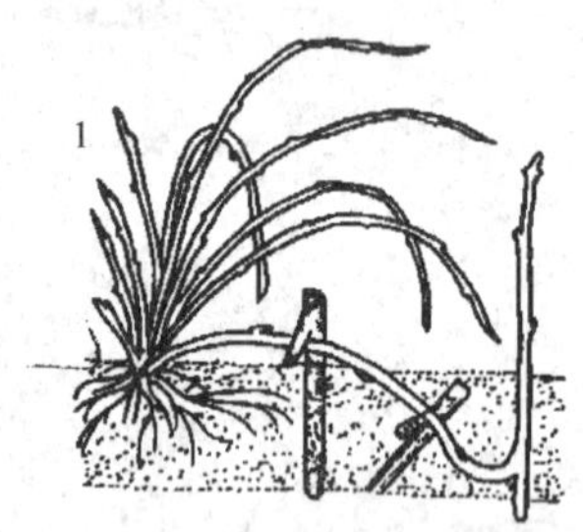

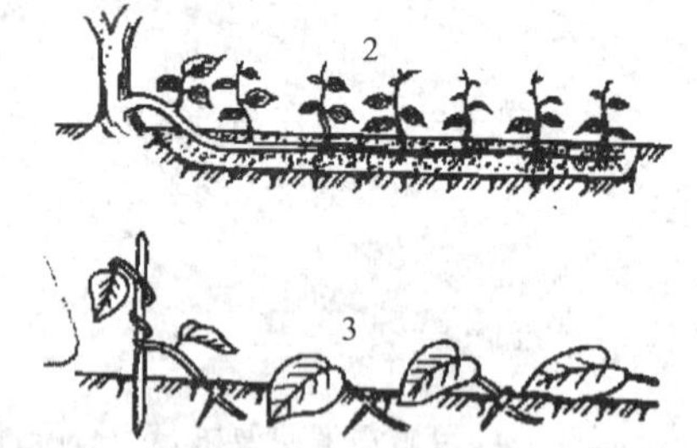

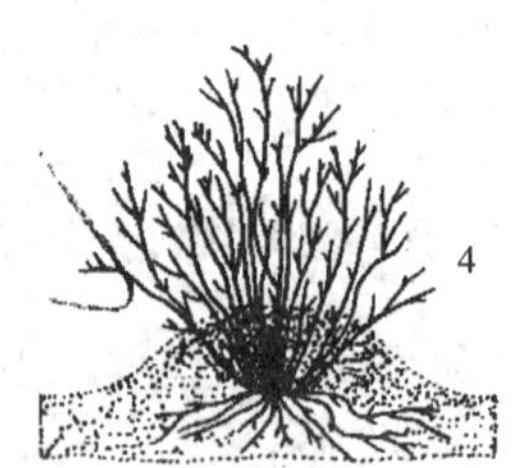

图7-4 压条育苗

1—普通压条 2—水平压条 3—波状压条 4—雍土压条

【单元复习题】

思考与练习

（1）什么是分株育苗？

（2）分株育苗适用于什么树种？

（3）举例说明怎样进行分株育苗？

（4）什么是压条育苗？哪些树种适用于压条育苗？

（5）如何进行高空压条育苗操作？

（6）结合当地实际练习分株育苗和压条育苗。

单元8 造型苗木培育

随着近年来人们对园林景观多样性的渴求，造型植物在园林绿化中的应用也日益广泛，市场对造型苗木（图8-1）的需求正日益增长。一些有前瞻性、有实力的苗木企业开始将目光投向造型苗生产，造型苗木已逐渐成为苗木产业发展的一种新趋势。

图8-1 造型苗木图

1. 苗木造型的基本概念

修剪是指对植株的某些器官，如芽、干、枝、叶、花、果、根等进行剪截、疏除或其他处理的具体操作。整形是指为提高园林植物观赏价值，按其习性或人为意愿而修整成为各种优美的形状与树姿。

盘扎是指根据造型需要，将枝条进行绑缚牵引使其弯曲改向的措施。盘扎在造型中常用，多在树木生长季节进行。编扎是根据造型需要，将一株、几株或数十株树木长在一起的枝条交互编扎而形成预想形状的措施。编扎多在早春枝条萌芽前进行，编扎成型后，还需经常修剪、养护。

苗木造型是指采用修剪、盘扎等措施，使园林苗木育成预期优美的形状。经过造型的苗木，称为造型苗。园林中恰当地应用造型苗木，可得到良好的艺术效果。

园林苗木造型，按照其形体的不同，可以分为三种类型。

（1）规则几何形体的类型　该类型一般具有较明显的规则或对称的轮廓线，此种形式在欧洲园林中运用较为普遍，常选用枝叶生长茂密的植物，如桧柏、黄杨等树种，经修剪、绑扎成各种规整的几何形体，如球形、方形、塔形、圆柱形、拱门等。

（2）动物、植物、物体等形象造型的类型　该类型是以自然界各种生动活泼的动物、植物或其他物体等形象为题材，选用侧枝茂密、枝条柔软、叶片细小且耐修剪的木本植物，如桧柏、龙柏、紫薇等，经过扭曲、绑扎、修剪成各种艺术造型。通常将此植物造型称为“绿雕”。这一类造型有动物造型，如“十二生肖”、孔雀开屏、狮子踩球、母子鹿、猫头鹰、飞鸟等；有植物造型，如蘑菇等；有其他物体造型，如花瓶、字体、旗帜、飞机、汽车等；有建筑物造型，如塔、亭等。

（3）绿雕组合造景的类型　这种类型是将多株植物进行组合造景，通常先经过构思立意，将多株木本植物材料事先定植，然后进行绑扎、修剪和造景，如“园亭”的造型，就是由几株桧柏按照一定距离定植，以树干作为亭柱，将上部枝叶相互搭接缚扎，形成四个翘角的园亭。又如一道带有圆洞门的“龙墙”，它是将一行原先定植的桧柏进行整体设计，经精心绑扎、修剪，艺术加工而成的。

2. 园林苗木造型的基本原理

（1）苗木造型的依据

1）根据设计的意图（即造型或造景的构图意境）来进行造型。

2）根据苗木的生长特性来进行造型，不论是绑扎，还是修剪，只有与每个树种所固有的、特定的自然形态特征，植物枝条的韧性，植物的萌芽能力，枝叶生长情况和耐修剪程度相吻合的时候，造型才能获得完美的艺术效果。

3）根据树龄树势、造型反应等来进行造型处理。

（2）苗木造型的程序　苗木造型的程序一般是选材→命题→设计→制作→成型→培育。

1）首先以树形确定命题，并构思出造型图。

2）以苗木的高度、冠径及枝叶状况确定各部位的比例尺寸。

3）按图形尺寸初步绑扎造型轮廓，然后进行修整固定。

4）定型后进行粗剪成型，让其自然生长。

5）追肥、喷水，保持树干、树叶的湿度，促使新生叶芽的生长。

6）第二年可以松绑、精心修剪。

7）每年追肥 1 ~ 2 次，适时修剪，保持造型和良好的生长势。

（3）苗木造型的方法

1）整形方法。可以概括为“栽、扭、绑、扎、放”。

① 栽。根据造型要求与苗木特性采用斜栽等方式，是直干形成曲干的一种有效措施。

② 扭。使枝条曲折形成各种艺术造型，常在早春芽萌动初期进行。处理时可先用左手的大拇指抵住需要弯曲的部位，左手其余四指与大拇指相互紧握住树枝，然后，用右手的五指紧握枝条上部，二手相扣，以相反方向扭转，达到预先设计的曲折程度后，在折曲处的斜面进行固定。

③ 绑。即变更枝条生长方向和角度，在树枝扭曲处的斜面上实行绑缚定位的一种技术措施。一般可用麻绳或金属丝绑缚固定。

④ 扎。是变更枝条伸展方向，以达到调整树势的一种技术措施，一般可用金属丝扎制固定。

⑤ 放。营养枝不剪称为放，分为长放和甩放。长放适宜于长势中等的枝条，长放的枝条留芽多，抽生的枝条也相对增多，可缓和树势，促进花芽分化。丛生灌木常应用甩放，如连翘，在树冠上方往往甩放 3 ~ 4 根长枝，形成潇洒飘逸的树形，长枝随风飘动，观赏效果极佳。

2）修剪方法。主要有“疏、截、伤、摘、断”。

① 疏。又称疏剪，能减少树冠内部的分枝数量，使枝条分布趋向合理与均匀，改善树冠内膛的通风与透光，增强树体的同化功能，减少病虫害的发生，并促进树冠内膛枝条营养

生长或开花结果。疏剪的主要对象是弱枝、病枝、枯枝、交叉枝、干扰枝及萌蘖枝等。

② 截。又称短剪，指对 1 年生枝条的剪截处理。枝条短截后，养分相对集中，可刺激剪口下侧芽的萌发，增加枝条数量，促进营养生长或开花结果。短截程度对其产生的修剪效果有显著影响。

③ 伤。用各种方法损伤枝条的韧皮部和木质部，以削弱枝条的生长势、缓和树势，如环剥、折裂等。

④ 摘。根据造型和枝条等需要，采用摘心、摘叶、摘蕾、摘果等。

⑤ 断。将植株的根系在一定范围内全部切断或部分切断的措施。进行抑制栽培时常常采取断根的措施，断根后可刺激根部发生新的须根。

3. 造型苗木的管理

（1）苗木造型的时期　苗木造型分为休眠期造型和生长期造型。

1）休眠期造型（冬季造型）。落叶树从落叶开始至春季萌发前，苗木生长停滞，树体内营养物质大部分回归根部贮藏，修剪后养分损失最少，且修剪的伤口不易被细菌感染腐烂，对苗木生长影响较小。一般树体较小的苗木以在春季树液流动前进行造型为主，树体较大的苗木可在落叶后进行。

2）生长期造型（修剪为主）。生长期可根据造型的需要进行修剪，剪除影响造型的徒长枝、病弱枝、过密枝、过长枝，改善树冠的通气、透光性能，保持其观赏性。生长期枝干相对柔软些，有利于苗木盘扎造型。

（2）苗木造型后的管理　造型苗木是艺术加工后的生命机体，需要采取浇水、施肥、修剪、病虫害防治等配套养护管理措施，才能保证造型苗木的生长发育，维持它应有的观赏价值。

1）适度修剪。苗木经绑扎和整形修剪造型以后，为了保持形象的逼真，要经常进行短截修剪，促进大量密集的枝叶形成，并覆盖在形体的表面，以保持造型的完美。造型后要根据苗木生长状况及时剪去乱枝及有损于造型的枝条，生长季节每 20 ~ 30 天需修剪一次。在初期，可修剪重一点，这样对植物的成型有利，后期以轻剪为主，使其轮廓线清晰，显示出各自造型的特点和形状。

整形后要注意解绑，否则枝条不断增粗，金属丝就会嵌入树皮，一般一年后可解除。

2）肥水管理。为确保植物生长茂盛，造型完美，必须根据植物的生长规律和生物学特性，加强肥水管理。冬季，植物进入休眠期，应施足基肥，可施用堆肥、厩肥等有机肥料。生长阶段多以氮为主进行追肥。每次修剪后，经过约一个星期即可用 0.2% 的尿素溶液进行根外追肥。若采用紫薇等花木进行造型，应施用氮、磷为主的肥料，既可促使枝叶繁茂生长，又能促进花芽的形成和开花。

施肥不宜过多，以免引起徒长，影响树姿的美观，应做到适时适量，并掌握施肥的种类和养分的含量。

3）松土除草。松土除草是一项经常性的工作，夏季松土结合除草进行，冬季可结合中耕施入基肥。

4）病虫害防治。在做好日常管理工作的同时要注意病虫害的防治，一旦发现病虫危害，要及早采取措施，要尽早剪除受害枝叶或喷洒农药等，做到“治早、治小、治了”。柏类植物易受螨虫的危害，可用 25% 或 40% 三氯杀螨醇 1000 倍液喷杀。

4. 常用造型工具

园林苗木造型各异，需选用相应功能的造型工具（图 8-2）。只有正确地使用这些工具，才能达到事半功倍的效果。常用的工具有大平剪、长把修枝剪、高修枝剪、单面修枝锯、手锯、圆口弹簧剪、平口剪、电动锯、刀、锄、铲及劳动保护用品等。

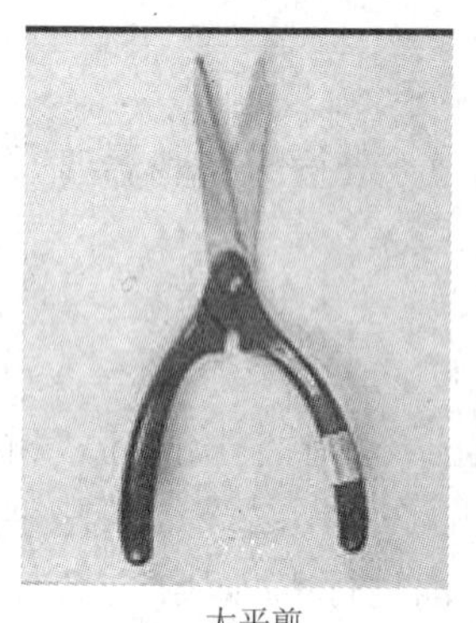
大平剪

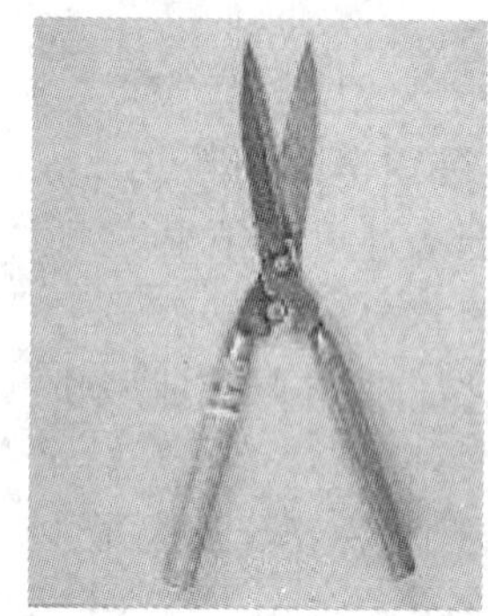
长把修枝剪

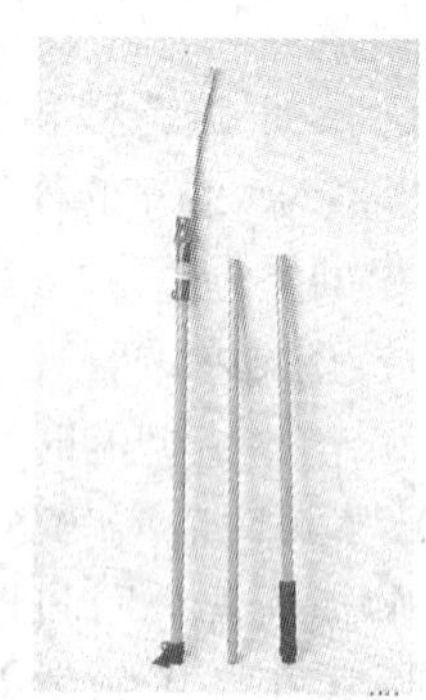
高修枝剪

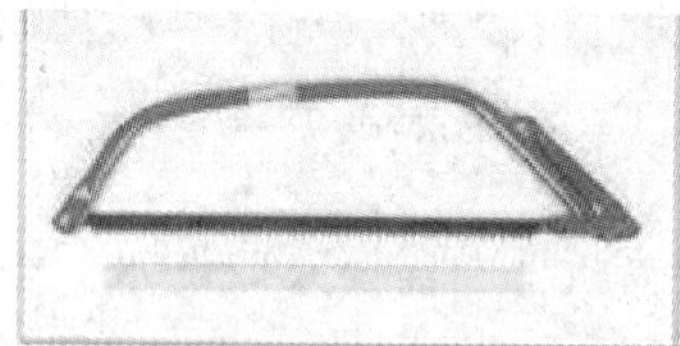
单面修枝锯

手锯

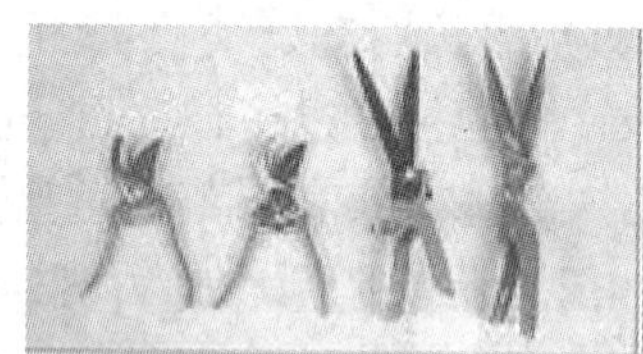
圆口弹簧剪、平口剪

图 8-2　常用造型工具

5. 造型苗木伤口保护

造型时如苗木伤口不大，可以使其自然愈合。如果锯除粗大的枝干，造成剪口创伤面大，表面粗糙，易造成病菌侵入而腐烂。应用锋利的刀削平伤口，然后用 2% 的硫酸铜溶液消毒，最后涂保护剂。常用的保护剂有以下几种：

（1）固体保护蜡　用松香、黄蜡、动物油按 5∶3∶1 比例熬制而成。熬制时先将动物油放入锅中用温火加热，再加松香和黄蜡，不断搅拌至全部熔化，待冷凝后取出，装在塑料袋密封备用。由于冷却后会凝固，涂抹前需要稍微加热令其软化。一般用来封抹大伤口。

（2）豆油铜素剂　用豆油、硫酸铜、熟石灰按 1∶1∶1 比例制成。配制时先将硫酸铜、熟石灰研成粉末，将豆油倒入锅内煮至沸腾，再将硫酸铜与熟石灰加入油中搅拌，冷却后即可使用。

（3）液体保护剂　原料为松香 10 份、动物油 2 份、酒精 6 份、松节油 1 份（重量）。先把松香和动物油一起放入锅内加温，待熔化后立即停火，稍冷却后再倒入酒精和松节油，同时搅拌均匀，然后倒入瓶内密封贮藏，以防酒精和松节油挥发。使用时用毛刷涂抹即可，这种液体保护剂适用于较小伤口。

此外，调和漆、黏土浆也有一定的保护效果。

疏剪大枝必须在分枝点处剪去，仅留分枝处凸起的部位，这样伤口小。修剪时防止留残桩，否则易腐烂不易愈合。

6. 造型苗木的选择

可用作苗木造型的树种很多，以枝叶细密、分枝点低、结构紧密、萌芽力强、适应性强、病虫害少、可塑性强、耐修剪易养护的乔灌木树种为最佳。我国东西南北跨度较大，各地区气候差异很大，植物类型千差万别，生产中各地区常用造型树种有：

（1）华东地区　小叶女贞、枸骨、冬青、罗汉松、杜鹃花、火棘、龙柏、海桐、黄杨、五针松、紫薇、桂花等。

（2）西北地区　中华金叶榆、圆柏、龙柏、罗汉松、腊梅、五针松、黑松等。

（3）华南地区　榕树、南洋杉、凤凰木、枸骨冬青、火棘、龙柏、黄杨、红豆杉、山茶花、含笑、红叶小檗、圆柏、相思树等。

（4）东北地区　龙爪槐、垂枝榆、圆柏、郁李、鸾枝榆叶梅、五针松、黑松等。

（5）华北地区　龙爪槐、垂枝榆、榆叶梅、桧柏、龙柏、罗汉松、东北红豆杉、五针松、黑松、大叶黄杨、珍珠梅、小叶女贞等。

项目1　自然曲干式云片造型

学习目标

1. 掌握自然曲干式云片造型苗材选择要求。
2. 掌握自然曲干式云片造型技术。

【学习任务】

1. 任务描述

在认知罗汉松生物特性的基础上，根据所选用的苗材，完成自然曲干式云片造型。

2. 任务流程图

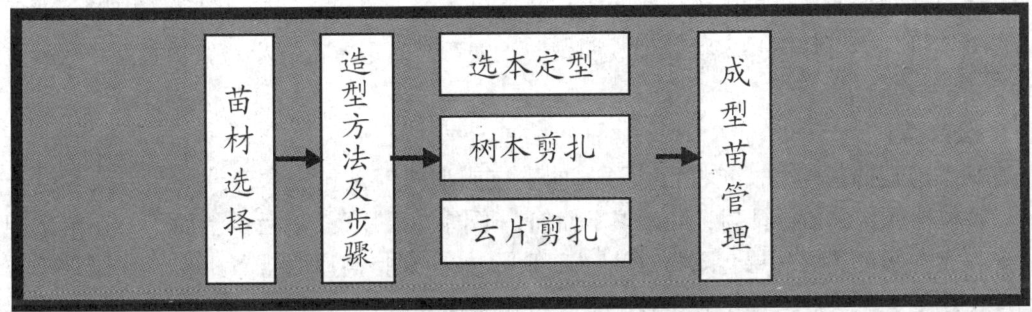

【环境设备】

材料：罗汉松（H1.6m）、竹竿、棕丝、金属丝、胶布等。

用具：枝剪、布手套、锄头、老虎钳、手锯等。

【学习过程】

自然曲干式云片造型的主要特点是苗材的主干与云片在整个构形中呈不对称的自然式分布，单一主干弯曲呈S形曲线，且上小下大，主干外的各侧枝经整修处理成一簇簇的云片状，各云片大小不一（一般为上小下大）、间距不等（一般为上紧下松）、朝向各异（四面分布）、参差不齐（讲究大均衡小变化），宛若一朵朵的云片停留在枝头驻足眺望。

一、苗材选择

选择此类造型的苗材最好是苗干具有一定的弯曲，树种要耐修剪，有韧性，枝叶细小为佳，如小叶女贞、枸骨、冬青、罗汉松、五针松、黑松等，目前松柏类用得较多。

下面以罗汉松为例进行学习。

罗汉松，罗汉松科，常绿乔木。树冠广卵形，叶条状披针形，先端尖，基部楔形，两面中脉隆起，表面暗绿色，背面灰绿色，有时被白粉，排列紧密，螺旋状互生。雌雄异株或偶有同株。种子卵形，有黑色假种皮，着生于肉质而膨大的种托上，种托深红色，味甜可食。花期5月，种熟期10月。半阳性树种，在半阴环境下生长良好。喜温暖湿润和肥沃沙质壤土，在沿海平原也能生长，不耐严寒，故在华北只能盆栽。

二、造型方法及步骤

1. 选本定型

选择生长健壮、主枝丰富、分枝均匀，苗干弯曲的罗汉松苗木作为剪扎材料。因罗汉松具有直干性，需从幼苗开始有意培养弯曲苗干，再逐步修剪造型，以增加观赏性。罗汉松一般在幼苗生长3~5年后，苗高达到1.6m即可开始造型。

2. 树本剪扎

先对目标材料进行仔细观察和推敲，根据材料特点来决定树本体（中心主干）曲折的部位与幅度。一般以盘扎为主，修剪为辅，大枝用棕绳盘扎，小枝用金属丝盘扎，金属丝的长度一般为需弯曲长度的1.5倍左右。盘扎时要求做到曲枝程度达到上小下大，上紧下松，力求稳定。倘若树干较粗或枝条较脆，为防止折断，先在需要弯曲部位缠上麻皮或布条，然后再行弯曲。也可在需弯曲苗干的内侧，用小锯拉几道口，深度不可超过苗干直径的1/3，然后再扎弯。对实训样本可作图8-3状处理（斜栽、一大弯、二中弯、三小弯，顶直立，弯处进行扭缚）。

3. 云片剪扎

在树本剪扎的基础上，先将留作顶片的主枝或小枝用盘扎法拿弯带平作为顶片骨干枝（A），将枝叶剪扎成平行排列，叶叶俱平而仰，形同“云片”。然后由上而下，在苗干四边按一定高度与长度选留片层骨干枝（B、C、D），枝间保持高度为上紧下松，片层骨干枝成片后呈上小下大态势。对片层骨干枝的盘扎可用金属丝处理，总体呈微波状S形曲线弯曲，然后将片层骨干枝上部的枝叶也剪扎成云片。

三、成型苗管理

苗木初步成型后，除在休眠期进行的较大程度上的盘扎与修剪外，生长期要及时减去叶

片中向下或向上的小枝，保留侧生枝，减去树干或根部长出的徒长枝条。通过修剪整形，调节枝片疏密，这样既通风透光，又可加快云片成型，经3~5年后可基本成型（见图8-4）。

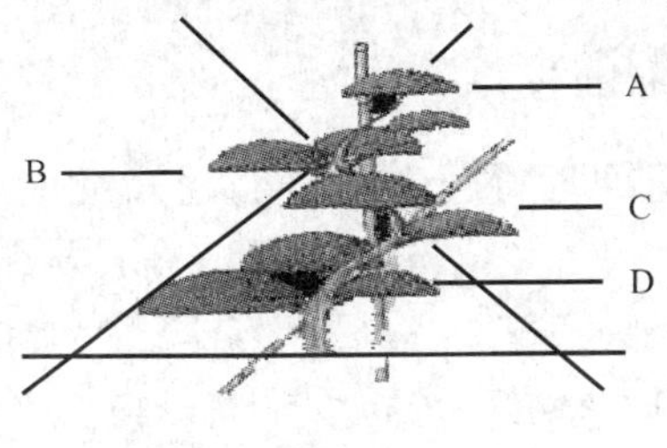

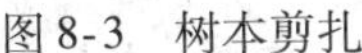

图8-3 树本剪扎

图8-4 成型状

苗木成型后每年可施1次肥料，土壤干旱时隔几天要向树上喷1次水，清洗枝叶，保持土壤半墒。生长期苗木中央主枝生长较快，要及时短截，以促发侧枝，保持造型圆润。同时也要注意剪除侧枝，以保中心主干生长，修剪时注意整体树形。

【质量评价标准】

项目质量考核要求及评分标准见表8-1。

表8-1 项目质量考核要求及评分标准

考核项目	考核要求	配分	评分标准	扣分	得分	备注
苗材选择	1. 正确选择造型材料 2. 熟知所选材料的形态特征和生理特性 3. 造型措施准备得当	15	1. 造型材料选择不适宜，扣5分 2. 不熟悉造型植物材料，扣5分 3. 造型措施的准备不充分，扣5分			
树本剪扎	1. 主干斜植正确 2. 主干三弯一顶处理得当 3. 主干扭缚措施到位	25	1. 斜植不到位，扣5分 2. 主丁三弯，上小卜大，一顶简洁、大小适中。不到位，扣10分 3. 扭缚方法不正确造成断枝破枝等，扣10分			
云片剪扎	1. S形云片整修得当 2. 片间、片层处理适度	30	1. S形云片主枝与侧枝整修杂乱，扣10分 2. 分枝成片杂乱无序，扣10分 3. 片间距不能做到上紧下松，扣5分 4. 片层不能做到上小下大，扣5分			
养护管理	1. 适时合理修剪 2. 相关养护措施适时到位	10	1. 修剪不到位，扣5分 2. 养护措施不到位，扣5分			
工具使用保养	1. 熟练使用各种造型工具 2. 各种造型工具保养得当	15	1. 不能熟练使用各种造型工具，扣5分 2. 不能对工具进行有效的保养，扣5分 3. 丢失或乱放工具，扣5分			
安全生产	自觉遵守安全文明生产规程	5	1. 操作不规范，存在安全隐患，扣5分 2. 发生安全事故得0分			

【扩展与提高】

双干及多干云片造型植物

双干云片（图8-5）造型植物最主要的特点是要求两个主干的合理布局，如一大一小、一粗一细、一直一斜，云片造型要求相互照应、相对平衡。多干云片（图8-6）造型中主干数奇数为佳（3、5、7、9等），且有高低、大小，粗细、直斜之变化。斜干云片（图8-7）造型要求主干斜而有俯仰相应，单斜可采用飘枝（B），拖枝（A）力求整个树体平稳，云片制作如曲干式。

图8-5　双干云片

图8-6　多干云片

图8-7　斜干云片

项目2　球形独干造型

学习目标

1. 掌握球形独干造型苗材选择要求。
2. 掌握球形独干造型技术。

【学习任务】

1. 任务描述

在认知月桂生物特性的基础上，根据所选用的苗材，完成球形独干造型。

2. 任务流程图

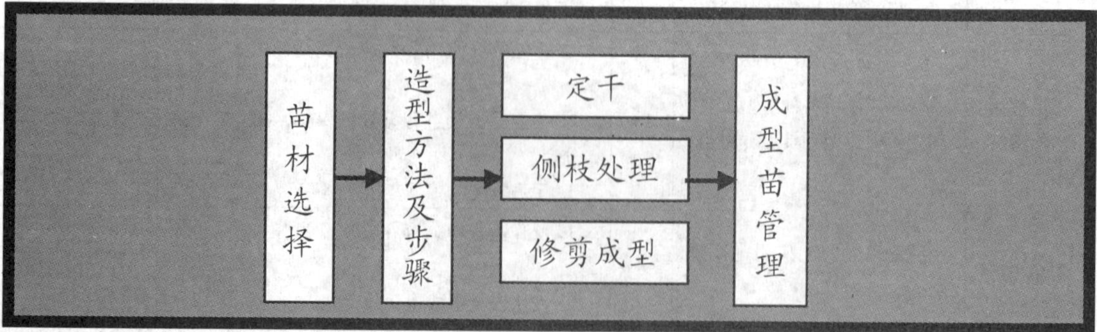

【环境设备】

材料：月桂（H2～2.5m，D3cm 左右）。

用具：枝剪、大剪刀、布手套、钢卷尺、锄头等。

【学习过程】

球形造型在城市绿化中应用颇广，效果很好。城市各种类型的绿地中，球形树与尖塔形树冠互为衬托，形成强烈对比，产生一种诱人的美感。球形造型是简单几何独干造型中最基本、最常用的方法。

一、苗材选择

球形独干造型主要技术要点是树冠直径与树高有一个良好的比例，理想的造型比例是树冠的直径占树高的1/3。凡具有主轴或合轴分枝，主干明显的苗木，如小叶女贞、罗汉松、龙柏、榕树、红豆杉、珊瑚树、石楠等，均可进行球形独干造型。

本任务以月桂为例进行学习。

月桂属常绿小乔木，树冠卵圆形，分枝较低，小枝绿色，有香气。叶互生，革质，披针形，边缘波状，有醇香。单性花，雌雄异株，伞形花序簇生叶腋间，小花淡黄色。核果椭圆状球形，熟时呈紫褐色。花期4月，果熟期9月。月桂为亚热带树种，我国长江流域以南江苏、浙江、台湾、福建等省庭园中多有栽培。喜温暖湿润气候，喜光，亦较耐阴，稍耐寒，可耐短时 -8～-6℃低温。耐干旱，怕水涝。适生于土层深厚、排水良好肥沃湿润的沙质壤土，不耐盐碱，萌生力强，耐修剪。

二、造型方法及步骤

选取高2～2.5m，顶枝强壮而挺拔的月桂一株。仔细观察树体情况，根据树高、冠幅及其生长状况，确定球干造型的球体直径及其保留主干的高度。

1. 定干

夏初，在离地面2m高处将顶枝截断。

2. 侧枝处理

将顶枝截断后的苗木主干中部范围内侧枝剪光，保留最下部60cm左右处侧枝，如果这些侧枝过长，可以短剪成15cm以促使其多发枝叶（在当年夏末，对修剪后树冠又萌生的枝条保留10～15cm再进行短剪），以促进光合作用，有利于主干强壮生长。

3. 修剪成型

在第二年的夏初，将树冠大致修剪成球形（图8-8）。修剪前，仔细观察并估计修剪多少次才能达到设计的要求。修剪时，徒手操作，均匀移动，首先按要求的冠径沿圆周方向剪出一条水平带，然后从树冠顶部剪出一条中心带，确定植株上修剪的曲线，再以这两条带为引导修剪树冠的其他地方，将植株顶部和中部多余的枝叶剪去，最后修剪出一个圆球形的树冠。要注意在开始时不要剪得太

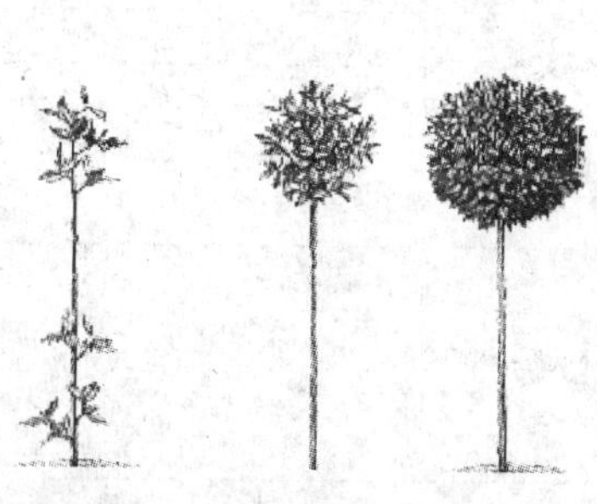

图8-8 独干造型修剪处理

深，必要时可根据需要进一步修剪，直到达到设计要求的球径尺寸为止。

修剪后将修剪下来的枝叶扫掉，来回审视修剪成的球形，并退后几步，看看球形是否对称。修剪过程中若造成球形的表面有缺口，特别是上部，可等待新的枝叶长出后进行填补。

如果树干已经足够粗壮，可将下部的侧枝和萌蘖枝条及时去除。

三、成型苗管理

苗木初步成型以后每年的夏初到夏末，都要对树冠重复修剪至少1次，对萌生的非形态枝要及时进行修剪，以使养分供应集中，促进早日成型（图8-9）。

图8-9　独干造型成型苗木

用1～2年生苗进行造型时，可在每年的2月下旬至3月上旬施用追肥1～2次，可施菜籽饼浸出液或化肥等，以促进主枝及侧枝生长。

独干造型苗一般干高为球径2～3倍的为高干球体，低于2倍的为低干球体。

【质量评价标准】

项目质量考核要求及评分标准见表8-2。

表8-2　项目质量考核要求及评分标准

考核项目	考核要求	配分	评分标准	扣分	得分	备注
苗材选择	1. 正确选择造型材料 2. 熟知所选材料的形态特征和生理特性 3. 造型措施准备得当	15	1. 造型材料选择不适宜，扣5分 2. 不熟悉造型植物材料，扣5分 3. 造型措施的准备不充分，扣5分			
定干	定干准确	10	定干高度不适宜，扣10分			
侧枝处理	1. 剪除主干中部多余侧枝 2. 主干下部侧枝修剪及时到位	10	1. 不去除主干中部多余侧枝，扣5分 2. 不把二次侧枝修成15cm以下，扣5分			
修剪成型	1. 造型实体符合目标要求 2. 树冠球形均衡美观	30	1. 造型总体控制不良，偏差大，扣10分 2. 不符合实际造型要求，扣10分 3. 树冠球形不均衡，扣10分			
养护管理	1. 适时合理修剪 2. 相关养护措施适时到位	15	1. 修剪不到位，扣10分 2. 养护措施不到位，扣5分			

（续）

考核项目	考核要求	配分	评分标准	扣分	得分	备注
工具使用保养	1. 熟练使用各种造型工具 2. 各种造型工具保养得当	15	1. 不能熟练使用各种造型工具，扣5分 2. 不能对工具进行有效的保养，扣5分 3. 丢失或乱放工具，扣5分			
安全生产	自觉遵守安全文明生产规程	5	1. 操作不规范，存在安全隐患，扣5分 2. 发生安全事故得0分			

【扩展与提高】

其他造型

球形独干造型技术，也适用于圆柱形（图8-10）、蘑菇状（图8-11）、塔形（图8-12）等。不同之处只是最终所修剪成的形状不同而已，如蘑菇状、塔形在于树冠的底部修剪要求平整。

图8-10　圆柱形

图8-11　蘑菇状

图8-12　塔形

项目3　散球形造型

学习目标

1. 掌握散球形造型苗材选择要求。
2. 掌握散球形造型苗技术。

【学习任务】

1. 任务描述

在认知龙柏生物特性的基础上，根据所选用的苗材，完成苗木散球形造型。

2. 任务流程图

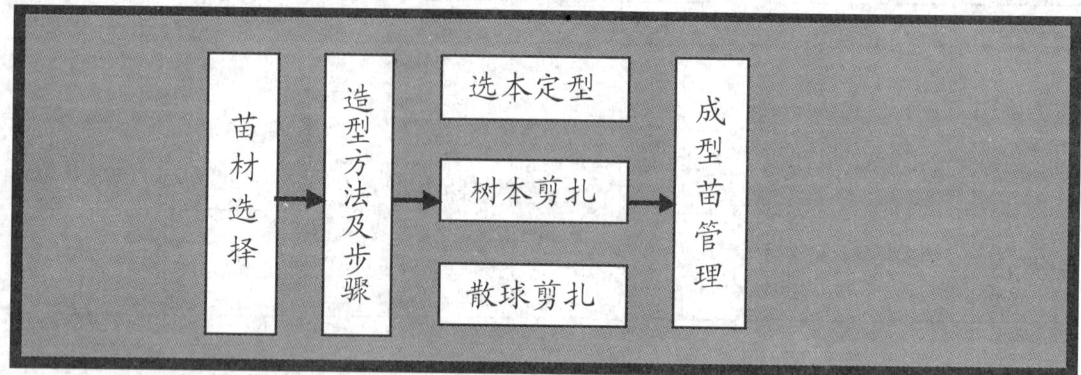

【环境设备】

材料：龙柏（H1.5～2m、D3cm）、棕丝、胶布等。

用具：枝剪、大剪刀、布手套、钢卷尺、锄头等。

【学习过程】

散球形造型最大的特点是将分布在主干四周的主枝修剪成球形，球体上小下大，疏密有致，均衡得体。

一、苗材选择

散球形造型要求选用枝叶细密、萌芽力强、耐修剪的常绿树种，如桂花、珊瑚树、光叶石楠、龙柏、小叶女贞、枸骨、冬青、罗汉松等，均可作此造型。

本任务以龙柏为例进行学习。

龙柏，常绿乔木，高达10m。树冠窄圆柱状塔形。分枝低、侧枝短，环抱主干，常有扭转向上之势，小枝细密。叶片几乎全为鳞叶，排列紧密，幼叶淡黄绿，后呈翠绿色，有时基部萌生枝上有少量的刺形叶。花期4月，球果第二年10月成熟，蓝色，微被白粉。龙柏喜光，喜高燥、排水良好的地形。对土壤适应性强，在土层深厚肥沃的条件下长势良好。忌积水，积水后易黄叶、落叶而导致生长不良。抗寒、抗旱性强。幼时生长较慢，长到1m后生长较快，超过3m生长又逐步减弱。

二、造型方法及步骤

1. 选本定型

选择苗高1.5～2m，直径3cm以上，4～5年生的龙柏一株。

2. 树本剪扎

先对材料进行仔细观察和推敲，根据材料特点来决定树本体上选留的侧枝作散球，一般以修剪为主，盘扎为辅（用棕绳盘扎来调整开枝角度），时间在秋冬季节。修剪、盘扎成散球时要求做到散球从整株角度看呈上小下大、上紧下松态势，四周分布疏密有序，树体稳健。

3. 散球剪扎

在树本剪扎的基础上，先将留作顶球的主枝或小枝用修剪法修剪成球，然后由上而下，

在树体四边按一定高度与长度选留散球层骨干枝，枝间高度保持上紧下松，散球层骨干枝总体要求枝干清晰，散球分布合理，树架稳定，呈上小下大态势。对散球层骨干枝的修剪要求是顶部成球，下部剪光，枝干中心明显（图8-13、图8-14）。

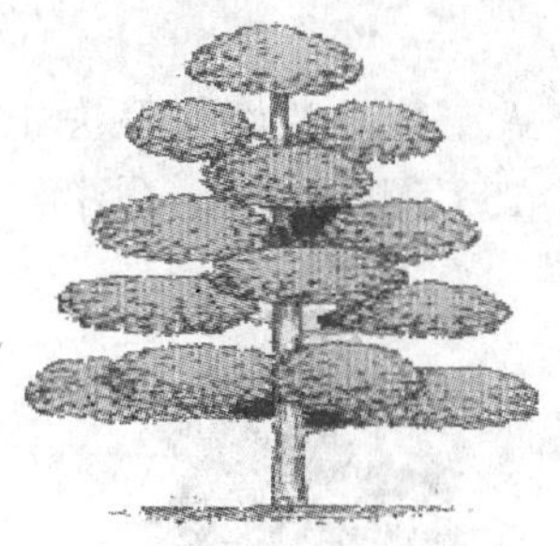

图8-13 散球单干

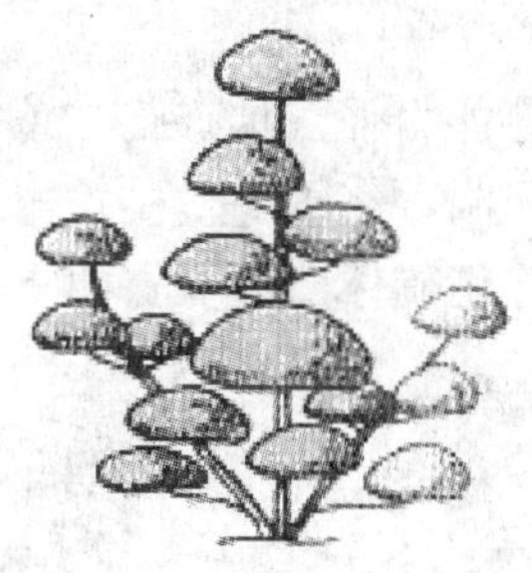

图8-14 散球多干

三、成型苗管理

每年春季可施肥1次，平时保持土壤半墒，生长期植株要及时短截，以球形状疏剪，促使发生侧枝，保持造型圆润。同时也要注意剪除多余侧枝，以保持散球姿态，修剪时注意整体树形。

【质量评价标准】

项目质量考核要求及评分标准见表8-3。

表8-3 项目质量考核要求及评分标准

考核项目	考核要求	配分	评分标准	扣分	得分	备注
苗材选择	1. 正确选择造型材料 2. 熟知所选材料的形态特征和生理特性 3. 造型措施准备得当	15	1. 造型材料选择不适宜，扣5分 2. 不熟悉造型植物材料，扣5分 3. 造型措施的准备不充分，扣5分			
选本定型树本剪扎	1. 选本定型正确 2. 选择、剪扎主枝与侧枝方法正确，效果好	25	1. 选本定型不正确，扣5分 2. 选留主侧枝不适宜，扣10分 3. 剪扎主侧枝不适宜，疏密无序，高低错落过大，扣10分			
散球剪扎	1. 剪扎散球、球干正确 2. 造型实体均衡美观	30	1. 枝球干修剪不光滑，扣10分 2. 球体整形不适度，扣10分 3. 不符合实际造型要求，扣10分			
养护管理	1. 适时合理修剪 2. 相关养护措施适时到位	10	1. 修剪不到位，扣5分 2. 养护措施不到位，扣5分			
工具使用保养	1. 熟练使用各种造型工具 2. 各种造型工具保养得当	15	1. 不能熟练使用各种造型工具，扣5分 2. 不能对工具进行有效的保养，扣5分 3. 丢失或乱放工具，扣5分			
安全生产	自觉遵守安全文明生产规程	5	1. 操作不规范，存在安全隐患，扣5分 2. 发生安全事故得0分			

【扩展与提高】

螺旋体造型步骤

对于萌芽能力强，具有圆柱或圆锥形的植株，可通过人工特殊的修剪手法如摘心、牵引、缠绕、压附、编织等整枝技术，造型成螺旋体（图8-15）、层状造型（图8-16）等几何形体。制作螺旋体造型步骤如下：

图8-15　螺旋体

图8-16　层状造型

1）选择一棵生长健壮，顶枝直立，挺拔，高约1.2m，已被修剪成锥体的植株。在进行螺旋体造型前，该植株至少要有一年的适应期。

2）初夏，在开始整形前，用宽皮尺在植株上呈螺旋状地绕四圈。

3）利用整枝大剪刀在植株锥体上沿着皮尺剪出小道。

4）拿走皮尺，用整枝大剪刀将顶枝剪掉（假如在修剪成锥体时没有将顶枝去掉的话），然后沿着已经剪出的标志将枝叶剪掉，露出树干。

5）再一次用皮尺在植株锥体上呈螺旋状地绕四圈，并剪出标志线。

6）拿走皮尺，沿着标志线将枝叶剪掉，露出树干。

7）利用修剪刀将螺旋转弯处的上下表面修剪平整。

8）接下来每年的夏初和夏末，利用修剪刀对造型植株进行修剪。

制作螺旋体造型时，所用的植株必须有结实、挺拔的主干，并且要发育良好。螺旋转弯处不能挨得太近，否则会影响枝叶的生长。当首次完成螺旋体造型后，在新长出的枝叶中总会出现缺口，从而导致转弯处看起来不那么规整。尽管由于遮阳，螺旋转弯处下方的叶片没有上方的多，但新生的枝叶会填充这些缺口，定期的修剪也会促进枝叶的生长。在幼树尚未达到预期高度时就可以对其进行整形，但必须要留下顶枝让其继续生长。螺旋体造型要求精心养护。一旦植株达到预期的高度，在生长季节要进行两次修剪，至少在头两年里应该如此。

项目4　植物伞造型

学习目标

1. 掌握伞造型苗材选择要求。
2. 掌握植物伞造型技术。

【学习任务】

1. 任务描述

本项目任务是在认知桧柏生物特性基础上，根据所选用的苗材，完成植物伞造型。

2. 任务流程图

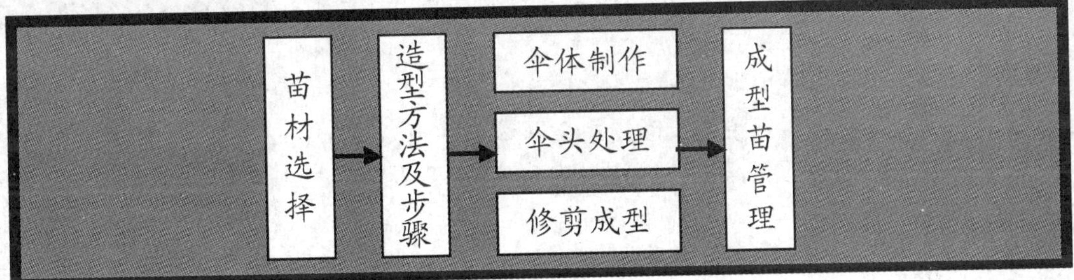

【环境设备】

材料：桧柏（H2～2.5m、D3cm）、竹竿（D3cm，H0.65～1m）、金属丝（16、10、21号）、棕绳（D0.3cm）等。

用具：枝剪、大剪刀、老虎钳、布手套、钢卷尺、锄头等。

【学习过程】

园林植物象形造型就是应用乔灌木等，采用科学的造型设计、栽培管理、绑扎修剪、牵引搭架等手法，模仿修剪成各种鸟兽、卡通形象、运输工具等艺术造型。适用于枝叶茂盛、枝条柔软、萌芽力强、分枝点低、叶片小而紧密、耐修剪的常绿树种，如桧柏、小叶女贞、罗汉松、桂花、枸骨等。

一、苗材选择

植物伞造型要求具有主轴分枝或合轴分枝方式，主干明显的树种，如细叶冬青、珊瑚树、光叶石楠、桧柏、小叶女贞、枸骨、冬青、罗汉松等。此造型，在夏日是一把非常形象的绿色阳伞，给人们心中留下些许荫凉，给庭园增加了一道亮丽风景。

本项目以桧柏为例进行学习。

桧柏，柏科，圆柏属。常绿乔木，高达20m，树冠尖塔形或圆锥形，老树广卵形。叶2型，幼树或基部徒长的萌蘖枝上多为三角状钻形，3叶轮生，基部有关节并向下延生；老树多为鳞形叶，对生，紧密贴于小枝上；也有从小一直全为钻形叶的植株。花雌雄异株，雄球花秋季形成，次年开放，花黄色；雌球花花形小，球果次年成熟，浆果状不开裂，外被白粉。

桧柏性喜光、幼树耐庇荫，喜温凉气候，较耐寒，适肥厚湿润沙质壤土，能生于酸性、中性及石灰质土壤上，对土壤的干旱及潮湿均有一定的抗性。但在中性、深厚而排水良好处生长最佳。忌水湿；萌芽力强，耐修剪，寿命长；深根性，侧根也很发达。对多种有害气体有一定抗性，是针叶树中对氯气和氟化氢抗性较强的树种。对二氧化硫的抗性显著胜过油松。能吸收一定数量的硫和汞，阻尘和隔音效果良好。

二、造型方法及步骤

选取一株高 2.0 ~2.5m，树冠上部丰满的桧柏。

1. 伞体制作

用16号金属丝把事先准备好的竹竿（粗3cm 、长100cm）若干根，从竿中间呈放射状均匀绑扎在距地面150cm的树干上，用10号金属丝或竹劈将放射状竹竿每个头连接成1个圆圈，直径为100cm（见图8-17a）。

再用粗3cm、长65cm的竹竿小段若干根，用16号金属丝一头固定在距地面190cm树体的主干上，一头固定在上面所说的圆圈周边金属丝上（或竹劈上），形成伞蓬骨架，拉出枝条用21号金属丝固定在伞蓬骨架上（见图8-17b）。

2. 伞头处理

伞蓬上面是一伞头，制作成圆球状。具体做法是将树头打掉，剩余部分枝条交叉均匀用21号金属丝绑扎成球状即可。

将距地面150cm以下的枝条全部剪除掉，以上的枝条全部拉到伞蓬架上，均匀绑扎，去掉多余小枝条。

3. 修剪成型

绑扎造型完成后，按照造型逐渐修剪出伞形（图8-17c）。

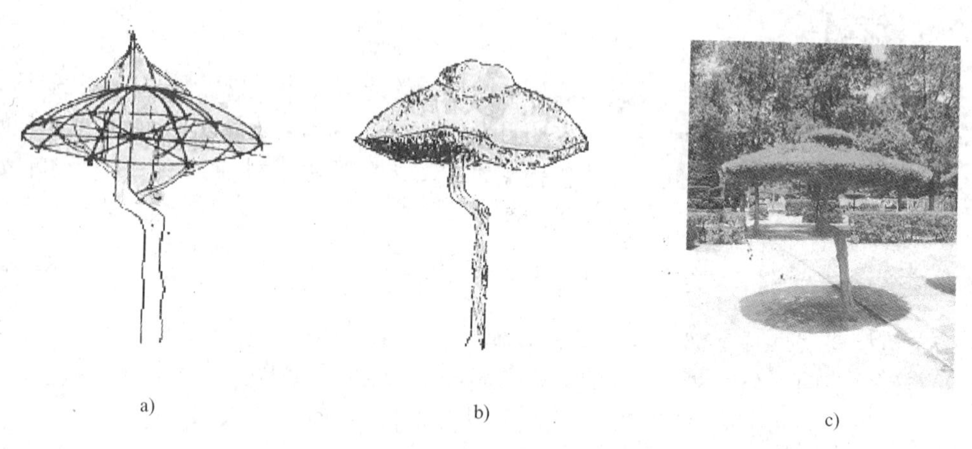

a)　　b)　　c)

图8-17　植物伞造型

a）伞体模型　b）伞体制作　c）植物成型

三、成型苗管理

苗木造型应用3年生以上的植株，成基本形态后，平时应及时修剪，以保持圆润，及早成型。

桧柏在生长过程中常有少数强枝向外或向上快速生长，应于4~8月间予以摘心，使其均衡发展，维持自然姿态。为预防各种锈病发生，应于4~5月间，叶面全面施以波尔多液，以免传染。并注意与梨、苹果、石楠等隔离栽植，以防病菌繁殖，虫害有侧柏毒蛾、双条杉天牛等，应及时防治。

【质量评价标准】

项目质量考核要求及评分标准见表8-4。

表8-4　项目质量考核要求及评分标准

考核项目	考核要求	配分	评分标准	扣分	得分	备注
苗材选择	1. 正确选择造型材料 2. 熟知所选材料的形态特征和生理特性 3. 造型措施准备得当	15	1. 造型材料选择不适宜，扣5分 2. 不熟悉造型植物材料，扣5分 3. 造型措施的准备不充分，扣5分			
伞体制作	1. 伞蓬骨架制作合理 2. 伞蓬骨架固定稳固	30	1. 伞蓬骨架制作不成模，扣10分 2. 伞蓬骨架大小不适宜，扣10分 3. 伞蓬骨架固定不稳固，扣10分			
伞头造型	1. 能把伞头修剪成球 2. 伞体、伞头及树体匀称	20	1. 修剪成伞体不规整，扣10分 2. 树体不匀称，扣10分			
养护管理	1. 适时合理修剪 2. 相关养护措施适时到位	15	1. 修剪不到位，扣10分 2. 养护措施不到位，扣5分			
工具使用保养	1. 熟练使用各种造型工具 2. 各种造型工具保养得当	15	1. 不能熟练使用各种造型工具，扣5分 2. 不能对工具进行有效的保养，扣5分 3. 丢失或乱放工具，扣5分			
安全生产	自觉遵守安全文明生产规程	5	1. 操作不规范，存在安全隐患，扣5分 2. 发生安全事故得0分			

【拓展与提高】

桧柏的蛇形造型技术

（1）设计　现场测量树高上、中、下部的粗度，勾绘出树体轮廓线，在该线以内，设计草图。

（2）绑扎　根据设计的草图，用竹材、金属丝绑扎蛇的骨架，将扎好的骨架放在桧柏设计的部位，固定在枝干上，一定要牢固，否则会走形。在捆绑的树干或枝条用力处，要垫以竹片，并留出金属丝扣的空间，以防绑紧的金属丝将树勒伤影响生长。在固定好骨架后均匀地将枝叶按设计图形绑扎在骨架上，并将枝叶掩盖在造型的骨架上，不使外露。

（3）修剪　枝叶绑扎好后，据设计的外形轮廓线进行修剪。有的枝条较粗较长，超过轮廓线很多，不要齐剪，这样露出粗枝茬显得笨拙生硬，而将粗枝向内压缩剪除，留出细小枝叶，再将细小枝叶按轮廓线修剪，显得枝叶丰满，造型传神。有的枝叶仅用上部，而下部侧枝叶要全部剪去，只留支撑上部枝叶的主干，这种剪法是桧柏造型的独有特征，以保持生物造型的韵味。由于树木枝叶的生长部位并不是依照设计而存在，因此，有的枝叶不够，有的多余。不够者有时需从别处扭转弯曲来巧用，多余者要剪除，但有时看似多余并非无用，因此，应因势利导，慎重修剪，能留则留，变多余为有用，避免因修剪过重而削弱树木生长。

（4）定型　桧柏造型实质上是以活的植物为材料，进行立体雕塑，既要考虑成型，又要不影响生长，这是它的特有难度，也正是它的生态魅力所在。所以有的枝叶丰满够用者，可一次定型，有的则缺少某一部分，待后来生长的枝叶弥补，需一年或多年而定型。但不论当年或多年，当一件作品修剪后，要使人看出是什么。例如所造的“蛇”，要看出是一条攀沿而上的动态的蛇，细部可以略去，整体要突出，更要神似。如蛇形造型中的蛇眼，可用两个空透的圆，一定要又圆又大，让人一眼看去，便会脱口叫出是“眼镜蛇”，这就有了点睛之笔的效果了。还可巧妙地留出上部细的枝梢，分叉而成吐出的蛇舌，增添了蛇的威严和灵气。

桧柏的蛇形造型如图 8-18 所示。

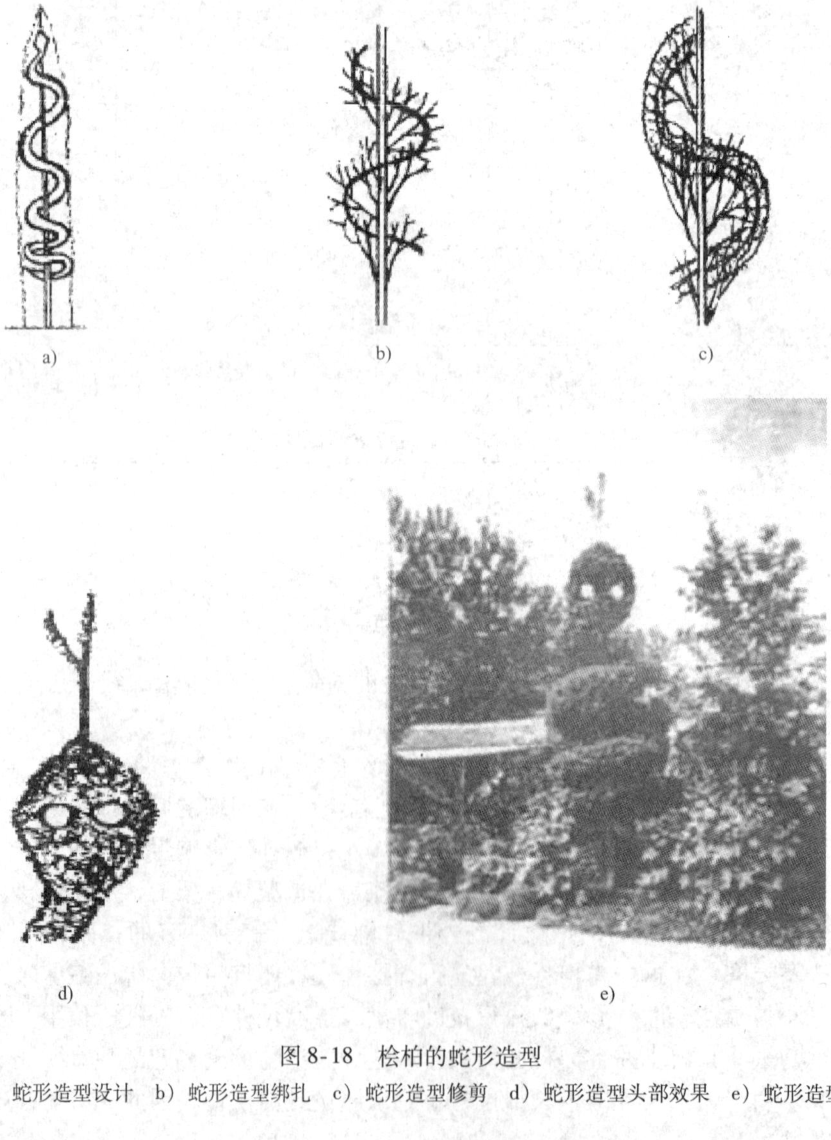

a)　　b)　　c)

d)　　e)

图 8-18　桧柏的蛇形造型

a）蛇形造型设计　b）蛇形造型绑扎　c）蛇形造型修剪　d）蛇形造型头部效果　e）蛇形造型

以桧柏为例介绍的象形造型技术，根据最初所用的模具及最终所修剪成的形状不同，能够造型出多种多样、惟妙惟肖、栩栩如生的效果，如图8-19所示。

图8-19　惟妙惟肖、栩栩如生的造型苗木

【单元复习题】

1. 案例分析

我国苗木产业经过十多年的粗放型发展，很多地区苗木种植面积已接近甚至达到饱和，但品质不优、品种不齐。特别是近两年来，部分品种滞销和价格滑坡。这种缺乏规划的种植和低档次的、缺乏精品和拳头品牌的产品已经不适应市场竞争。在浙江萧山、四川温江、河南鄢陵等全国知名的花木生产基地，很多的种植户已经尝试从苗木种植向精品花木转变，在苗木造型上下功夫，通过对大规格的苗木进行修剪造型，使苗木的价格成倍增加。如一株2.5m高的龙柏，一般售价为75元，加工成层塔形后可卖到800元/株，加工成盘龙形则高达1600元/株。一棵几百块钱的普通苗木经过一两年的造型之后，可达到几千、几万元，经过造型的树在原有成本上翻几番是最正常不过的事情，而且市场价格还在不断攀升，市场前景较为广阔。试结合此案例调查当地造型苗木的主要树种和造型苗木的发展状况。

2. 思考与练习

（1）简述整形、修剪、盘扎、编扎、苗木造型的概念。

（2）苗木造型的依据是什么？苗木造型的主要方法有哪些？

（3）苗木伤口怎样进行保护？

（4）自然曲干式云片造型、球形独干造型、散球形造型、植物伞造型的主要步骤有哪些？

（5）练习自然曲干式云片造型、球形独干造型、散球形造型、植物伞造型。

单元9　苗木出圃与假植

苗木出圃是育苗工作的最后一环，也是保证苗木质量的重要环节。出圃准备工作做得充分与否，直接影响苗木质量、栽后成活率及幼树生长。苗木出圃包括起苗、分级、包装、运输、假植、检疫等环节。为了保证出圃工作的顺利进行，必须做好出圃前的准备工作，通过苗木的调查，了解各类苗木质量和数量，制订出圃销售计划，并与购苗单位及用苗单位密切联系，保证及时装运，缩短运输时间，提高苗木质量。

1. 出圃苗的规格要求

出圃苗规格的要求依不同树种及绿化任务的不同而确定。随着城市建设的发展，出圃苗规格有逐渐加大的趋势，目前苗木出圃的一般标准是：

（1）大中型落叶乔木　银杏、栾树、梧桐、水杉、枫香、合欢等树种，要求树形良好，树干通直，分枝点2～3m，胸径在5cm以上（行道树苗胸径要求在6cm以上）为出圃苗木的最低标准。其中，干径每增加0.5cm，规格提高一个等级。

（2）落叶小乔木，有主干果树及花灌木　枇杷、红叶李、西府海棠、高接碧桃、单干榆叶梅、苹果等要求树冠丰满，枝条分布匀称，不能缺枝或偏冠。根颈直径在2.5cm以上为最低出圃规格。在此基础上，根颈直径每提高0.5cm，规格提高一个等级。

（3）多干式灌木　根颈分枝处有3个以上分布均匀的主枝的苗木。由于灌木树型差异很大，又可分为大型、中型、小型三类苗木。这类苗木出圃规格通常以苗高为计算标准，具体要求为：

1）大型灌木类。大型灌木如丁香、黄刺玫、珍珠梅等出圃高度要求在80cm以上，在此基础上高度每增加30cm即提高一个等级。

2）中型灌木类。中型灌木如玫瑰、棣棠、小檗等出圃高度要求在50cm以上，在此基础上苗木高度每增加20cm即提高一个等级。

3）小型灌木类。小型灌木如月季等出圃高度要求在30cm以上，在此基础上苗木高度每增加10cm即提高一个等级。

（4）绿篱苗木　要求苗木树势旺盛，全株成丛，枝叶丰满，冠高比1∶1，冠丛直径20cm以上，高度50cm以上为出圃最低标准，高度每增加20cm提高一个等级。

（5）常绿乔木　出圃常绿乔木要求苗木树形丰满，主干茁壮，顶芽明显。常绿乔木及规格主要以苗木高度为计算标准，高度在1.5m以上为出圃规格，高度提高0.5m即增加一个出圃等级。

（6）攀援类　要求生长旺盛，枝蔓发育充实，腋芽饱满，根系发达。此类苗木由于不易计算等级规格，故以苗龄确定出圃规格。但苗木必须带2～3个主蔓，如爬山虎、常春藤、紫藤等。

（7）人工造型苗　黄杨、龙柏、海桐、小叶女贞等植物，出圃规格可按不同要求和目的灵活掌握，但是造型必须较完整、丰满，不空缺和不秃裸。

2. 出圃苗的质量要求

高质量的苗木，栽植后成活率高，生长旺盛，能很快形成景观效果。一般苗木的质量主要由根系、干茎和树冠等因素决定。高质量的苗木应具备如下的条件：

（1）苗木树体完美，生长健壮

1）生长健壮，树形骨架基础良好，枝条分布均匀。总状分枝类的苗木，顶芽要生长饱满，未受损伤。其他分枝类型大体相同。

2）根系发育良好，大小适宜，带有较多侧根和须根，同时根不劈不裂。因为根系是为苗木吸收水分和矿质营养的器官，根系完整，栽植后能较快恢复，及时地给苗木提供营养和水分，从而提高栽植成活率，并为以后苗木的健壮生长奠定有利的基础。苗木带根系的大小应根据不同品种、苗龄、规格、气候等因素而定。苗木年龄和规格越大，温度越高，带的根系也应越多。

3）苗木的茎根比要适当。苗木地上部分鲜重与根系鲜重之比，称为茎根比。茎根比大的苗木根系少，地上、地下部分比例失调，苗木质量差；茎根比小的苗木根系多，质量好。但根茎比过小，则表明地上部分生长小而弱，质量也不好。

4）苗木的高径比要适宜。高径比是指苗木的高度与根颈直径之比，它反应苗木高度与苗粗之间的关系。高径适宜的苗木，生长匀称。它主要决定于出圃前的移栽次数、苗间的间距等因素。

年幼的苗木，还可参照全株的重量来衡量苗木的质量。同一种苗木，在相同的条件下培养，重量大的苗木，一般生长健壮，根系发达，品质较好。

其他特殊环境、特殊用途的苗木的质量标准视具体要求而定。如桩景要求对其根、茎、枝进行艺术的变形处理。假山石上栽植的苗木，则大体要求“瘦”、“漏”、“透”。

（2）出圃苗木无病虫害和机械损伤　有危害性的病虫害及较重程度的机械性损伤的苗木，应禁止出圃。这样的苗木栽植后生长发育差，树势衰弱，冠形不整，影响绿化效果。同时还会起传染的作用，使其他植物受侵染。

项目1　苗木出圃

学习目标

1. 掌握确定不同苗木的起苗时间和起苗前所需做的准备工作。
2. 掌握不同苗木的起苗、分级与统计、包装、运输等技术。

【学习任务】

1. 任务描述

根据生产要求合理确定苗木的起苗时间，做好起苗前所需做的准备工作，完成不同苗木的起苗、分级、统计及苗木的包装和运输。

2. 任务流程图

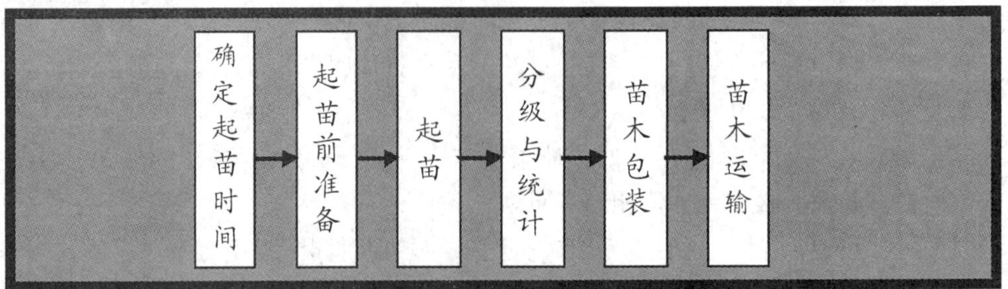

【环境设备】

材料：需要起植的苗木、草绳、蒲包等。

用具：调查表、皮尺、记载笔、人工起苗刀、机械起苗机、枝剪、铁锹、手锯等。

【学习过程】

苗木出圃包括起苗、分级、包装、运输或假植、检疫等环节，是园林苗木在苗圃培育中的最后一个环节。

一、确定起苗时间

落叶树原则上应在苗木的休眠期或半休眠期进行，即秋季落叶后或春季萌芽前起苗，但有些树种也可在雨季进行起苗。

1. 秋季起苗

应在秋季苗木停止生长，叶片基本脱落，土壤封冻之前起苗。此时根系仍在缓慢生长，起苗后及时栽植，有利于根系伤口愈合，尤其是春季较早开始生长的一些树种，如梅、落叶松、水杉等，若随起随栽，翌春能较早开始生长。

2. 春季起苗

一定要在春季树液开始流动前起苗。主要用于常绿树和不宜冬季假植的大规格苗木，应随起苗随栽植。大部分苗木都可在春季起苗。春季起苗工作大体顺序安排应是萌动早的树种早起苗、早出圃、早栽植；萌动晚的树种晚起苗，随起苗随出圃，暂时出不了圃的苗木应立即临时假植。

3. 雨季起苗

由于绿化工作需要，雨季或其他生长季节需要出圃的苗木，起苗时通常要求带土球，同时要求做到随起、随运、随栽，效果较好。

二、起苗前准备

通常在苗木生长结束后起苗出圃前，进行苗木的产量和质量调查，以便掌握各类苗木的数量和质量状况，妥善安排好苗木供应，做好出圃作业的准备和苗圃生产计划。

苗木调查时，首先查阅育苗技术档案中记载的各种苗木的育苗技术措施，并到各生产区查看，以便确定各个调查区的范围和采用的方法。凡是树种、苗龄、育苗方式方法及抚育措施，绿化用途相同的苗木，可划为一个调查区。从调查区中抽取样地，在样地内逐株调查苗

木的各项质量指标及苗木数量，最后根据样地面积和调查区面积，计算出单位面积的产苗量和调查区的总产苗量。最后统计出全圃各类苗木的产量与质量。抽样的面积一般为调查苗木总面积的2%～4%。常用的调查方法有下列3种。

1. 标准行法

在调查区内，每隔一定行数（如5的倍数）选1行或1垄作标准行，全部标准行选好后，如苗木数过多，在标准行上随机取出一定长度的地段，在选定的地段上进行苗木质量指标和数量的调查，如苗高、根颈直径或胸径、冠幅、顶芽饱满程度、针叶树有无双干或多干等。然后计算调查地段的总长度，求出单位长度的产苗量，以此推算出每亩的产苗量和质量，进而推算出全区的该苗木的产量和质量。此调查方法适用于移植区、扦插区、条播、点播的苗区。

2. 标准地法

在调查区内，随机抽取1m^{2}的标准地若干个，逐株调查标准地上苗木的高度、根颈直径等指标，并计算出1m^{2}的平均产苗量和质量，最后推算出全区的总产量和质量。此调查方法适用于播种的小苗。

3. 准确调查法

数量不太多的大苗和珍贵苗木，为了数据准确，应逐株调查苗木数量，抽样调查苗木的高度、地径（距离地面高30cm处测量所得的树（苗）干直径）、冠幅等，计算其平均值，以掌握苗木的数量和质量。

由于冬春干旱，苗圃地土壤容易板结，起苗比较困难。起苗前如天气干燥，应提前2～3天对起苗地灌水，使土质变软，便于操作，还可使苗木充分吸水，提高苗体的含水量，从而增强苗木抗干旱的能力。

二、起苗

1. 裸根起苗

适用于落叶树大苗、小苗和常绿树小苗的起苗。小苗裸根起苗时沿着苗行方向，距苗行20cm处挖一条沟，沟的深度应稍深于要求的起苗深度，在沟壁下部挖出斜槽，按要求的起苗深度切断苗根，再从苗行中间插入铁锹，把切断根的苗木轻轻倒放并打碎根部泥土，尽量保留须根，挖好的苗木立即打泥浆。苗木如不能及时运走，应放在阴凉通风处假植。

大苗裸根起苗要单株挖掘。挖苗前先将树冠拢起，防止碰断侧枝和主梢。然后以树干为中心按要求的根幅划圆（一般落叶乔木的起苗根幅为苗木地径8～12倍左右，灌木一般为株高的1/3～1/2），在圆圈外挖沟，切断侧根，然后于一侧向内深挖，并将粗根切断。如遇到难以切断的粗根，应把四周土挖空后，用手锯锯断。切忌强按树干和硬劈粗根，造成根系劈裂。根系全部切断后，将苗取出，对病伤劈裂及过长的主根应进行修剪。

2. 带土球起苗

一般常绿树、名贵树木和较大的花灌木常用带土球起苗。土球的直径因苗木大小、根系特点、树种成活难易等条件而定。一般乔木的土球直径为根颈直径的8～16倍，土球高度为土球直径的2/3，应包括大部分的根系在内；灌木的土球大小为其高度的1/2～1/3。在天气干旱时，为防止土球松散，应于挖前1～2天灌水，增加土壤的粘结力。挖苗时，先将树冠用草绳拢起，再将苗干周围无根生长的表层土壤铲除，在应带土球直径的外侧挖一条操作沟，沟深与土球高度相等，沟壁应垂直，遇到细根用铁锹斩断，3cm 以上的粗根不能用铁锹斩，以免震裂土球，而应用锯子锯断，挖至规定深度，用锹将土球表面及周围修平，使土球上大下小呈苹果形，即土球上表面中部稍高，逐渐向外倾斜，其肩部圆滑不留棱角。这样包扎时比较牢固，不易滑脱，土球的下部直径一般不应超过土球直径的 2/3。自上向下修土球至一半高度时，应逐渐向内缩小至规定的标准，最后用锹从土球底部斜着向内切断主根，使土球与土底分开，在土球下部主根未切断前，不得硬推土球或硬掰动树干，以免土球破裂和根系断损。如土球底部松散，必须及时填塞泥土和干草，并包扎结实。

有时，落叶针叶树及部分移植成活率不高的落叶树需带宿土起苗，起苗时保留根部中心土及根毛集中区的土块，以提高移植成活率。起苗方法同裸根起苗。

起苗要注意的是，要尽量保护好苗木的根系，不伤或少伤大根。同时，尽量多保存须根，利于将来移植成活后恢复生长。起苗时也要注意保护树苗的枝干，以利于将来形成良好的树形。枝干受伤会减少叶面积，也会给树形培养增加困难。

四、分级与统计

1. 苗木分级

苗木分级的目的是使出圃的苗木合乎规格标准。根据苗木主要质量指标（苗高、地径、根系、病虫害和机械损伤等），可将苗木分为合格苗、不合格苗和废苗三类。合格苗是指可以用来绿化的苗木，具有良好的根系、优美的树形、一定的高度。合格苗根据其高度和粗度的差别，又可分为几个等级。不合格苗是指需要继续在苗圃培育的苗木。废苗是指不能用于造林、绿化，也无培养前途的断顶针叶苗，病虫害苗和缺根、伤茎苗等，应废弃不用。

园林苗木种类繁多，规格要求不同，目前各地尚无统一的和标准化的要求，一般依据苗龄、高度、地径、冠幅来进行分级。现代绿化工程对苗木质量提出了更高要求。一些大城市为提高城市绿化的质量和水平，相继发布实施了城市绿化工程施工及验收规范、城市绿地用植物木本苗木标准等一系列国家和地方标准，对城市绿化提出了更高的用苗标准。

苗木的分级工作应在背阴避风处或搭设荫棚下进行，并做到随起苗、随分级、随假植，以防风吹日晒或根系损伤。

2. 统计

苗木统计的目的是为了统计各类苗木的数量，做到心中有数，为总结工作和制订计划提供依据。一般与分级工作同时进行。选择背阴避风处（或搭荫棚），边分级边统计，尽量缩短时间，以免苗根受到风吹日晒而干枯。按分级规格标准分别计数，对于小苗也可用称重法称一定数量的苗木，再推算出各类苗木的总量。将统计完的苗木 50 株或 100 株捆成一捆，准备包装运输或假植、贮藏。

五、苗木包装

为了防止苗木在运输过程中风吹日晒和机械损伤，苗木出圃长途运输时，必须进行苗木包装运输，做好保湿，避免苗木失水过多影响栽植成活率。

1. 裸根苗包装

裸根小苗如果运输时间超过 24h，一般要进行包装。特别对珍贵、难成活的树种更要做好包装，以防失水。生产上常用的包装材料有草包、草片、蒲包、麻袋、塑料袋等。包装方

法是先将包装材料铺放在地上，上面放上苔藓、锯末、稻草等湿润物，然后将苗木根对根放在包装物上，并在根间放些湿润物。当每个包装的苗木数量达到一定要求时，用包装物将苗木捆扎成卷。捆扎时，在苗木根部四周和包装材料之间，应包裹或填充均匀而又有一定厚度的湿润物。捆扎不宜太紧，以利通气。外面挂一个标签，标明树种、苗龄、苗木数量、等级和苗圃名称。

短距离的运输，可在车上放一层湿润物，上面放一层苗木，分层交替堆放。或将苗木散放在篓、筐中，苗间放些湿润物，苗木装好后，最后再放一层湿润物即可。

2. 带土球苗木包装

带土球苗木需运输、搬运时，必须先行包扎。最简易的包扎方法是四瓣包扎，即将土球放入蒲包中或草片上，然后拎起四角包好。简易包装法适用于小土球及近距离运输。大型土球包装应结合挖苗进行。方法是：按照土球规格的大小，在树木四周挖一圈，使土球呈圆筒形。用利铲将圆筒体修光后打腰箍，第一圈将草绳头压紧，腰箍打多少圈，视土球大小而定，到最后一圈，将绳尾压住，不使其分开。腰箍打好后，随即用铲向土球底部中心挖掘，使土球下部逐渐缩小。为防止倾倒，可事先用绳索或支柱将大苗暂时固定，然后进行包扎。

草绳包扎主要有三种方式：

（1）橘子式（图9-1）　先将草绳一头系在树干上（或腰绳上），呈稍倾斜经土球底沿绕过对面，向上约于球面一半处经树干折回，顺同一方向按一定间隔（疏密视土质而定）缠绕至满球。然后再绕第二遍，与第一遍的每道于肩沿处的草绳整齐相压，至满球后系牢。再于内腰绳的稍下部捆十几道外腰绳，而后将内外腰呈锯齿状穿连绑紧。最后在计划将树推倒的方向沿土球外沿挖一道弧形沟，并将树轻轻推倒，这样树干不会碰到穴沿而损伤。壤土和沙性土还需用蒲包垫于土球底部并用草绳与土球底沿纵向绳拴边系牢。

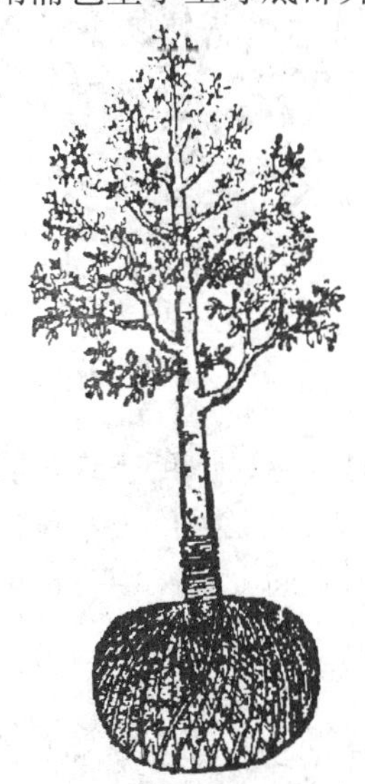

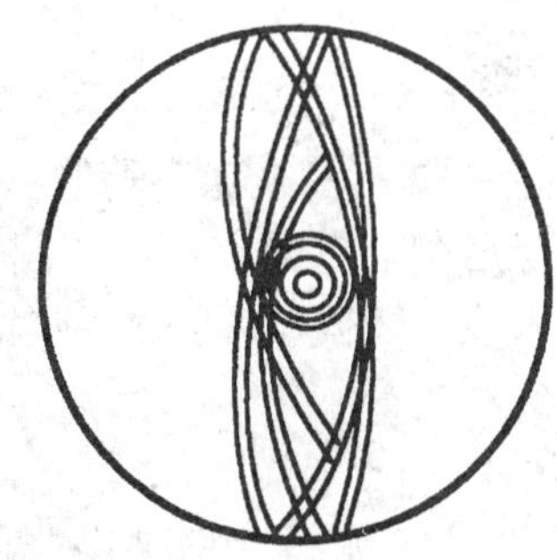

图9-1　橘子式包扎法

（2）井字式（图9-2）　先将草绳一端系于腰箍上，然后按图示数字顺序，由1拉到2，绕过土球的下面拉至3，经4绕过土球拉至5，再经6拉至7，经8与1挨紧平行拉扎。按如此顺序包扎满6~7道井字形为止。

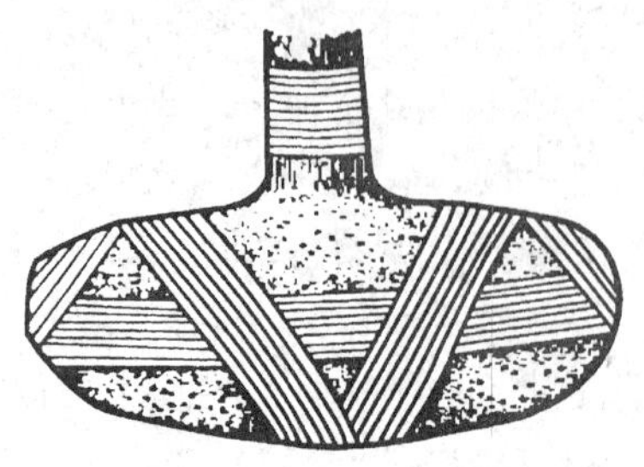

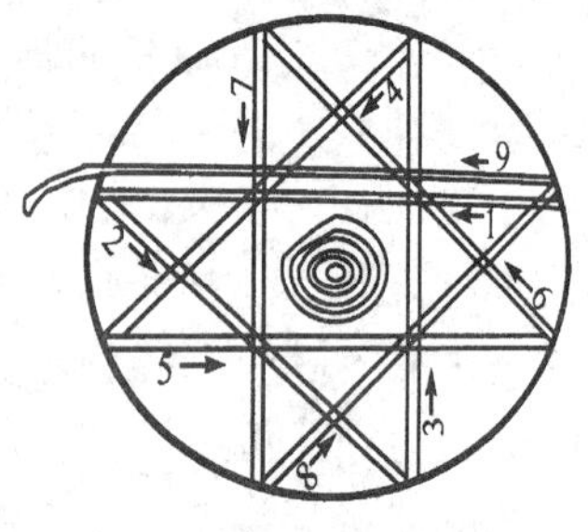

图 9-2 井字式包扎法

（3）五星式（图 9-3） 先将草绳一端系于腰箍上，然后按图示数字顺序，由 1 拉到 2，绕过土球底，经 3 过土球面到 4，绕过土球底经 5 拉过土球面到 6，绕过土球底，由 7 过土球面到 8，绕过土球底，由 9 过土球面到 10，绕过土球底回到 1。按如此顺序紧挨平扎 6～7 道五角星形。

井字式和五星式适用于黏性土和运距不远的落叶树或 1t 以下的常绿树，否则宜用橘子式或在橘子式的基础上外加井字式和五星式。

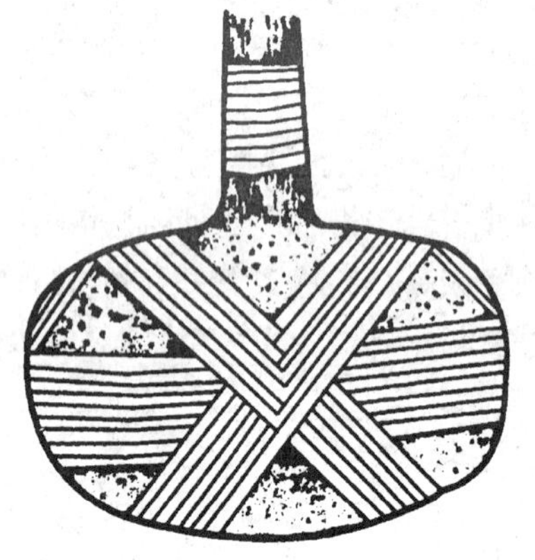

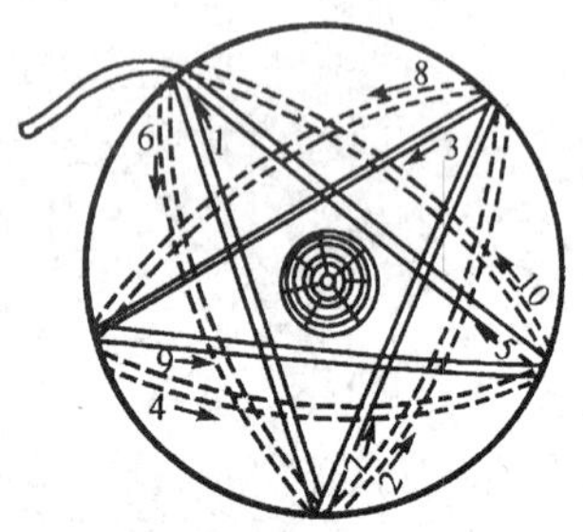

图 9-3 五星式包扎法

六、苗木运输

苗木运输时间通常由用户与苗圃商定，一般在订货时确定，取苗方式一般情况下由用户自备车辆装运，但是在客户要求下，苗圃也可以用汽车或火车为用户送苗上门。用户取苗时，除按合同办事外，必须办理苗木检疫证，通常由苗圃协助办理，用户也可在现场再次检查，合格后装运。

1. 裸根苗运输

装运苗木时，应轻抬轻放，先装大苗、重苗，大苗间隙填放小规格苗，装车不宜过重，压得不宜太紧，以免压伤树枝。树梢不准拖地，必要时用绳子围拴吊拢起来。树干之间、树干与车厢接触处要垫放稻草、草包等软材料，以避免树皮磨损。装裸根大苗应树根朝前，树梢向后，顺序排码。长途运苗树根与树身要覆盖，并适当喷水保湿，以保持根系湿润。为防止苗木滚动，装车后将树干捆牢。运到现场后要逐株抬下，不可推卸下车。

运输前应在苗包上挂上标签，注明树种和数量。在运输期间，要勤检查包内的湿度和温

度。如包内温度过高，要把包打开通风。如湿度不够，可适当喷水。苗木运到目的地后，要立即将苗包打开进行假植，过干时适当浇水，再进行假植。火车运输要发快件，对方应及时到车站取苗假植。

2. 带土球苗运输

2m以下（树高）的苗木，可以直立装车，2m高以上的树苗，则应斜放，或完全放倒，土球朝前，树梢向后。并立支架将树冠支稳，以免行车时树冠晃摇，造成散坨。土球规格较大，直径超过60cm的苗木只能放1层；小土球则可放两三层。土球应相互紧靠，还须用木块、砖头支垫，以防止晃动。土球上不准站人或压放重物，以防压伤土球。

3. 苗木装运注意事项

1）装运苗木时，用户与苗圃双方均应有人在现场过数，验收货物，并双方签字。

2）若火车运输，除安排好起装时间外，双方亦应在现场办好各项合同手续。

3）运大苗，包括带土球苗时，应轻取轻放，避免摔碰，以免损伤苗木或土球。

4）装运大规格苗木时，应用支架等固定好，避免运输过程中树体或土球滚动。

5）苗木装运高度等应按交通部门有关规定办理，不能违章操作。

【质量评价标准】

项目质量考核要求及评分标准见表9-1。

表9-1 项目质量考核要求及评分标准

考核项目	考核要求	配分	评分标准	扣分	得分	备注
起苗准备	1. 能根据苗木特性和生产任务合理确定起苗时间 2. 起苗前的各项准备工作充分、到位	15	1. 不能根据苗木特性和生产任务合理确定起苗时间，扣5分 2. 不能根据起苗准备工具材料，扣5分 3. 起苗地不符合起苗要求，扣5分			
起苗技术	1. 能根据苗木特性规格确定适宜的起苗方法 2. 起苗操作规范，不损伤苗木	35	1. 起苗方法不适宜，扣5分 2. 起苗技术不规范，扣10分 3. 苗木损伤过多，扣10分 4. 带土球苗土球破碎，扣10分			
分级统计	1. 能根据绿化要求和苗木质量进行分级 2. 苗木数量统计准确	10	1. 不能对苗木进行有效分级，扣5分 2. 苗木统计不正确，扣5分			
苗木包装	1. 能因地制宜地对苗木进行包装 2. 裸根苗应保证苗木湿润 3. 带土球苗木包扎稳固	15	1. 包装方法不适宜，扣5分 2. 损伤苗木，扣5分 3. 带土球苗木包扎方法不当，扣5分			
苗木运输	1. 苗木装运规范 2. 苗木摆放合理 3. 苗木装置稳固 4. 苗木标签准确	20	1. 苗木装运不规范，扣5分 2. 苗木摆放不合理，扣5分 3. 苗木装置不稳固，扣5分 4. 不做苗木标签，扣5分			
安全生产	1. 能按规程操作 2. 注意生产安全，细致操作	5	1. 操作不规范，存在安全隐患，扣5分 2. 操作粗放，损毁苗木，得0分			

学习目标

1. 掌握苗木假植的种类。
2. 掌握苗木假植技术。

【学习任务】

1. 任务描述

结合生产过程对苗木进行长期假植。要求做到适时假植，假植地点选择适当，假植技术规范，假植期间管理到位。

2. 任务流程图

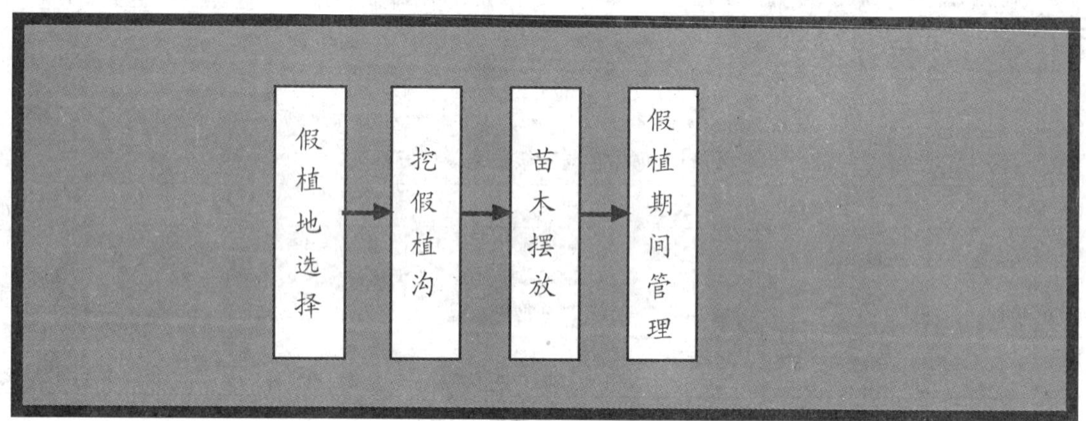

【环境设备】

材料：需假植的苗木、秸秆、标牌、草席、草绳等。

用具：记录笔、铁锹、锄头、推土机、枝剪等。

【学习过程】

将苗木的根系用湿润的土壤进行临时性的埋植称为假植。假植的目的主要是防止根系干燥，保证苗木的质量，假植可分为临时假植或长期假植两种。当秋季起苗后，苗木要通过假植越冬时，叫做越冬假植，也称为长期假植。在起苗后或栽植前为临时保护苗木进行的假植，叫做临时假植。临时假植与长期假植基本要求略同，只是在假植的方向、长度、集中情况等要求不那样严格，由于假植时间短，对较小的苗木允许成束地排列，不强调单摆，根系舒展，但也要做到深埋、踩实。

一、假植地选择

北方地区以10月下旬到11月上旬立冬前后假植为宜。假植过早，因地温高苗木容易发

热霉烂，造成损失，但也要避免因假植过晚使苗木冻在地里。

假植时应选择地势较高、排水良好、背风、便于管理和不影响次春作业的地方。切忌选在低洼地或土壤过于干燥的地方假植，以防苗根霉烂或干燥（图9-4）。

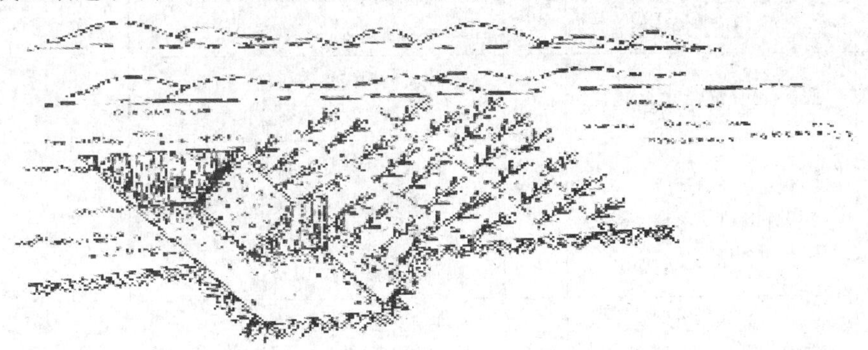

图9-4 苗木假植图

二、挖假植沟

育苗面积较小时，假植苗木数量不多，可以采取人工挖假植沟假植。即在选定的假植地点，用铁锹挖一条与主风方向垂直的假植沟（如东西向）。沟的规格因苗木的规格不同而异，播种苗一般深度为30～35cm，将沟内挖出的土放于沟的一侧（如南侧），堆成45°的斜坡，迎风面的沟壁也做成45°的斜坡。

三、苗木摆放

假植沟挖好后，将苗木单株均匀地摆于斜壁上（苗梢向南），使苗木根部在沟内舒展开，苗木根颈略低于地表，最后用下一条沟中挖出的湿土将苗根及苗径的下半部盖严、踏实，使根系与土壤密接，防止透风受冻和干枯。

假植时要做到单摆（或小束）、深埋、踩实，使根土密接。北方地区因风沙危害较大，可在迎风面设防风障，苗梢可用秸秆覆盖，以防冻害。为了便于起苗运输，假植地上隔一定距离留出步道，假植均要分区、分树种、定数量（每几百株或几千株做一标记），并在地头上插标牌，注明树种、苗龄、种类、数量、假植时间等项内容，并绘出平面示意图以便于管理。

一般先阔叶树苗，后针叶树苗，由于刺槐、槐树、锦鸡儿等豆科树种苗木耐寒力较弱，根部水分较多，又有根瘤，既怕冻又怕地温高，因此假植不宜过早，可以在最后结冻前一两天假植。

四、假植期间管理

假植期间要经常检查，发现覆土下沉要及时培土，春季化冻前要清除积雪，以防雪化浸苗，如早春苗木不能及时出圃栽植时，为了抑制苗木的发芽，可用席子、稻草、秸秆等覆盖遮阳，降低温度，适当推迟苗木的萌发。

【质量评价标准】

项目质量考核要求及评分标准见表9-2。

表 9-2　项目质量考核要求及评分标准

考核项目	考核要求	配分	评分标准	扣分	得分	备注
假植地选择	1. 假植地选择适当 2. 苗木假植时间恰当	15	1. 假植场地选择不适当，扣 10 分 2. 苗木假植时间不适宜，扣 5 分			
挖假植沟	假植沟规格符合假植要求	30	1. 挖假植沟规格不适宜，扣 15 分 2. 挖假植沟技术不到位，扣 15 分			
苗木排放	1. 苗木摆放有序 2. 做到深埋踩实根土密接 3. 标牌准确	30	1. 苗木摆放杂乱，扣 10 分 2. 不能做到深埋踩实根土密接，扣 10 分 3. 不做标牌，扣 10 分			
假植管理	管理到位	15	1. 管理不到位，扣 10 分 2. 不能根据情况及时采取措施，扣 5 分			
安全生产	1. 能按规程操作 2. 注意生产安全，细致操作	10	1. 操作不规范，存在安全隐患，扣 10 分 2. 操作粗放，损毁苗木，得 0 分			

【单元复习题】

1. 案例分析

周至县作为国家生态示范县和西北地区最大的苗木花卉基地，近年来在苗木、花卉的包装上不断开创生态环保新路子，用无纺布做成的包装袋包住苗木的根系，栽植苗木时，不用解除包装，无纺布在土里会自动分解，不仅省工、省时，还环保。为提升苗木档次，周至县从 2009 年开始在全县推广使用无纺布生态环保苗木包装袋，逐渐替换以前的塑料袋，此举为苗木农户增长利润 6% 以上。对于推广苗木无纺布包装，客户反映买无纺布包装的苗木，施工时省时、省工，成活率有保证，最主要的是环保！以前，苗木都是用塑料袋包装的，买回去栽种时，还得一个个地把塑料袋取掉，费时、费工不说，塑料袋还飘得满天飞，对环境造成很大污染。育苗户们反映无纺布做的小袋子一个得投 4 分钱，但用了这无纺布包装苗木，苗木的价钱也提高了不少，一株至少可多卖 0.5 元，销路也好多了。周至县开始推广的无纺布生态环保苗木包装让苗木种植户与客商获得了双赢。试结合此案例调查周边苗圃在苗木出圃时采用的主要包装方法。

2. 思考与练习

（1）苗木出圃的质量要求是什么？

（2）起苗有哪些方法？起苗时有哪些要求？

（3）怎样进行苗木假植？

（4）苗木运输时包装方法有哪些？有什么要求？

（5）根据苗木生物学特性和绿化的时期的要求，阐述合理确定起苗季节的重要性及不同季节起苗的要求。

单元10　组织培养育苗技术

植物组织培养是指在无菌条件下，将离体的植物器官（根、茎、叶、花、果实、种子等）、组织（如形成层、花药组织、胚乳、皮层等）、细胞（体细胞和生殖细胞）以及原生质体，培养在人工配制的培养基上，给予适当的培养条件，使其长成完整的植株的方法。

通常所说的广义的组织培养，是指通过无菌操作分离植物体的一部分（即外植体），接种到培养基上，在人工控制的条件下进行培养，使其生长成完整的植株。由于培养的是脱离植物母体的培养物，在试管内培养，所以也叫离体培养或试管培养。根据被切除的植物体来源不同和培养对象的不同又可分为：培养幼苗或较大的植物体叫植物培养；培养成熟以及未成熟的离体胚，叫胚培养；培养植物的根尖、茎尖、叶片、茎段、花器各部分以及果实的叫器官培养；培养分散的细胞或小的细胞团称细胞培养；培养去除细胞壁，裸露的原生质体叫原生质体培养。一般讲培养什么器官叫什么培养。还可根据培养目的来分，有：试管嫁接、试管受精、试管加倍、试管育种等。

1. 组织培养的原理

植物组织培养是基于植物细胞全能性这一理论基础来进行的。植物细胞全能性是指植物的每一个细胞都具有整株植物全套的遗传信息，不管是性细胞如花粉，还是体细胞如叶肉细胞，这些细胞在经过处理后，放入能让细胞繁殖生长的培养基中，给它一定的培养条件，整株植物全套的遗传信息就能表达，从而产生一个独立完整的个体。

各种植物细胞在植物体内都处于分化状态。要使植物细胞从分化状态过渡到有繁殖能力的分生状态，其细胞结构必须发生深刻的变化，否则无法完成这个过渡。这种在植物体上已分化的细胞和组织，在培养条件下逐渐恢复到分生状态的过程，叫做脱分化。已经脱分化的细胞在一定条件下，又可经过愈伤组织或胚状体，再分化出根和芽，形成完整植株，这一过程叫做再分化。组织培养的过程，就是植物细胞的脱分化和再分化的过程，而这一过程又是在细胞全能性的基础上进行的，是细胞全能性发挥作用的结果。组培苗的生产程序如图10-1所示。

根、径、叶、花等外植体$\xrightarrow{\text{脱分化}}$愈伤组织或胚状体$\xrightarrow{\text{再分化}}$生长点（芽苗）→幼茎→生根→小植株

图10-1　组培苗的生产程序

2. 组织培养的应用领域

（1）无性系繁殖育苗　无性系繁殖在植物组织培养中应用非常广泛。利用茎尖组织进行组培育苗，可在短期内繁殖大量幼苗，这种组织培养又称为“快速繁殖”或“微型繁殖”。应用组织培养技术，繁殖速度远比常规的嫁接、扦插、压条分株繁殖要快得多。有些观赏植物，常规繁殖速度每年仅几倍到十几倍，组织培养则每年可繁殖出几万甚至几百万的小苗。最早应用组织培养法进行快速繁殖的兰花，一个外植体一年可以繁殖400万个原球茎，这对加速繁殖珍稀树种、优良品种、无性系或芽变株系极为有用。

（2）植株脱病毒　几乎所有植物都遭受到病毒不同程度的危害，有的种类甚至同时受

到数种病毒的危害，尤其是很多园林植物长期用无性繁殖，一旦蒙受病毒感染，代代相传，使病毒积累，危害加重，降低植物品质。在植物组织培养中，通过热处理和利用微茎尖（0.1～0.2mm）进行组织培养，可脱除植物所带病毒，获得无毒苗，以此作为繁殖材料，可繁殖大量无毒苗木，以满足生产需要。

组织培养无病毒苗已在很多植物的常规生产上得到应用，如苹果、香石竹、菊花等。已有不少地区建立了无病毒苗的生产中心，开展无病毒苗的培养、鉴定、繁殖、保存、利用和研究，形成了一个规范的系统程序，从而达到了保持园林植物的优良种性和经济性状的目的。

（3）植物育种　植物组织培养技术为育种提供了许多手段和方法，使育种工作在新的条件下更有效地进行。如用花药培养单倍体植株；用原生质体进行体细胞杂交和基因转移；用子房、胚和胚珠完成胚的试管发育和试管受精等。

胚培养技术很早就得到应用。在种属间远缘杂交的情况下，由于生理代谢等方面的原因，杂种胚常常停止发育，因此不能得到杂种植物，通过胚培养可保证远缘杂交顺利进行。桃、百合、鸢尾等许多园林植物远缘杂交育种中都应用了胚培养技术。对早期发育幼胚太小、难培养的种类，可采用胚珠和子房培养。利用胚珠和子房培养还可进行试管受精，以克服柱头或花柱对受精的障碍，使花粉管直接进入胚珠而受精。

在常规育种中，为得到纯系材料要经多代自交，而单倍体育种，经染色体加倍后可以迅速获得纯合的二倍体，大大缩短了育种的世代和年限。目前利用花药、花粉进行单倍体育种试验已在苹果、柑橘、葡萄、草莓、石刁柏、甘蓝、天竺葵等植物上取得成功。

利用组织培养可以进行突变体的筛选。突变的产生因部位而异，茎尖遗传性比较稳定，根、茎、叶，乃至愈伤组织和细胞的培养则变异率较大。此外，也可采用紫外线、X 射线、γ 射线照射材料，来诱发突变的产生。在组织培养中产生多倍体、混倍体现象比较多，产生的变异为育种提供了材料，可以根据需要进行筛选。利用组织培养，采用与微生物筛选相似的技术，在细胞水平上进行突变体的筛选更加富有成效。

原生质体培养和体细胞杂交技术的开发，给育种带来了新的前景。已有多种植物经原生质体培养得到再生植物，有些植物得到体细胞杂种，这无论在理论上还是在实践上都有重要价值。随着工作的深入和水平的提高，原生质体培养一定会在育种上产生深远的影响。

（4）种质资源保存　植物资源及其保存有两大难题：一是遗传资源日趋枯竭，造成有益基因的丧失；二是常规田间保存耗资巨大，且往往达不到万无一失的目的。利用植物组织培养和细胞低温保存种质，可大大节约人力、物力和土地，同时也利于种质交换和转移，防治有害病虫的人为传播。

采用组织培养方法，保存愈伤组织、胚状体、茎尖等组织，可节省大量人力物力。例如要保存 800 个葡萄品种，需占地 1hm^2，而维持费用也十分昂贵。如借助组织培养来保存它们，将葡萄茎段培养成的小植株放在试管中，温度在 9℃ 以下，植株便停止生长，每年只需转管一次。这样 800 个葡萄品种，每品种重复 6 个，只需 1m^2 的场所就放下了。新近还发展出将茎尖、胚状体、细胞团等易于再生的植物材料，存放入液氮中，需要时迅速投入约 40℃ 的温水浴中，使之速溶，茎尖细胞多数能恢复生长和增殖。

（5）工厂化育苗　近年来，组培苗工厂化生产已作为一种新兴技术和生产手段，在园

林植物的生产领域蓬勃发展。

工厂化生产组培苗，是按一定工艺流程规范化程序化生产的，具有繁殖速度快、整齐、一致、无虫少病、生长周期短、遗传性稳定的特点，可以加速产品的发展，短期内获得大量优良无性系。特别是对一些繁殖系数低、杂合的材料有性繁殖优良性状易分离，或从杂合的遗传群体中筛选出表现型优异的植株、需要保持其优良遗传性，有更重要的作用。

植物组织培养也存在一定的困难，表现为：①繁殖效率与商品需要量矛盾，有些植物由于繁殖方法尚未解决，因而无法满足生产的需要。②在培养过程中会产生变异株。③生产成本较高，只有降低成本，才能更好地投产应用。

项目1 培养基配制

学习目标

1. 掌握培养基的组成成分和功能。
2. 掌握基本培养基的配方。
3. 掌握培养基母液和常用培养基的配制方法和步骤。
4. 掌握培养基的分装和灭菌方法。

【学习任务】

1. 任务描述

根据所选择培养基种类，配制大量元素、微量元素、有机物、铁盐、激素等母液，进行培养基的配制、分装和灭菌。

2. 任务流程图

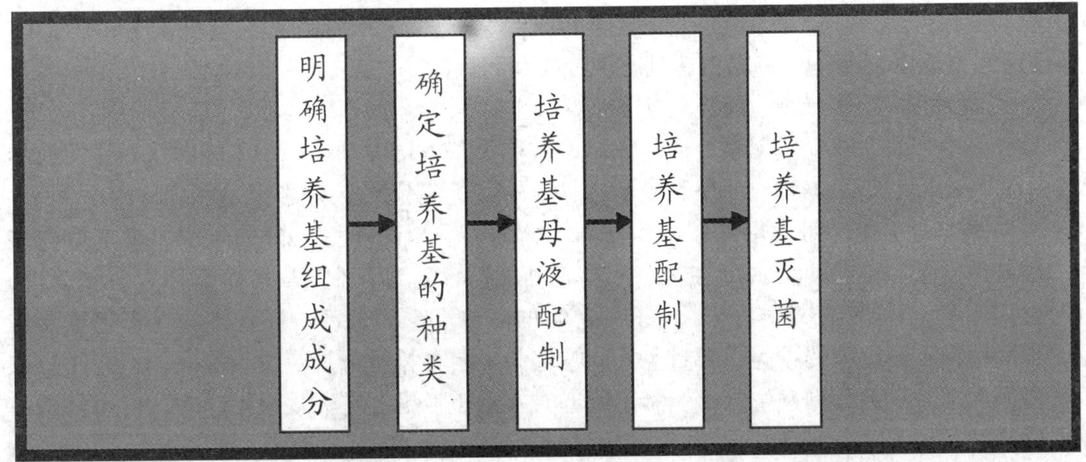

【环境设备】

材料：大量元素、微量元素、有机物、铁盐、植物激素、琼脂、糖类等。

仪器：烧杯（100mL、250mL、500mL 和 1000mL）、量筒（25mL、50mL、100mL、

500mL 和 1000mL)、试管、吸管、棕色广口瓶、天平(0.0001g、0.01g)、冰箱、玻璃棒、水浴锅、三角瓶、滴管、容量瓶(100mL、250mL、500mL 和 1000mL)、高压灭菌器、酸度计、分注器、刻度移液管等。

【学习过程】

培养基是根据植物的需求,人工配制的含有各种营养成分的营养液,是植物组织培养的重要基质,是离体植物(外植体)赖以生长、分化的基础。在离体培养条件下,不同种植物的组织对培养基有不同的要求,甚至同一种植物不同部位的组织对营养的要求也不相同。只有满足了它们各自的特殊要求,它们才能很好地生长。因此,没有一种培养基能够适合一切类型的植物组织或器官,在建立一项新的培养系统时,首先要找到合适的培养基,培养才有可能成功。

一、明确培养基组成成分

培养基的成分主要包括:无机营养元素(即无机盐类)、有机附加成分、碳素、琼脂、植物激素和水等。

1. 无机盐类

无机盐是植物生长发育所必需的化学元素,主要包括大量元素和微量元素。

(1)大量元素　除碳、氢、氧外,还有氮、磷、钾、钙、镁、硫。它们是植物细胞中构成核酸、蛋白质、酶系、叶绿素以及生物膜所必不可少的营养元素。

(2)微量元素　主要包括铁、硼、锌、铜、锰、钴等。微量元素在植物细胞生命活动过程中,以酶系中的辅基形式起着重要作用,植物对这些元素的需要量甚微,但又不可缺乏。

培养基中铁是用量较多的一种微量元素,铁对植物组织叶绿素的合成和延长生长起重要作用。硫酸铁和氯化铁在培养基 pH 值为 5.2 以上时,常呈 $Fe(OH)_3$ 沉淀,使植物材料无法吸收而造成缺铁现象,故常用硫酸亚铁和乙二胺四乙酸二钠制成硫酸亚铁 Na_2—EDTA(螯合剂)出现在培养基中,成为有机态被吸收和利用。

2. 有机物质

培养基中若只含有大量元素与微量元素,常称为基本培养基。因为不同的培养目的而加入一些有机物以利于培养物快速生长。通常加入的有机成分主要有以下几类:

(1)碳水化合物　最常用的碳源是蔗糖,葡萄糖和果糖也是较好的碳源,可支持许多组织很好地生长。蔗糖使用浓度在 2% ~3%,常用 3%,即配制 1L 培养基称取 30g 蔗糖,有时可用 2.5%,但在胚培养时采用 4% ~15% 的高浓度。因蔗糖对胚状体的发育起重要作用,不同植物不同组织的糖类需要量也不同,实验时要根据配方规定按量称取,不能任意取量。高压灭菌时一部分糖发生分解、制定配方时要给予考虑。在大规模生产时,可用食用白糖代替。

(2)维生素　维生素类化合物在植物细胞里主要是以各种辅酶的形式参与多项代谢活动,对生长、分化等有良好的促进作用。虽然大多数的植物细胞在培养过程中都能合成所必需的维生素,但在数量上还明显不足,通常需加入一至数种维生素,以使其生长良好。主要有 VB_1(盐酸硫胺素)、VB_6(盐酸吡哆醇)、VPP(烟酸)、VC(抗坏血酸),有时还使用

生物素、叶酸、VB_2 等。一般用量为0.1~1.0mg/L，有时用量较高。VB_1 对愈伤组织的产生和生活力有重要作用，VB_6 能促进根的生长，VPP与植物代谢和胚的发育有一定关系，VC有防止组织变褐的作用。

（3）肌醇　又叫环己六醇，能促进愈伤组织的生长以及胚状体和芽的形成。对组织和细胞的繁殖、分化有促进作用，对细胞壁的形成也有作用。使用浓度一般为100mg/L。

（4）氨基酸　是很好的有机氮源，可直接被细胞吸收利用。培养基中最常用的氨基酸是甘氨酸，其他的如精氨酸、谷氨酸、谷酰胺、天冬氨酸、天冬酰胺、丙氨酸等也常用。有时采用水解乳蛋白或水解酪蛋白，它们含有约20种氨基酸的混合物，用量在10~1000mg/L之间。由于它们营养丰富，极易引起污染，如在组织培养中无特别需要，以不用为宜。

（5）天然复合物　其成分比较复杂，大多含氨基酸、激素、酶等一些复杂化合物。它对细胞和组织的增殖与分化有明显的促进作用，但对器官的分化作用不明显。它们的成分大多不清楚，所以一般应尽量避免使用，特别是新的植物激素不断产生，更缩小了它的使用范围。可是由于其对一些难以生长培养材料有特殊作用，所以在一些试验中还常常应用它。

常用的有椰乳、香蕉、马铃薯、水解酪蛋白、酵母提取液、麦芽提取液、未熟玉米的胚乳等。

3. 琼脂

琼脂是一种由海藻中提取的高分子碳水化合物，本身并不提供任何营养，是固体培养基中使用最方便的凝固剂和支持物。它具有无毒、无味、化学性质稳定、遇热液化、冷却后凝固，可使各种可溶性物质均匀地扩散分布等特性。琼脂能溶解在热水中，成为溶胶，冷却至40℃即凝固为固体状凝胶。通常所说的“煮”培养基，就是使琼脂溶解于90℃以上的热水。琼脂的用量在6~10g/L之间，若浓度太高，培养基就会变得很硬，营养物质难以扩散到培养的组织中去，若浓度过低，凝固性不好。新买来的琼脂最好先试一下它的凝固力。一般琼脂以颜色浅、透明度好、洁净的为上品。琼脂的凝固能力除与原料、厂家的加工方式有关外，还与高压灭菌时的温度、时间、pH值等因素有关，长时间的高温会使凝固能力下降，过酸过碱加之高温会使琼脂发生水解，丧失凝固能力。时间过久，琼脂变褐，也会逐渐丧失凝固能力。

4. 植物激素

植物激素常常是培养基中不可缺少的部分，对外植体的生长、分化起决定性作用。其中影响最显著的是生长素和细胞分裂素。

（1）生长素类　为吲哚乙酸（IAA）、吲哚丁酸（IBA）、萘乙酸（NAA）和2，4—二氯苯氧乙酸（2，4—D）等。其作用强弱依次为2，4—D>NAA>IBA>IAA。它们能促进不定根分化，低浓度2，4—D有利于胚状体的分化。

（2）细胞分裂素　有动力精（激动素KT）、6—苄基氨基嘌呤（BA）、玉米素（ZT）以及异戊烯腺嘌呤（Zip）等。其作用强弱依次为ZT>BA>KT。它们都具有促进细胞分裂、延缓组织衰老、诱导不定芽分化等作用。

其他植物激素还有赤霉素（GA_3）、脱落酸（ABA）、乙烯利（CEDP）和三十烷醇等。

植物激素的使用甚微，一般用mg/L表示浓度。在组织培养中植物激素的使用浓度，因植物的种类、部位、时期、内源激素等的不同而异，一般生长素使用浓度为0.05~5mg/L，细胞分裂素为0.05~10mg/L。

为了减少植物组织在培养过程中所排出的有害物质的影响，可以在培养基中加入0.1%~1.0%具有强吸附功能的活性炭。有时在培养基中预先加入适量的抗生素类物质，如青霉素、链霉素等，可减轻污染。

5. 水

水是生命所必不可少的，也是细胞的主要组成成分之一。水使细胞质呈胶体状态、活化状态，是细胞中各种生理、生化反应的介质，并为植物体提供氢、氧元素。在研究工作中宜选用蒸馏水或饮用纯净水。工厂化大量生产时，可考虑用来源方便的水源，但要水质较软、清洁、无毒害，配制培养基不会产生沉淀。

二、确定培养基的种类

培养基有许多种类，根据不同的植物和培养部位及不同的培养目的需选用不同的培养基。

培养基最早是由Sacks（1680）和Knop（1681）研究产生的。他们对绿色植物的成分进行了分析，根据植物从土中主要吸收无机盐营养的情况，设计出了由无机盐组成的Sacks和Knop溶液，至今仍在作为基本的无机盐培养基得到广泛应用。

目前国际上流行的培养基有多种，以MS培养基最常用。其特点是无机盐和离子浓度较高，可以保证培养材料对营养的需要，且生长快、分化快。由于浓度高，在配制、消毒过程中某些成分有些出入，但不至影响培养基的离子平衡。本任务以MS培养基为例进行学习（见表10-1）。

表10-1　MS培养基母液的配制

类别	中文名称	化学式	1L培养基中药品用量/mg	母液扩大倍数	1L母液中药品称取量/mg	1L培养基取用母液量/mL
大量元素	硝酸铵	NH_4NO_3	1650	10倍	16500	100
	硝酸钾	KNO_3	1900		19000	
	磷酸二氢钾	KH_2PO_4	170		1700	
	硫酸镁	$MgSO_4 \cdot 7H_2O$	370		3700	
	氯化钙	$CaCl_2 \cdot 2H_2O$	440		4400	
微量元素	碘化钾	KI	0.83	200倍	166	5
	硼酸	H_3BO_3	6.2		1240	
	硫酸锰	$MnSO_4 \cdot 4H_2O$	22.3		4460	
	硫酸锌	$ZnSO_4 \cdot 7H_2O$	8.6		1720	
	钼酸钠	$Na_2MoO_4 \cdot 2H_2O$	0.25		50	
	硫酸铜	$CuSO_4 \cdot 5H_2O$	0.025		5	
	氯化钴	$CoCl_2 \cdot 6H_2O$	0.025		5	
铁盐	乙二胺四乙酸二钠	Na_2—EDTA	37.3	200倍	7460	5
	硫酸亚铁	$FeSO_4 \cdot 7H_2O$	27.8		5560	

（续）

类别	中文名称	化学式	1L 培养基中药品用量/mg	母液扩大倍数	1L 母液中药品称取量/mg	1L 培养基取用母液量/mL
有机物	肌醇	$C_5H_{12}O_6 \cdot 2H_2O$	100	200 倍	20000	5
	烟酸 VB_3	NC_5H_4COOH	0.5		100	
	盐酸吡哆醇 VB_6	$C_8H_{11}O_3N \cdot HCl$	0.5		100	
	盐酸硫胺素 VB_1	$C_{12}H_{17}ClN_4OS \cdot HCl$	0.1		20	
	甘氨酸	NH_2CH_2COOH	2		400	

三、培养基母液配制

在组织培养工作中，配制培养基是日常工作。为简便起见，通常先将培养基配方中的药品用量扩大一定倍数称量供一段时间使用，即配成一些浓缩液，用时再按比例稀释，这种浓缩液就是贮备液，即母液，以保证各物质成分的准确性及配制时的快速移取，并便于低温保存。一般大量元素比使用液浓度高 10～50 倍，微量元素等可高 50～500 倍，但要注意过高的浓度和不恰当的混合会引起沉淀，影响培养效果。配制母液时要用蒸馏水或重蒸馏水，药品应选取等级较高的化学纯或分析纯，药品的称量及定容都要准确。各种药品先以少量水使其充分溶解，然后依次混合。一般配成大量元素、微量元素、铁盐、维生素等母液，其中维生素、氨基酸类可以分别配制，也可以混在一起。

1. 大量元素母液的配制

称取 16500mg 硝酸铵放入 500mL 烧杯中，用适量蒸馏水溶解后倒入 1000mL 容量瓶中；然后同上，根据表 10-1 中的数据依次称取硝酸钾、磷酸二氢钾、硫酸镁、氯化钙，溶于蒸馏水，倒入同一容量瓶。最后定容到 1000mL，摇匀后倒入 1000mL 洗净的试剂瓶中，贴好标签放入冰箱中备用。

2. 微量元素母液的配制

称取 166mg 碘化钾放入烧杯中，用适量蒸馏水溶解后倒入 1000mL 容量瓶中；然后同上，根据表 10-1 中的数据依次称取硼酸、硫酸锰、硫酸锌、钼酸钠、硫酸铜、氯化钴，溶于蒸馏水，倒入同一容量瓶。最后定容到 1000mL，摇匀后倒入 1000mL 洗净的试剂瓶中，贴好标签放入冰箱中备用。

3. 肌醇母液的配制

肌醇用量大，配制容易，加上肌醇时间放长了易变质，因此常从有机物中分出来，单独配制。配制母液时常配制 100mL，含量为 20mg/mL，每次取用时 1L 培养只需取母液 5mL。配制时称取 2000mg 肌醇，倒入小烧杯中用蒸馏水溶解，然后定容至 100mL 容量瓶摇匀，贴好标签放入冰箱中备用。

4. 其他有机物母液的配制

称取 100mg 的烟酸放入烧杯中，用适量蒸馏水溶解后倒入 1000mL 容量瓶中；然后同上，根据表 10-1 中的数据依次称取盐酸吡哆醇、盐酸硫胺素、甘氨酸，溶于蒸馏水，倒入同一容量瓶。最后定容到 1000mL，摇匀后倒入 1000mL 洗净的试剂瓶中，贴好标签放入冰箱中。

5. 铁盐母液的配制

称取硫酸亚铁（$FeSO_4 \cdot 7H_2O$）5560mg 溶于约 400mL 蒸馏水中，适当加热并不停搅拌；称取乙二胺四乙酸二钠（Na_2—EDTA）7460mg 溶于 400mL 蒸馏水中，适当加热并不停搅拌。然后将两种溶液混合在一起，调整 pH 值到 5.5，最后加蒸馏水定容到 1000mL。摇匀后倒入 1000mL 洗净的棕色试剂瓶中，贴好标签放入冰箱中。

6. 植物激素母液配制

植物激素通常也单独配制成母液。母液浓度一般为 0.2 ~ 1mg/mL，配制培养基时按量吸取。IAA、NAA、IBA、2，4—D，可先用少量 0.1mol/L 的 NaOH 或 95% 的酒精溶解，然后再定容。KT 和 BA 等细胞分裂素母液的配制方法与上大致相同，不同之处是用 0.1 ~ 1mol/L HCl 加热溶解，然后加水定容。

母液制备过程中，应注意以下几点：

（1）准确称量　药品称量要尽可能准确，大量元素用 1/1000 分析天平称取，而微量元素、有机物类、植物激素等则须使用 1/10000 的分析天平称取。

（2）明确标记　母液配制完毕注入试剂瓶以后，一定要注明母液名称、配制倍数（浓度）、日期及配 1L 培养基时应取的量。

（3）冷藏保存　配制好的母液应放置在冰箱内保存，尤其是有机物和激素类。

四、培养基配制

1. 容器的清洗、准备

植物组织培养除了要对培养的实验材料和接种用具进行严格灭菌外，各种培养器皿也要求洗涤清洁，以防止带入有毒或影响培养效果的化学物质和微生物等。清洗玻璃器皿用的洗涤剂主要有肥皂、洗洁精、洗衣粉和铬酸洗涤液（由重铬酸钾和浓硫酸混合而成）。新购入的玻璃器皿只有在彻底清洗之后才能使用，一般可用 1% 左右浓度的稀盐酸将可溶性无机物除去，再用肥皂水洗净，清水冲洗，最后用蒸馏水淋洗一遍。用过的器皿，先要除去其残渣，清水冲洗后，用热肥皂水（或洗涤剂）洗净，清水冲洗，最后用蒸馏水冲洗一遍。对于吸管等难洗涤的用具可以在铬酸洗涤液浸泡后冲洗。清洗过的器皿晾干或烘干后备用。

2. 培养基配制

培养基配制可按如图 10-2 所示步骤进行。

下面以月季茎尖初代培养的培养剂配方（MS + 0.2mg/L NAA + 2.0mg/LBA）为例，介绍配制过程。

（1）溶解琼脂和蔗糖　在 1000mL 的烧杯中加入 500mL 蒸馏水，然后将称好的 6 ~ 8g 琼脂粉放进烧杯中加热不断搅拌，待琼脂完全溶解后，再放入 25 ~ 30g 蔗糖，搅拌溶解。

（2）按顺序加入各贮备母液以及所需的植物激素、定容　配制培养基时一般将已配好的各种母液按顺序排好，根据母液倍数吸取相应量（见表 10-1）的各种母液和植物激素，加入到含有琼脂和糖的烧杯中，加蒸馏水定容至 1000mL。在加入母液和蒸馏水的过程中应边加入边搅拌。

（3）调节 pH 值　用酸度剂或 pH 精密试纸测定 pH 值，用 1mol/L HCl 或 1mol/L NaOH 调节 pH 值至所需值，一般为 5.6 ~ 5.8。

（4）分装　培养基要趁热分装于培养容器中，用漏斗将培养基分装到试管（三角瓶）

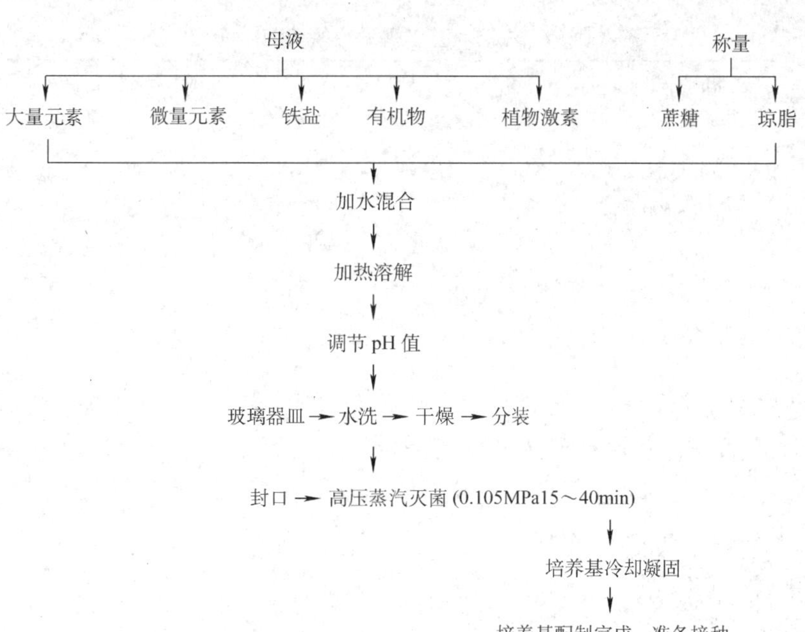

图 10-2　培养基的配制程序

中。若用 100mL 的三角瓶，每瓶分装 30～40mL 培养基，即 1L 培养基约装 30 瓶左右，太多则浪费培养基，太少则不易接种和影响生长。培养基的量要根据培养对象来决定，如果培养时间较长时，应适当多装培养基；如果仅进行短期培养时，可适当少加培养基。培养基冷却前应分装完毕，并尽可能避免培养基粘在管壁上，以防止细菌污染。

（5）封口　分装后应立即用封口膜或棉塞、塑料瓶塞等材料将瓶口封严。用棉塞封口的试管（三角瓶）需再用牛皮纸包扎好。封口后，写上培养基种类，准备灭菌。注意不能放置时间过长，以免产生污染。

五、培养基灭菌

培养基是在有菌的环境中配制的，培养基配制分装完毕后，应尽快进行灭菌，否则培养基中就会滋生各种细菌。

培养基灭菌常采用高压灭菌法，方法是：打开高压锅盖，加水至水位线。把已装好培养基的三角瓶，连同蒸馏水及接种用具等放入锅筒内，装时不要过分倾斜培养基，以免弄到瓶口上或流出。然后盖上锅盖，对角旋紧螺钉，接通电源加热，当升至 0.05MPa 时，打开放气阀放气，回“0”后关闭放气阀。当气压上升到 0.105MPa 时（121～126℃），保压灭菌 15～40min，到时停止加热。当气压回“0”后打开锅盖，取出培养基，放于平台上冷凝。灭好的培养基放置时间不要太长，最多不能超过 1 周。

培养基灭菌的时间取决于温度，而不是直接取决于压力。由于容器的体积不同，瓶壁的厚度不同，所需灭菌时间也不同（见表 10-2）。对经过高压灭菌后不会变质的物品，如无菌水、培养皿、器械等，可延长灭菌时间和增加压力。灭菌时间过长容易引起培养基中营养成分的损失，并且琼脂也会因灭菌时间的延长使凝固能力下降，甚至不能凝固。因此，所需的灭菌时间应随着要进行灭菌的物体体积而变化。

表 10-2　培养基必需的最短灭菌时间

容器的体积/mL	在 121℃下灭菌所必需的最短时间/min
20～50	15
75～150	20
250～500	25
1000	30
1500	35
2000	40

一些易受高温破坏的培养基成分，如吲哚乙酸（IAA）、吲哚丁酸（IBA）、玉米素（ZT）等，不宜用高温高压法，可在过滤灭菌后加入培养基中。过滤灭菌一般用细菌过滤器，其中的 0.4μm 孔径的滤膜能将直径较大的细菌等滤去。过滤灭菌应在无菌室或超净工作台上进行，以免造成培养基污染。

【质量评价标准】

项目质量考核要求及评分标准见表 10-3。

表 10-3　项目质量考核要求及评分标准

考核项目	考核要求	配分	评分标准	扣分	得分	备注
培养基的成分	熟知培养基中无机盐、铁盐、植物激素、琼脂、糖类等的作用	10	不熟悉培养基中无机盐、铁盐、植物激素、琼脂、糖类等的作用，扣 10 分			
母液配制	1. 大量元素母液配制准确 2. 微量元素母液配制准确 3. 有机物母液配制准确 4. 铁盐母液配制准确 5. 植物激素母液配制准确	25	1. 大量元素称量、母液配制不准确，扣 5 分 2. 微量元素称量、母液配制不准确，扣 5 分 3. 有机物称量、母液配制不准确，扣 5 分 4. 铁盐称量、母液配制不准确，扣 5 分 5. 植物激素称量、母液配制不准确，扣 5 分			
容器清洗	1. 容器清洗彻底 2. 容器存放合理	10	1. 容器清洗不符合要求，扣 5 分 2. 容器存放不符合要求，扣 5 分			
培养基的配制	1. 琼脂、蔗糖称量准确，溶解彻底 2. 各种母液的取量准确，按顺序添加，定容准确 3. pH 值调节正确 4. 分装均匀 5. 封口严密	45	1. 琼脂、蔗糖称量不准确，溶解不彻底，扣 15 分 2. 母液的取量不准确，定容不准确，扣 15 分 3. pH 值调节不正确，扣 5 分 4. 分装不均匀，培养基粘到瓶口，扣 5 分 5. 封口不严密，扣 5 分			
培养基的灭菌	1. 正确使用高压灭菌锅 2. 灭菌时间准确 3. 安全操作	10	1. 不能正确使用高压灭菌锅，扣 5 分 2. 灭菌时间不准确，扣 5 分			

项目2 外植体接种

学习目标

1. 掌握外植体的材料选用、剪切、消毒技术。
2. 掌握外植体接种技术。

【学习任务】

1. 任务描述

选取合适的外植体，进行外植体消毒，在无菌环境下进行外植体接种。

2. 任务流程图

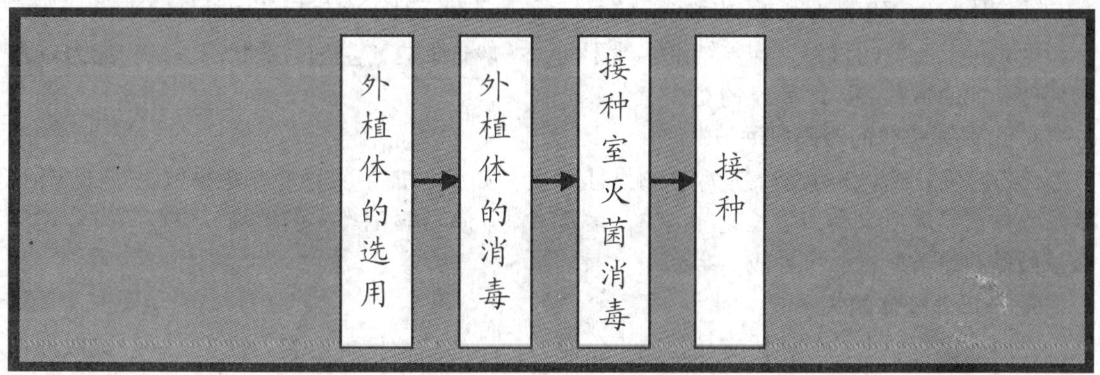

【环境设备】

材料：外植体材料。

用具：紫外线灯、高压灭菌锅、搪瓷盘或不锈钢盘，接种钩、剪刀、镊子、解剖针、酒精灯等。

【学习过程】

以器官作为外植体进行离体培养，是植物组织培养中最主要的一个方面。器官培养不仅是研究器官生长、营养代谢、生理生化、组织分化和形态建成的最好材料和方法，而且在生产实践上具有重要的应用价值。如利用茎、叶和花器培养建立的试管苗，可在短期内提高繁殖速率，进行名贵品种的快速繁殖；利用茎尖培养可得到脱毒试管苗，解决品种的退化问题，提高产量和质量；将植物器官作诱变处理可得到突变植株，进行细胞突变育种。生产过程中常选用茎尖、茎段、叶片、芽等为外植体进行器官离体培养。

一、外植体的选用

由植物（母体）上取来用作离体培养的材料称为外植体，外植体是第一次接种用的植物材料。虽然几乎每种植物的组织或器官都可作为外植体，但是具体采取什么组织或器官，则取决于培养的目的和所涉及的植物种类。实际上，植株各部分离体组织或器官的脱分化和形态发生能力因植株的年龄、季节、生理状态而异。因此，在确定合适的外植体材料时应考虑以下几个方面：

1. 选择优良的种质

外植体的选择首先应从主要园林植物入手，选取性状优良的种质，或特殊的基因型。对试验材料的选择要有明确的目的，具有一定的代表性，提高其实用价值。

2. 选择合适的器官

同一种植物不同的组织和器官其再生能力有很大差异。通常木本植物、较大的草本植物采取茎段作为外植体比较适宜，其能在培养基中萌发侧芽，成为进一步繁殖的材料，如月季、变叶木、朱蕉、巴西铁树、菊花等。本身矮小或茎段不明显的草本植物，可采用叶片、叶柄、花葶、花瓣等作为外植体，如非洲紫罗兰、秋海棠类、非洲菊、花毛莨、银莲花等。

3. 选择适龄的外植体

外植体的生理年龄是影响器官形成的另一重要因素。对于多年生的园林植物来说，从成年和幼年树上所取的材料，培养结果截然不同。一般选取处于生理活跃状态，生长能力较强的部位，如幼嫩茎尖、刚萌发的幼芽等。

4. 选取外植体的时间或季节

一般植物快速生长的季节是取材的最佳时期。如番木瓜茎尖培养，冬季取材难于成活，夏季取材不仅成活率高，生长速度也快，增殖率高。有些含酚类多的植物，应在酚类分泌物含量最低的季节取材，接种成活率高。

5. 选择外植体的大小

一般来说，较大的外植体有较强的再生能力，小的外植体再生能力较弱。一般选取外植体大小为0.5~1.0cm，如太大则易污染，太小则多形成愈伤组织，甚至难成活。若是通过分生组织培养来淘汰病毒，则外植体越小，去掉病毒感染的可能性越大，因为病毒在茎尖上的分布是越到茎尖分生组织越少。

6. 选择健壮的母体植株

一般在晴天中午或下午从生长健壮的无病虫害的植株上，选取发育正常的器官或组织，其代谢旺盛，培养容易成功。

二、外植体的消毒

由于进行组织培养的外植体材料大都采集于田间栽培植株，材料上常附有各种微生物，一旦被带入培养基，常会迅速繁殖滋长，造成污染，导致培养失败。所以培养前必须对外植体进行严格的消毒处理，消毒的尺度为既能全面杀灭外植体上附带的微生物，又不伤害材料的生活力。因此，必须选择正确的消毒剂和使用浓度以及处理时间。目前生产上常用的消毒剂有次氯酸钙、氯化汞、次氯酸钠、双氧水、酒精（70%）等。具体消毒方法如下：

首先，将采来的植物材料除去不用的部分，将需要的部分仔细洗干净，柔软的材料用刷子刷洗，硬质的材料可用刮刀刮。把材料切割成适当大小，放置在自来水龙头下冲洗几分钟至数小时，冲洗时间视材料清洁程度而异。易漂浮或细小的材料，可装入纱布袋

内冲洗。

清洗时可加入洗衣粉清洗，浓度可按每100mL水加1~2角匙的量配制，约浸洗5min后，再用自来水冲洗干净。洗衣粉可除去轻度附着在植物表面的污物和脂质性的物质。

第二步是对外植体材料的表面浸润灭菌，在超净台或接种箱内操作，准备好消过毒的烧杯、玻璃棒、70%酒精、灭菌溶液、无菌水、手表等。用70%酒精浸10~30s，浸润时间不能过长。植物果实、花蕾、多层鳞片的休眠芽及包有苞片、苞叶的孕穗等特殊外植体材料，处理时间要稍长一些。处理完的材料在无菌条件下，待酒精蒸发后再剥除外层，取用内部材料。

第三步是用灭菌剂处理（见表10-4）。表面灭菌剂的种类较多，可根据情况选取1~2种使用。

灭菌时，把沥干的植物材料转放到烧杯或其他器皿中，记好时间，倒入灭菌溶液，不时用玻璃棒轻轻搅动，以促进材料各部分与消毒溶液充分接触，驱除气泡，使消毒更彻底。在到时间之前1min左右，把灭菌溶液倾入一个备好的大烧杯内，要注意勿使材料倒出，倾净后立即倒入无菌水，轻搅涮洗。灭菌时间是从倒入消毒液开始，至倒入无菌水时为止。灭菌溶液要充分浸没材料，宁可多用些灭菌液，切勿勉强在一个体积偏小的容器中灭菌很多材料。

表10-4 常用表面灭菌剂使用浓度及效果比较表

灭菌剂	使用浓度（%）	去除灭菌剂残留的难易	灭菌时间/min	效果
次氯酸钙	9~10	易	5~30	很好
次氯酸钠	2	易	5~30	很好
漂白粉	饱和溶液	易	5~30	很好
溴水	1~2	易	2~10	很好
过氧化氢（双氧水）	10~12	最易	5~15	好
氯化汞（升汞）	0.1~1	较难	2~15	最好
酒精	70~75	易	0.2~2	好
抗生素	4~5（mg/L）	中	30~60	较好
硝酸银	1	较难	5~30	好

上述灭菌剂应在使用前临时配制，氯化汞可短期内贮用。次氯酸钠和次氯酸钙都是利用分解产生氯气来杀菌，故灭菌时用广口瓶加盖较好；过氧化氢是分解释放原子态氧来杀菌的，这种药剂残留的影响较小，灭菌后用无菌水冲洗3~4次即可；升汞是由重金属汞离子来达到灭菌目的，因升汞残毒较难去除，应当用无菌水冲洗5~10次，每次不少于3min，以尽量去除残毒。

近年来普遍提倡在灭菌溶液中加添吐温-80或Triton X。这是一些表面活性剂，主要作用是使药剂更易于展布，更容易浸润到要灭菌的材料表面，因此加用吐温后灭菌剂活力大为提高，但对材料的伤害也在增加，应仔细斟酌吐温的用量和灭菌的时间。吐温的用量，还没有严格规定，一般添加量为灭菌溶液的0.1%~0.5%。

最后一步是用无菌水冲洗，冲洗每次要3min左右，视采用的消毒液种类，冲洗3~10次左右。无菌水冲洗作用是防除灭菌剂杀伤植物细胞的副作用。

三、接种室灭菌消毒

接种时由于有一个敞口的过程，所以是极易引起污染的时期，这一时期主要由空气中的细菌和工作人员本身引起，接种室要严格进行空间消毒。接种室内保持定期用1%～3%的高锰酸钾溶液对设备、墙壁、地板等进行擦洗。除了使用前用紫外线和甲醛灭菌外，还可在使用期间用70%的酒精或3%的来苏儿喷雾，使空气中灰尘迅速沉降。

工作人员进入接种室前双手必须进行消毒，先用水和肥皂洗涤，操作前再用70%酒精擦拭，操作时双手不能随便接触未经消毒的东西。入室前穿好灭过菌的专用实验服，专用实验服要经常保持清洁并消毒。头发带的灰尘也很多，因此应戴上实验用帽。工作人员的呼吸也是污染的主要途径，操作过程禁止不必要的谈话和咳嗽。还要尽量减少工作人员在接种室内的走动。

每次接种或继代繁殖前，应提前30min打开接种室和超净工作台上的紫外线灯，照射20min，然后打开超净工作台的风机，吹风10min。

操作期间，刀、剪、镊子等用具，一般在使用前浸泡在70%的酒精中，用时再用火焰上消毒，待冷却后使用。每次使用前均需进行用具消毒。工作结束后，及时清理台面。

四、接种

接种是将已消毒好的外植体材料，经切割或剪裁成小段或小块，放入培养基的过程。接种是组培过程中易于污染的一个环节，接种操作必须在无菌条件下进行。操作要领如下：

1）开始接种前，用70%的酒精棉球仔细擦拭手和超净工作台面。

2）准备一个灭过菌的培养皿或不锈钢盘，内放经过高压灭菌的滤纸片（纱布）、解剖刀、医用剪子、镊子、解剖针等用具应预先浸在75%的酒精溶液内，置于超净工作台的右侧。每个台位至少备4把解剖刀和镊子，轮流使用。

3）接种前先点燃酒精灯，然后将解剖刀、镊子、剪子等在火焰上方灼烧后，晾于架上备用。

4）将初步洗涤及切割的材料放入烧杯，带入超净台上，用消毒剂灭菌，再用无菌水冲洗．最后沥去水分，取出放置在灭过菌的纱布或滤纸上。材料吸干后，一手拿镊子，一手拿剪子或解剖刀，对材料进行适当的切割。如叶片切成0.5cm见方的小块；茎切成含有一个节的小段。微茎尖要剥成只含1～2片幼叶的茎尖（大小0.1～0.3mm）。在接种过程中要经常灼烧接种器械，防止交叉污染。

5）将三角瓶或试管倾斜拿住，打开瓶盖（封口膜）前，先在酒精灯火焰上方烤一下瓶口，然后打开瓶盖，并尽快将外植体接种到培养基上。注意材料一定要嵌入培养基，不要只是放在培养基的表面上。盖住瓶盖（封口膜）以前，再在火焰上方烤一下，然后盖紧瓶盖（包上封口膜）。

6）每切一次材料，解剖刀、镊子等都要重新放回酒精内浸泡，并取出灼烧后，斜放在支架上面晾凉。

7）切记，无论是打开瓶盖（封口膜），还是接种材料，或盖紧瓶盖（包上封口膜），所有这些操作，均应严格保持瓶口在操作台面以内，且不远离酒精灯。

除上述常规操作步骤以外，对于新建的组培室首次使用以前，必须进行彻底的擦洗和灭

菌。先将所有的角落擦洗干净，然后用福尔马林或高锰酸钾灭菌，其后再用紫外线灯照射。

【质量评价标准】

项目质量考核要求及评分标准见表10-5。

表10-5 项目质量考核要求及评分标准

考核项目	考核要求	配分	评分标准	扣分	得分	备注
外植体的选用	1. 外植体材料符合组培要求 2. 选取外植体时间适宜	10	1. 外植体的树种、器官、年龄等不符合组培要求，扣5分 2. 选取外植体时间不适宜，扣5分			
外植体消毒	1. 外植体清洗干净 2. 外植体表面浸润灭菌正确 3. 熟知常用的灭菌剂 4. 外植体灭菌剂处理正确 5. 无菌水冲洗得当	30	1. 外植体清洗不干净，扣5分 2. 外植体表面浸润灭菌不正确，扣5分 3. 不熟悉常用的灭菌剂，扣5分 4. 外植体灭菌剂处理不正确，扣10分 5. 不用无菌水冲洗，扣5分			
无菌操作	1. 接种所需要的器械、用具消毒方法正确 2. 接种室事先消毒 3. 超净工作台灭菌时间适宜 4. 进入接种室穿专用实验服，双手消毒	30	1. 接种所需要的器械、用具消毒方法不正确，扣10分 2. 接种室消毒不符合要求，扣5分 3. 超净工作台灭菌时间不适宜，扣10分 4. 进入接种室不穿专用实验服，双手不消毒，扣5分			
接种	1. 外植体切割大小合适 2. 接种规范 3. 接种后污染率低	30	1. 外植体切割大小不合适，扣5分 2. 接种不规范，扣15分 3. 接种后污染率高，扣10分			

项目3 组培苗的培养、炼苗与移栽

学习目标

1. 掌握组织培养的不同阶段和培养基要求。
2. 掌握组培苗的炼苗与移栽方法。
3. 掌握组培苗管理技术。

【学习任务】

1. 任务描述

本项目的任务是在完成组培苗生根培养后，进行组培苗的炼苗与移栽。

2. 任务流程图

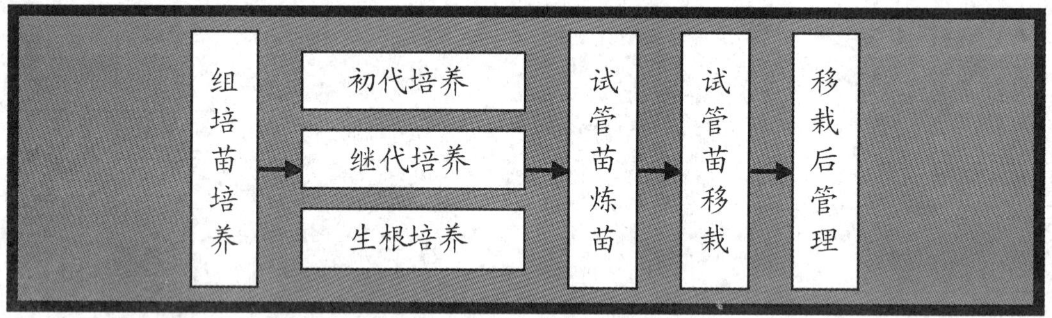

【环境设备】

材料：培养材料、培养基、栽培基质等。

用具：紫外线灯、高压灭菌锅、接种盘，接种钩、剪刀、镊子、解剖针、酒精灯等。

【学习过程】

组培苗培养是指把培养材料放在培养室（有光照、温度条件）里，使之生长，分裂、分化形成愈伤组织或进一步分化成再生植株的过程。

一、初代培养

初代培养是指在组织培养过程中，最初建立的外植体无菌培养阶段，即外植体无菌接种完成后，外植体在适宜的光、温、气等条件下被诱导成无菌短枝（或称茎梢）、不定芽（丛生芽）、胚状体或原球茎的过程，因此，也称为诱导培养。根据初代培养时形态发生途径的不同可分为：

1. 无菌短枝扦插型

采用外源的细胞分裂素，可促使顶芽、腋芽或腋芽原基分化，萌发成嫩茎或微型丛生枝结构。在几个月内可以将这种丛生苗的嫩茎转接继代，重复芽——苗增殖的培养，从而迅速获得大量的嫩茎。若将一部分嫩茎转移到生根培养基上，就能得到可种植的完整小植株。一些木本植物和少数草本植物可以通过这种方式来进行快速繁殖，如月季、茶花、菊花、香石竹等。这种繁殖方式也称作微型扦插，它不经过产生愈伤组织而再生，是最能使无性系后代保持原品种特性的一种繁殖方式。

适宜这种再生繁殖的植物，在采样时，只能采用顶芽、侧芽或带有芽的茎切段，或者是种子萌发后幼茎。

2. 不定芽发生型

在组织培养中由外植体产生不定芽，通常先要经脱分化形成愈伤组织的细胞。然后经再分化形成器官原基，多数情况下它先形成芽，后形成根。

另一种方式是从器官中直接产生不定芽，有些植物具有从各个器官上长出不定芽的能力，如矮牵牛、福禄考、悬钩子等。当在试管培养的条件下，培养基中提供了营养，特别是连续不断的植物激素供应，使植物形成不定芽的能力被大大地激发起来。许多种类的外植体

表面几乎全部为不定芽所覆盖。许多用常规方法不能无性繁殖的种类，在组织培养过程中却能很容易地产生不定芽而再生，如柏科，松科，银杏等一些植物。许多单子叶植物储藏器官也能产生不定芽，如用百合鳞片的切块能形成大量的不定鳞茎。

3. 胚状体发生型

一般认为胚状体起源于单个细胞，一小块胚性细胞团可以形成数目众多的胚状体。胚状体可以从愈伤组织表面发生，也可从外植体表面已分化的细胞产生，或从悬浮培养的细胞产生。体细胞胚具有胚芽、胚根的两极分化，实际上是一个根芽齐全的微型植株，在适宜条件下就可以直接萌发形成完整的小植株。体细胞胚发生途径是离体繁殖中增殖潜能巨大，增殖效率最高的发育途径之一。

4. 愈伤组织器官发生型

愈伤组织器官的发生与发育是充分利用植物细胞在培养中无限增殖的可能性以及它们的全能性，获得大量的愈伤组织和由愈伤组织分化出的芽苗。通常是先诱导外植体产生愈伤组织，再由愈伤组织经器官发生途径形成芽、根，最终获得完整植株。愈伤组织经长期继代培养后会加剧细胞在遗传上的不稳定性，形成的植株遗传变异大。

5. 原球茎发生型

原球茎发生型是兰属植物特有的器官发生方式。兰花种子或茎尖外植体在离体培养时，会产生一种类似嫩茎的桑果形状的扁球状结构，这一扁球状体称之为原球茎。在茎尖培养中，原球茎起源于叶片的表皮或下表皮细胞。某些原球茎可进一步进行增殖，形成原球茎丛，其中最多可包含十几个原球茎。通常情况下，将原球茎切割成若干块后，每一块在增殖培养基上又会形成一个完整的原球茎或原球茎丛，若停止切割将其转移到生根培养基上就可以直接萌发形成完整植株。因此，通过对原球茎不断切割、不断增殖的反复诱导以及原球茎的萌发处理，就可以在一年内由一个兰花茎尖繁殖出几百万株兰花幼苗。

初代培养基一般选择 MS 配方，激素的种类和浓度则因所培养的植物种类不同，具有较大的差异。常用的培养基有：MS + 1.0mg/L BA + 0.2mg/L NAA；MS + 2.0mg/ L BA + 0.2mg/L NAA 等。培养条件要求为温度 22 ~ 28℃，光强 1000 ~ 4000lx，光照时间 12 ~ 16h。

二、继代培养

初代培养所获得的芽、胚状体、原球茎等材料，叫中间繁殖体。中间繁殖体的数量较少，个体较小，应通过调整培养基配方，扩大中间繁殖体的数量，这个过程称继代培养。培养物在良好的环境条件、营养供应和激素调节下，排除与其他生物竞争，能够按几何级数增殖。一般情况下，1 个月内能增殖 2 ~ 5 倍。如果不污染又能及时转接继代，若 1 株生长繁殖材料分接为 3 株，经过 2 个月时间的培养，这 3 株材料各自再分接 3 株，共 9 株，第二个月末获 27 株。依此计算，只要 6 个月即可增殖出 2187 株。这个阶段就是培养物快速繁殖大量增殖的阶段（如图 10-3）。

在快速繁殖中初代培养只是一个必经的过程，而继代培养则是经常性的生产过程。在达到相当的数量之后，应考虑使其中一部分转入生根阶段。从某种意义上讲，增殖只是贮备母株，而生根是增殖材料的分流，生产出成品。在继代增殖培养过程中，对出现一些问题要及时解决（见表 10-6）。

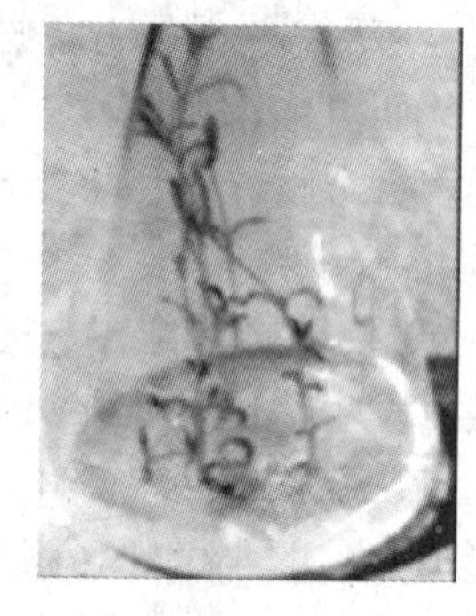

图 10-3　继代培养增殖转接

表 10-6　继代增殖培养过程中易出现的问题

培养物表现	症状产生可能的原因	可供选择的改进措施
苗分化速度慢、数量少；分枝少，个别苗生长细长	细胞分裂素用量不足；温度不适宜；光照不足	提高分裂素用量；调节温度和光照
芽苗分化多，生长慢；部分苗畸形，节间短缩，苗丛密集，过度微型化	分裂素用量过多；温度不适宜	减少分裂素或停用一段时间，调节温度
芽苗分化少，苗畸形，时间一长再次愈伤化	生长素用量偏高；温度偏高	减少生长素用量，适当降温
叶肥厚肿胀，变脆	生长素用量偏高，或兼有分裂素用量偏高	适当减少激素用量，避免叶接触培养基
芽苗过于细弱，不适于生根和将来移栽	分裂素过多；温度高；光照不足；久不转瓶，苗过于拥挤	减少分裂素用量，增加光照，及时转接继代，降低接种密度，改善瓶口通气性
再生苗的叶缘、叶面等处有不定芽分化	分裂素用量过高，或该种植物适宜于这种再生方式	适当减少分裂素用量，或分阶段利用这一再生方式
常有黄叶、死苗夹于丛苗中，部分苗渐衰弱，生长停止；草本植物有时水浸状、烫伤状	瓶内气体恶化；pH 值变化过大；久不转瓶糖耗尽，光合作用不足自身维持；可能已污染；温度不适	改善通气状况，及时转瓶，去除污染，调节温度
幼苗生长无力，陆续发黄落叶，组织水浸状、煮熟状	部分原因同上，植物激素配比不适；无机盐浓度不适等	部分措施同上。及时继代，调节培养基组成
幼苗淡绿，部分失绿	忘加铁盐或量不足；pH 值不适；铁、锰、镁元素配比失调；光照过强；温度不适	仔细配制培养基，注意成分组成，调节 pH 值和光照、温度

三、生根培养

继代培养形成的试管苗一般没有根系，要促使试管苗生根，必须转移到生根培养基上。生根培养基一般应用 1/2MS 或者 1/4MS 培养基，要去掉全部细胞分裂素，并加入适量的生长素，诱导生根时所需要的生长素常用吲哚乙酸（IAA）、萘乙酸（NAA）和吲哚丁酸

(IBA) 等。切取增殖培养瓶中的无根苗，接种到生根培养基上进行诱根培养，一般在生根培养基中培养1个月左右即可获得健壮根系。一些易生根的植物在继代培养中通常会产生不定根，可以直接将生根苗移出进行炼苗栽植。

生产中有时采用下列方法诱导培养物生根：①延长在增殖培养基中的培养时间；②有意降低一些增殖倍率，减少细胞分裂素的用量（即将增殖与生根合并为一步）；③切割粗壮的嫩枝用生长素溶液浸醮处理后在扦插营养钵中直接生根。这种方法省去了生根阶段，只适于一些容易生根的植物。

有时因植物种类或培养基不合适，尤其在增殖阶段细胞分裂素用量过高时易引起生根困难，因为残留在植物体里的细胞分裂素数量较多，在生根培养基上不能生根，这时可转接二次生根培养基。同样生长的较弱植物也可这样做，促使植株生长健壮，以利于诱导生根和以后的种植。少数植物生根比较困难的，可在培养基中放置滤纸桥，使其略高于液面，靠滤纸的吸水性供应水分和营养，解决生根时氧气不足的问题，从而诱导生根。从胚状体发育成的小苗，常有原先已分化的根，可以不经诱导生根阶段。但因经胚状体途径发育的植株数特别多，且个体较小，也常需要一个低浓度或没有植物激素的培养基培养的阶段，促使苗木健壮，根系完整。

四、试管苗炼苗

由于试管苗是在优越的培养环境下生长的产物，从叶片上看，试管苗叶片表面角质层不发达或没有，叶片通常没有或仅有很少表皮毛，有些叶片上甚至出现大量的水孔。此外，气孔的数量、大小也往往超过普通苗。由此可知，试管苗更适合于高湿的环境，当将它们移栽到正常环境中时，试管苗失水率过高，非常容易死亡。

要改善试管苗的上述不良生理、形态特点，必须经过与外界相适应的炼苗处理，使它们在生理、形态、组织上发生相应的变化，使之更适合于自然环境，只有这样才能保证试管苗顺利移栽成功。常规的炼苗做法是：当试管苗生根后，将试管苗移到半遮阳的自然光照条件下进行强光闭瓶练苗7～20天左右，遮阳度宜为50%～70%；然后将培养容器的盖子或封口膜打开，在自然光下进行开瓶练苗3～7天，光照过强时要注意采取措施，避免灼伤小苗。开盖后苗木在容器内培养不超过1周，一般不会引起培养基的污染。开瓶炼苗可以分阶段进行，即首先松盖（或封口膜）一两天，然后部分开盖一两天，最后完全揭去，这种方法在相对湿度低的室内特别有好处。

五、试管苗移栽

试管苗从琼脂培养基中移出时要用长镊子小心取出，彻底清洗干净根部（因为残留的蔗糖和营养会导致微生物滋生，洗不净容易引起移栽苗烂根死亡），并且避免损坏根系。之后直接移栽或使用0.1%～0.3%的高锰酸钾或多菌灵等杀菌剂溶液清洗，然后用清水冲洗后移入苗床或营养钵，也可用水清洗后用多菌灵溶液浸泡10～30min后移栽。栽植时用一个筷子粗的竹签在基质中插一小孔，然后将小苗放入。注意幼苗较嫩，防止弄伤（见图10-4）。栽后把基质压实，灌足定根水，将苗移入高湿度的环境中，保证空气湿度达90%以上。栽培基质应当具有适宜的pH值、良好的排水和通气性能，如蛭石、珍珠岩、椰糠、沙、土等，按适当比例混合。由于移出的试管小植株极容易感染病菌，移栽前通常应对栽培基质、容器和苗床进行消毒处理。

图 10-4　炼苗与移栽

六、移栽后管理

移栽后的初期，植株叶面蒸发快，根系吸水能力差，栽后培养基质要保持湿润，并给予较高的空气湿度，最好通过喷雾来保持一定的湿度（85%左右）。刚移出的试管苗如接受光照过强，会使叶片褪绿或灼伤，延长缓苗期，甚至导致移栽苗死亡。为防止阳光灼伤小苗，可搭设小拱棚，在小拱棚上加盖遮阳网或报纸等，小苗生长稳定后，可将拱棚两端打开通风，并且减少喷雾次数，使小苗适应湿度较小的条件，以后逐渐揭去拱棚的薄膜，并给予水分控制，少浇水或不浇水，促进小苗长得粗壮。移栽初期，苗木透光率要达到 50% ~90%，后期可直接利用自然光照，只要小植株能够忍受，尽可能高的光照水平对植株健壮生长是有利的。

试管苗移栽初期适宜的生长温度是 15 ~25℃，温度过低会使幼苗生长迟缓，或不易成活；温度、湿度过高易滋生细菌，造成苗木霉烂或根茎腐烂。春季地温较低时，可用电热线来提高温度。

为防止菌类滋生，移栽后应及时喷洒杀菌剂，如多菌灵、瑞毒霉、波尔多液、甲基托布津等。喷药宜每隔 7 ~10 天喷一次，浓度 800 ~1000 倍。移栽成活的试管苗可薄施复合肥，或施用 1/2MS 营养液进行根外追肥，促进小苗生长。

移栽大约 3 ~4 周后，就可以按照一般苗木育苗技术规范进行管理了。

【质量评价标准】

项目质量考核要求及评分标准见表 10-7。

表 10-7　项目质量考核要求及评分标准

考核项目	考核要求	配分	评分标准	扣分	得分	备注
培养	1. 熟知初代培养方法 2. 熟知继代培养方法 3. 熟知生根培养方法	30	1. 不熟悉初代培养方法，扣 10 分 2. 不熟悉继代培养方法，扣 10 分 3. 不熟悉生根培养方法，扣 10 分			
试管苗的炼苗	1. 熟知试管苗炼苗时环境条件要求 2. 试管苗炼苗效果好	20	1. 不熟悉试管苗炼苗时环境条件要求，扣 10 分 2. 试管苗炼苗效果差，扣 10 分			

（续）

考核项目	考核要求	配分	评分标准	扣分	得分	备注
试管苗的移栽	1. 试管苗移栽基质配制合理 2. 取试管苗时损伤小、少 3. 栽植技术规范	30	1. 试管苗移栽基质配制不合理，扣10分 2. 取试管苗时损伤大、多，扣10分 3. 栽植技术不规范，扣10分			
移栽后的管理	1. 温度水分光照控制良好 2. 及时杀菌、施肥 3. 其他管理技术到位	20	1. 温度水分光照控制不好，扣5分 2. 不及时杀菌、施肥，扣10分 3. 其他管理技术不到位，扣5分			

【单元复习题】

思考与练习

（1）培养基包括哪些成分？各有什么作用？

（2）请简述MS培养基的基本构成。

（3）配制培养基时，为什么要先配母液？如何配制母液？

（4）怎样利用母液配制培养基？

（5）实际使用培养基时，为什么通常需加入一定量的植物生长物质？

（6）常用的灭菌方法各有哪些优缺点？

（7）采用高压蒸汽锅高压灭菌时，应注意哪些事项？

（8）实验人员进入接种室接种之前，应做哪些准备工作？

（9）接种的植物材料如何进行预处理？如何接种？

（10）根据发育方向，初代培养可分为几种类型？

（11）练习并掌握外植体接种、培养和组培苗移栽技术。

附　　录

扩展阅读材料（一）　园林植物种质资源与良种繁育

一、种质资源的概念

亲代传给子代的遗传物质叫做种质，具有种质并能繁殖的生物体叫做种质资源，种质资源也叫品种资源、遗传资源或基因资源。《中华人民共和国种子法》规定：种质资源是指选育新品种的基础材料，包括各种植物的栽培种、野生种的繁殖材料以及利用上述繁殖材料人工创造的各种植物的遗传材料。种质资源小到具有植物全能性的器官、组织和细胞，以至于控制生物性质的基因，大到植物个体，甚至种内许多个体的混合（种质库或基因库）。

园林植物种质资源是在漫长的历史过程中，由于自然演化和人工创造而形成的一种重要的自然资源，积累了极其丰富的遗传变异，蕴藏着各种性状的遗传基因，是人类用以选育新品种和发展园林生产的物质基础，也是进行生物学研究的重要材料和极其宝贵的自然财富。

二、我国园林植物种质资源概况

我国是世界上植物种类最丰富的国家之一，从北到南有温带、亚热带、热带等植物种类，从东到西有海滨、平原、低山、高山和沙漠植物种类，其中种子植物就有25000种以上，乔灌木种类约8000种之多，原产我国的山茶属的种类数占世界总种类数的90%，丁香属、石楠属、溲疏属、刚竹属等种类数占世界总种类数的80%以上。并且因为我国有不少地方没有受到第四纪冰川的覆盖，许多古老而特有的植物种类如银杏、水杉等被保存了下来。

我国丰富的园林植物资源对世界园林作出了很大的贡献，被誉为“世界园林之母”。英国植物学家早在19世纪30年代就从我国甘肃、陕西、四川、湖北、云南及西藏等地引种数千种园林植物。仅爱丁堡皇家植物园，目前就有中国原产的活植物1500多种，在一些诸如墙园、杜鹃园、蔷薇园、槭树园、花楸园、牡丹芍药园、岩石园等专类园中都起了重要作用。英国邱园近60种墙园植物中有29种来自中国，其中重要的有紫藤、迎春、木香、火棘、连翘、腊梅、红花五味子、凌霄等。邱园的槭树园收集了近50种来自中国的槭树，成为园中优美的秋色树种，如青皮槭、青窄槭、茶条槭、红槭、鸡爪槭等。大量的中国植物装点着英国园林，并以其为亲本，培育出许多杂种，就连英国人都承认，在英国花园中如果没有美丽的中国植物，那是不可想象的。正如威尔逊在1929年写的《中国——花园之母》的序言中说：“中国确是花园之母，因为我们所有的花园都深深受惠于她所提供的优秀植物，从早春开花的连翘、玉兰，夏季的牡丹、蔷薇，到秋天的菊花，显然都是中国贡献给世界园林的珍贵资源。”

三、园林植物种质资源的分类、收集与保存

丰富的园林植物种质资源为园林植物育种工作奠定了坚实的物质基础，满足了人们不断

提高的欣赏要求。但是，我国园林植物种质资源遭到破坏和外流相当严重，很多种质资源还处于野生状态，自生自灭。因此，对园林植物种质资源进行调查、收集、保存、研究和开发利用显得越来越重要。

（一）种质资源的分类

根据来源可将园林植物种质资源分为本地种质资源、外地种质资源、野生种质资源和人工创造的种质资源。

1. 本地种质资源

指在当地的自然和栽培条件下，经长期的栽培与选育而得到的植物品种和类型。它是选育新品种时最主要、最基本的原始材料。具有取材方便，对当地自然、栽培条件有高度适应性和抗逆性等优点，也具有遗传性较保守，对不同环境适应范围窄的缺点。

2. 外地种质资源

指由国内不同气候区域或由国外引进的植物品种和类型。它们反映了各自原产地区的生态和栽培特点，具有多种多样的生物学、形态学的遗传性状，其中有些是本地种质资源所欠缺的，特别是来自起源中心的材料，集中反映了遗传的多样性，是改良本地品种的重要材料。外地种质资源对本地区的自然和栽培条件的适应能力较差。

3. 野生种质资源

野生种质资源是长期自然选择的结果，具有高度的适应性和抗逆性。少数种类具有较高的观赏价值，多数种类的观赏性状和经济性状较差。野生种质资源是培育抗性新品种的优良亲本。

4. 人工创造的种质资源

指人工应用杂交、诱变等方法所创造的育种原始材料。它包括各种育种方法和育种过程中所得到的育种材料，具有比自然资源更新、更为丰富的遗传性状。

（二）种质资源的收集

种质资源收集时必须根据收集的目的和要求，单位的具体条件和任务，确定收集的对象，包括类别和数量。收集必须在普查的基础上，有计划、有步骤、分期分批地进行，收集材料应根据需要，有针对性地进行。收集范围应该由近及远，根据需要先后进行。首先应考虑珍稀濒危种的收集，其次收集有关的种、变种、类型和遗传变异的个体，尽可能保存生物的多样性。种苗收集应遵照种苗调拨制度的规定，注意检疫，并做好登记、核对，尽量避免材料的重复和遗漏。

植物种质资源的收集方法有直接考察收集、交换或购买等方式。

（三）种质资源的保存

收集到的种质资源，经整理归类后，必须妥善保存，以备今后育种和各种研究所用。植物种质资源的保存应包括：①对育种具有特殊价值的种、变种和栽培品种。②生产上重要的树种，品种以及一些突变形成单系的特殊芽变类型。③可能有潜在利用价值而未经研究了解的野生种。

园林植物种质资源的保存有就地保存、种植保存和贮藏保存等方法。

就地保存是指在园林植物生长所处的自然环境中采取措施，来保护和保存种质资源。建立自然保护区保存一般野生品种资源采用这种方式是较可取的办法。

除就地保存外，对于大多数栽培树种一般采用种植保存和贮藏保存。种植保存是指将园林植物由原产地或次生地整株迁离，移栽在资源圃等圃地中加以保存，如建立园林植物种质资源圃、品种园、植物观赏园、原始材料圃等，主要适用于无性繁殖园林植物的保存。贮藏保存适合于用种子繁殖的植物，将植物的种子贮藏在种子库中，通过调节温度、湿度及气体成分使种子得以较长时间的保存，这是目前以种子为繁殖材料的植物应用最普通的资源保存方法。

保存种质资源不仅是保持新搜集样本的数量，更重要的是保持各份材料的生活力和原有的遗传多样性。保存种质资源需要花费一定的经费、人力和土地，要根据保护和改良的任务，合理地做好计划安排，确定保存的范围和数量。

有些种质资源来自环境差异较大的地区，集中在一个地点种植，不会都能适应，还需分别种植于不同的保存基地，增加了种植保存的难度。由于生态条件的改变对参试材料所引起的变异、自然选择作用和异花授粉，都有可能造成原有遗传特征的改变和某些原有基因丢失，试验中人为的差错和混杂等偏差，也应特别注意。

随着生物技术的发展和贮藏条件的改进，对一些经济上重要的树种和一些珍稀濒危树种，低温贮藏保存方法和组织培养技术正在广泛应用，组织培养技术可在较小面积上保存大量的种质资源材料，且常采用营养器官作为繁殖材料，可有效地减少生物学混杂和保持材料的原有基因型。

四、园林植物良种繁育

良种繁育是运用遗传育种的理论与技术，在保持并不断提高良种优良特性，良种纯度与生活力的前提下迅速扩大良种数量的一套完整的种苗生产技术。良种繁育实际是育种的继续和扩大，是优良品种能够继续存在和不断提高质量的保证，所以它基本上属于育种的范畴，同时它也是育种和生产之间的桥梁。良种是园林生产活动中的基本生产资料，在良种繁育实践中，有必要对以下问题予以重视。

1. 认真理解新品种与良种

新品种是指经过人工培育的或者对发现的野生植物加以开发，具备新颖性、特异性、一致性和稳定性并有适当命名的植物品种。新品种注重其新颖性和特异性特征，当然在申请新品种权保护时，新品种的商业行为还有一定的时间限制。而良种是指经过人工选育，通过严格的试验和鉴定，证明在适生区域内，在产量、质量和其他主要性状方面明显优于当地主栽树种或栽培品种，具有实际生产价值的植物繁殖材料。

从新品种和良种的概念可以看出，品种（或新品种）不一定是良种，一般来说良种源于品种（或新品种）。所以，在良种繁育实践中不能把植物品种（或新品种）简单地等同于良种进行大量繁殖和推广应用。

2. 乡土树种与外来树种同等重要

乡土树种和外来树种是针对树种的自然分布区而言的。无论是乡土树种还是外来树种，都是一个地区的重要树种资源。只要是经过严格的选育程序培育、经过科学的区域化试验、主要目标性状优良，并通过林木良种审定或认定的品种（或新品种），都可以在一定适生区域和时间范围内作为良种进行繁殖和推广应用。近些年来，一些地方兴起了林木品种引种热，这对于丰富地方树种资源和园林绿化景观发挥了一定的作用。但是，难免存在急功近利的情况。良种繁育工作者应该熟练掌握良种选育的一般程序和步骤，正确对待乡土树种的良种和引进外来树种资源或品种的利用。

3. 有性繁育创造，无性繁殖利用

良种繁育有两条重要途径，即有性途径和无性途径。有性繁育不是原种材料的复制、母株基因型的拷贝，而是基因重组创造新基因型的最基本、最重要的途经。无性繁殖没有基因分离与重组，不产生新的基因型，只是原株的拷贝克隆，优点之一是在所繁殖的无性系子株中不仅能够保留原株的基因加性效应，还能保留基因的显性效应和互作效应，带来最大的遗传增益；优点之二是繁殖材料丰富和技术手段多样，可以大大提高繁殖系数。因此，无性繁殖被广泛利用在良种繁育的实际生产中。

4. 重视良种退化与复壮

良种是具有优良性、区域性、时间性等特征的。良种随着时间的推移会出现自然退化，或在繁育过程中的技术程序不规范人为造成退化。

无论是有性繁育中原种母株的老化，还是无性繁殖良种原株的周期效应或位置效应，都会造成植物良种的退化。必须时刻加以重视，提出有效的复壮办法。

5. 合理利用常规技术与高新技术

在良种繁育中，需要有良种，也需要有良法，即繁殖技术。良种繁殖技术可归结为常规技术和高新技术。在这两种技术的实际应用中都应考虑以下因素：所繁殖的树种良种自身的生物学特性，降低繁殖成本、提高良种繁育的经济效益，良种繁育基地的地理环境气候等条件，繁殖的规模，基地的经济实力。

目前，我国园林植物良种繁育工作已经得到重视，繁育条件有了很大的改善，在实际中应充分考虑材料的生物学特性，重视如何提高繁育速度、降低成本，以获得最好的经济效益。

扩展阅读材料（二）　园林植物引种与驯化

一、引种的概念

每个植物种类都有一定的自然分布范围。引种即把植物从原分布地区迁移到新的原来没有分布的地区种植的方法。它包含两方面的内容：一是从外地或国外引入本地区没有的植物种类；二是野生植物的家化栽培。

植物引种到新地区后，会出现两种情况：一种情况是原分布地与引种地自然环境差异较小或植物本身的适应范围较广，该植物可在不改变遗传特性的情况下，适应新的环境条件，并能正常生长发育，达到预期观赏效果，这叫简单引种；另一种情况是原分布区与引种地之间自然环境差异较大或植物适应范围较窄，需要通过人工措施改变它的遗传特性，使之适应新的环境，这叫驯化。

二、引种的意义

引种与其他育种方法相比，所需要的时间短，投入的人力、物力少，见效快。所以它是丰富本地区植物种类最经济的一种方法。我国3000年前就开始从国外引进新的品种，如汉朝张骞出使西域时就引入了石榴、葡萄等植物。目前，我国从国外引种的园林植物已不胜枚举，如从日本引入的龙柏、黑松、五针松、樱花、鸡爪槭，从印度引入的雪松、柚木等，从北美引入的广玉兰、香柏、铅笔柏、墨西哥柏、池杉、落羽杉、刺槐等，从欧洲引入的悬铃木，从澳大利亚引入的南洋杉、凤凰木，从东南亚引入的棕榈科植物等。

我国国内由南向北或由北向南的引种，也非常活跃。如北京地区已成功引种梅花、雪松、银杏、苦楝等树种。此外，野生植物的驯化栽培，也极大地丰富了园林城市绿化的植物种类，如沈阳园林科学研究所在长白山及辽宁地区驯化野生花卉70余种获得成功。

我国是世界园林之母，许多珍贵的园林植物也被世界各地竞相引种，如梅花、牡丹、芍药、杜鹃、丁香等现已遍及全世界，对促进世界各国间的文化交流及遗传资源的保存利用起了很大作用。

三、影响引种驯化成败的因素

引种成功的关键，在于正确掌握植物与环境关系的客观规律，使引种地区综合生态环境条件能在引入植物种的基因调控范围内，再加上适当的栽培措施，使植物正常的生长发育，满足生产需要。

木本园林植物引种后要经受栽培地区全年、甚至不同年份各种生态条件的考验，且不易人为控制和调整。所以必须全面分析和比较原产地和引种地的生态条件，了解植物本身的生物学特性和系统发育历史，初步估计引种成功的可能性，并找出可能影响引种成败的主要因子，采取切实措施，以保证引种成功。

（一）现实生态条件的分析

各个树种都有适生的生态条件，其中影响较大的有：温度、光照、降水、湿度、土壤酸碱度和土壤结构等。

1. 温度

温度是植物生存环境条件中主要生态因子，最显著的作用是支配植物的生长发育，限制植物的分布，包括年平均温度，最高、最低温度及其持续时间，季节交替特点，无霜期等。

在植物引种时，首先应考虑原产地与引种地的年平均温度和极端温度，若两地年平均温度相差较大，引种很难成功，如厚朴分布在年平均气温10～20℃，1月份平均气温3～9℃的地区，因而秦岭以北地区不能正常生长。有的树种引种从原产地与引种地的平均温度来看是有希望的，但是极端最高、最低温度却成为了限制因子。如东北长春，曾引进油松，生长20年，但在1954年的酷寒中大部分冻死。高温对树木的损害不如低温显著，但高温加干旱会加重对植物的危害，如福州引种塔柏，早期生长极为良好，不久就因为高温影响生长衰退、病虫害发生、不开花结果，其高度不及乡土树种的1/3。

季节交替速度，也常常成为引种的限制因素。例如，中纬度地区的树种，通常具有较长的冬季休眠，这是对该地区初春气温反复变化的一种特殊适应性，它不会因气温暂时转暖而萌动。而高纬度地区的树种，春季天气转暖后一般就不再突然变冷，所以这些地区的树种，虽对更低温度有适应性，但如果把它引入到中纬度地区，初春气候不稳定的转暖，经常会引起冬眠的中断而开始萌动，一旦寒流袭来就会造成冻害。如朝鲜杨、暗叶杨等高纬度地区的树种引种到北京，主要是由于这个原因而生长不良。北美太平洋沿岸的花旗松、云杉南移失败也是这个原因。

温度随经度的变化不明显，因此如纬度相同，海拔相近，从东向西或从西向东引种较易获得成功。

从国外引种时，还要考虑我国的气候特点，我国处于欧亚大陆的东南部，由于冬季寒流频繁，与地球上同纬度其他地区相比，冬季温度较低，引种时应加以注意。

2. 光照

日光是一切绿色植物光合作用的能源。植物的生长发育，需要一定比例的昼夜交替，即光周期现象，不同植物对光周期的要求是不同的。当低纬度地区的植物引种到高纬度地区后，由于受长日照的影响，秋季生长期延长，延时封顶，减少了养分积累，妨碍了组织木质化，冬季来临时，常常无休眠准备而冻死，这是南树北移常见的实例。如江西的香椿引种到山东泰安，南方的苦楝、乌桕引种到北方，由于不能适时停止生长，而不能安全越冬。植物从高纬度向低纬度地区引种时，即北树南移，因为生长期日照由长变短，会出现两种情况：一种是枝条提前封顶，生长期缩短，生长缓慢。如杭州植物园引种红松就表现封顶早，生长缓慢，形如灌木，易遭病虫危害。北方的银白杨、山杨引种到江苏南京地区，也表现了如此情况。另一种情况是出现二次生长，延长生长期而受害。

不同的海拔高度之间引种存在着光质及光强问题。高山植物能适应丰富的紫外线，所以低山植物往高山引种则难以忍受。森林的弱光性植物往空旷地引种亦适应不了强光照射。

3. 降水和湿度

水分是维持植物生存的必需条件，有时降水和湿度对植物的影响比温度和光照更为重要。我国降水分布很不均匀，其规律是年降水量自东南向西北逐渐减少，自沿海地区向内陆地区逐渐减少。南方的树种不能抵抗北方冬季春季的干旱而成为南树北移的一个限制因子。如我国的珙桐树，在欧洲引种成功，而北京则因冬季干旱而难以成功。东南部的杉木引种到华北因湿度不足而生长不良。

降水对植物的影响，首先是降水量，如北京引种的梅花，不是在冬季最冷的时候冻死的，而是在初春干风袭击下因生理干旱脱水而死的。近年来黄河流域各省大量引种毛竹，凡是湿度比较大，又注意引水灌溉的地区都获得了成功，湿度小的地区易落叶枯死。在降水多的地方，引种旱生植物类型也会生长不良，如新疆的巴旦杏引种到华北及华南地区，由于不适应夏季雨水过多，空气湿度过大而不能正常生长。

四季的降水分布也影响植物的生长，如广东湛江地区引种原产热带、亚热带地区的夏雨型加勒比松、湿地松生长良好，而引种冬雨型的辐射松、海岸松则生长不良。

4. 土壤

指土壤类型、土壤结构、土壤理化性质及土壤微生物等。其中对植物引种影响最大的是土壤的酸碱度（pH 值）和含盐量。引种时，当土壤的酸碱度不适应引种植物的生物学特性时，植物常生长不良，甚至死亡。如栀子花，在华中一带普遍分布且生长良好，适应性较强，但引种到华北后，由于土壤的碱性大，即使盆栽也难以成活。又如庐山植物园土壤的 pH 值 4.8 ~5.0，建国时引种了大批喜中性和偏碱性的树种如白皮松、日本黑松、华北赤松等，10 多年后这些树逐渐死亡。

5. 生物因子

指与引种植物生长发育有直接关系的动植物，如共生植物、共栖动物，特别是寄生峰类、病虫害、动物天敌等。如檀香木与洋金凤共生，海南岛起初只引种檀香木，结果生长不良，后引种灌木洋金凤与檀香木共同栽植，檀香木生长良好。

（二）历史生态条件的分析

植物适应性的大小，不仅与目前分布区的生态条件有关，而且与系统发育过程中历史上的生态条件也有关。植物所经历生态历史愈复杂，它的适应性就愈广泛。如我国特产水杉，在冰川期以前广泛分布在北美和欧洲，由于冰川的袭击，那里的水杉因受寒害而灭绝了。到20世纪40年代在我国四川和湖北交界的600km^{2}的地区人们发现了幸存的水杉，分布范围很小，但先后被欧洲、亚洲、非洲、美洲等50多个国家和地区进行引种，大都获得成功。这可能是因为水杉在历史上曾有过广泛的生态适应性。与此相反，华北地区广泛分布的油松，因历史上分布范围狭窄，引种到欧洲各国后屡遭失败。

此外，进化程度较高的植物较之原始的植物适应性的潜在能力也大。乔木类型较灌木类型为原始；木本植物较草本植物为原始；针叶树一般较阔叶树为原始，所以前者均较后者适应范围狭窄，一般引种也较难成功。

（三）种内变异的分析

种内变异即同一种植物处于不同的生态条件下，分化成不同的生态型（种群类型）。所谓生态型就是指同一种（变种）范围内，在生物特征、形态特征与解剖结构上，与当地主要生态条件相适应的植物类型。一般情况下，地理分布广泛的植物，所产生的生态型较多，分布范围小的植物，产生的生态型就少。不同的生态型对环境的适应能力不同。

在植物引种时，如将一种植物的许多生态型同时引入一个地区进行栽培和选择，从中选出适宜的生态型，那么，这一植物在引种地区引种成功的可能性就会增大。因为不同的生态型同时引入一地栽培，在引种地就有更多的机会相互杂交，形成更多的生态型，以适应新的环境。一般来讲，地理上距离较近，其生态条件的总体差异也就较小，所以，在引种时常采用“近区采种”的方法，即从离引种地区最近的该植物分布边缘区采种。如苦楝是南方普遍栽植的树种，分布的最北界是河南省及河北省的邯郸地区。引种河北省邯郸和河南省的苦楝种子在北京种植生长最好，抗寒性较强，而引种分布于四川、广东等地的苦楝抗寒性最差。

（四）植物与生态环境的综合分析

综上所述，植物的引种驯化受到很多因子的影响，每个因子的作用不是孤立存在的。综合分析就是分析各个生态因子对引种植物的综合作用。首先要分析植物的生长发育与引种地的生态因子是否同步协调，即一种植物从原产地到引种区，新环境的各个生态因子是否能充分的满足引种植物个体生长发育的需要。另外，生态因子中的温度、水分、光照等因子的分配频率与植物的生长规律是否同步协调也要予以注意，有时两地生态因子虽有差异，但分配频率与植物生长发育的节律相适应，引种也有可能成功。如浙江南部引种广西的肉桂，两地的气温、雨量虽有差异，但分配的频率与肉桂的生长节律同步，因而引种成功。其次要注意生态因子的补偿作用，即当引种地某一生态因子不能满足植物的需求时，另一生态因子可能起到补偿作用，使引种成功。如山东引种杉木、毛竹成功，都是降雨量和湿度因子补偿了温度的不足。再次要注意生态因子中限制因子的分析，即在植物生长发育的某一阶段起主导作用的生态因子。在引种驯化时，要克服或改变这些限制因子，使植物适应新的环境。

四、引种的程序

植物引种程序是指从选择引种材料，进行引种驯化研究、栽培管理，直至适应当地生产栽培的全过程。一般要经过四个阶段，即引种材料的收集、种苗的检疫、引种试验和栽培推广。

（一）引种材料的收集

1. 分析引进植物种类的经济性状

引种实践表明，引种植物在新地区的性状表现往往和它在原产地的表现是相似的，这是选择引种植物的重要依据。所以引种的植物在观赏价值、经济价值、抗性及改造自然能力等方面在原产地均应表现优良，或至少在某一方面胜过引种地的乡土植物种或品种。

2. 比较原产地与引进地的生态条件

首先要了解引种植物的分布和种内变异，调查清楚其自然分布、栽培分布及其分布范围内的自然类型和栽培类型。必要时还要了解其历史生态条件。其次要调查原产地与引进地之间的生态环境因子，对其进行综合分析，从中找出影响植物引种的主要限制因子。

（二）种苗检疫

引种是传播病虫害和杂草的一个重要途径，它关系到引种的成败。国内外在这方面都有许多严重的教训。如云南卷叶蛾由于引种云杉而传入美国，危害极大。因此，在开展引种工作的同时应建立相应的检疫机构，对引进的每粒种子、每株苗木都应进行严格的检疫，对有怀疑的材料应放到专门的检疫苗圃中观察、鉴定。种子、苗木未经检疫，一律禁止引入。

（三）引种试验

引入的植物材料经检疫和检验后，要登记编号，登记项目包括种类、品种名称、繁殖材料种类、材料来源和数量、收到日期、收到后采取的措施。对该植物种类的生物学性状、经济性状、观赏性状、原产地的生态条件等项目也要加以记载。

然后对引进的植物材料在引进地区的种植条件下进行系统的比较观察鉴定，以确定其优劣和适应性。试验时应以当地具有代表性的良种作为对照。

试验的一般程序如下：

1. 种源试验

种源试验是指对同一植物分布区中不同地理种源提供的种子或苗木进行对比栽培试验。通过种源试验可以了解植物不同生态类型在引进地区的适应情况，以便从中选出对引进地区适应性最强的生态型参加进一步的引种试验。一般进行引种工作时，应尽可能地引入一个植物种若干个产区（种源）的种子或引入较多的品种，每个品种的材料数量可少些。一般对有性繁殖的植物，种源选择不应少于 5 个，并选择接近树种分布极限的边缘地带，每个种源采种母树一般不少于 10 株，从抗性最强的单株上采种，每一母株后代不少于 50 株。对无性繁殖的植物，一般只选抗性较强、观赏性状、经济性状符合要求的若干无性系，每个无性系采种后获得的实生苗不少于 100 株。经 1 ~ 2 年的试种，初步肯定有希望的品种或类型进行进一步的试验。为了加速引种进程，也可利用各种小气候进行多点试验，以确定适生环境。

2. 品种比较试验

将通过观察鉴定表现优良的生态类型，繁殖一定的数量，参加试验区较大的、有重复的品种比较试验。进一步作更精确的鉴定，并提出行之有效的栽培管理措施。品种比较试验地的土壤条件必须均匀一致，耕作水平适当偏高，管理措施力求一致，试验应采用完全随机排列。时间根据植物的类型而定，一般木本植物需 2 ~ 5 年。

3. 区域化试验

在完成或基本完成品种比较试验后进行，其目的是为了查明该植物的推广范围。试验内容包括试验地点、试验面积、试验设计及完成试验设计的措施等。对投入区域试验的植物，要求主要性状表现应近似或优于原分布区的性状表现，在生长量、利用价值上能达到目的要求。

（四）栽培推广

引种试验成功，经专家评审鉴定有推广价值的植物要有计划、有步骤地推广于生产。要遵循良种繁殖制度，建立示范基地，使引种试验成果产生经济效益。

五、引种的方法

引种试验时必须注意与各种引种措施密切配合，只有适宜的技术措施，才会收到良好的引种效果。

（一）选择多种立地条件试验

在同一地区，要选择不同立地条件做试验，充分利用各种小气候的差异使引种成功。如我国青岛崂山，由于近海，温、湿度大，生长着不少亚热带边缘的植物，引种一些亚热带树种能生长良好，如茶树不但生长好，而且品质也好，为同纬度其他地区所不及。

（二）阶段驯化与多代连续培养

1. 阶段驯化

当两地生态条件相差较大，一次引种不易成功时，可以分地区、分阶段逐步进行。如杭州引种云南大叶茶树，先引种到浙江南部，再从那里采集种子到杭州种植，获得了成功。

2. 多代连续培养

植物的定向培育往往不是一个短期内或一两个世代所能完成的，需要连续多代的培育。从实生苗后代中选出适应性最强的植株种子，再在当地播种、培育、选择，一代代延续不断积累变异，以加强对当地生态环境的适应性，可使引种获得成功。如辽宁抚顺的抗寒板栗就是以多代积累的方式培育而成的。

（三）结合有性杂交

两地生态条件差异过大，植物在引进地往往很难生长，或虽可生长但却失去经济价值。如果把它作为杂交亲本，与当地植物杂交，可以从中选择培育出具有经济价值，又能很好适应当地生态条件的类型，使引种成功。如银白杨是原产我国北部及西部一带的大乔木，当引种到南京、武汉、杭州等地时，因环境不适而变为灌木状的小乔木，1959 年南京林业大学以银白杨为母本，与南京毛白杨杂交，杂种一代的生长较同龄的银白杨纯种强，提高了对南京气候条件的适应性，解决了银白杨在南京地区不能适应生长的问题。

（四）栽培技术的研究

引种必须与栽培技术配合，才能收到好的效果。

1. 播种期

对南树北移的树木来说，适当延期播种，能适当减少生长量，增加组织的充实度，枝条成熟早，具有较强的越冬性。北京植物园在水杉的引种中证实了这一点。北树南移则常采用适当早播的办法延长植株在短日照下的生长期和增加生长量。

2. 栽植密度

适当密植也可在一定程度上提高南树北移的越冬性。对北树南移的植物适当增加株行距是有利的。

3. 肥水管理

适当节制肥水有助于提高南树北移越冬性，使其枝条较为充实，封顶期也有所提前。相反对北树南移来说，应该多追施些氮肥，增加灌溉次数，这对延迟封顶和减少炎热都有一定的意义。

4. 光照处理

南树北移时在幼苗期进行8～10h的短日照处理，遮去早晚光，能提前形成顶芽，缩短生长期，减少生长量，枝条组织充实，植株内积累的糖分增多，有利于安全越冬。北树南移的植物，可以采用长日照处理，以延长植物的生长期，增加生长量，提高对夏季高温适应能力。

5. 防寒遮阳

对于南树北移的苗木在第一、二年冬季要适当进行防寒保护，根据其抗性的强弱可分别采用暖棚、风障、培土、覆土等措施。北树南移或引种高山和阴性植物的幼苗越夏，需要适当遮阳，并自夏末起逐步缩短遮阳时间，以达到逐步适应。

6. 播种育苗和种子处理

引种以引进种子，播种育苗为好。种子是通过有性过程形成的，可将多种复杂的基因重组，可从中选出适应性最强的。种子又是生命活动的起点，它具有较大的可塑性，在引种栽培过程中适应新环境能力强。

在种子萌动时，给予特殊剧烈变动的外界条件处理，有时能在一定程度上改变植物的遗传性。如种子萌动后的干燥处理，有利于增加抗旱性能；萌动种子的盐水处理，能增加抗盐能力。北京植物园曾对水杉种子进行低温处理（－3℃处理2h），有效地提高了幼苗的越冬能力。

六、引种驯化成功的标准

引种驯化成功的标准总的说来以获得效益为目的，具体说有以下几点。

（1）引种植物在引进地与原产地比较，不需要特殊的保护，能露地越冬或越夏，并生长良好；

（2）没有降低原来的经济价值或观赏价值；

（3）能够用原来的繁殖方式进行正常的繁殖。

扩展阅读材料（三）　苗木移植和大苗培育

大苗是指在苗圃中培育几年到十几年，规格较大的苗木。大苗多具有发达紧凑的根系、完美的树形、健壮的生长势，在园林绿化中使用大规格的苗木，栽植施工后生长快、成景早，能很快达到园林设计的景观绿化效果，发挥植物对环境的美化、净化和保护作用。苗圃中经播种、扦插、嫁接等方法育出的小苗必须经过多次移植、栽培管理、整形修剪等措施，才能培育出适合于园林绿化种植的大苗。

一、苗木移植

生产上把苗木从原来的育苗地移栽到另一个育苗地继续培育称为移植。经过移植培育的苗木，称为移植苗。苗木移植后扩大了株行距，增大了生长空间，改善了光照和通风状况，增强了肥水管理，再加上合理的整形修剪，有效地促进了苗木的生长，发育出良好的根系和树形，成为优质的大苗。同时，移植的过程也是一个淘汰的过程，那些生长差、达不到要求或预期不能发育成优质大苗的小苗被逐步淘汰。

（一）移植的作用

1. 改善苗木生长的营养空间

一般的育苗方法，如通过播种、扦插、嫁接等育苗时，小苗的密度较大，随苗木的不断生长，个体逐渐增大，苗木之间互相影响，争夺水、肥、光照、空气等，严重制约苗木的生长发育，因此必须扩大苗木的株行距，改善苗木生长的营养空间。苗木移植后，增大了株行距，扩大了营养空间，能使根系充分舒展，树形扩张，为苗木健壮生长提供良好的环境。另外，由于增大了株行距，改善了苗木间的通风透光条件，从而减少了病虫害的滋生，也便于施肥、浇水、修剪、嫁接等日常管理工作。

2. 促进侧根须根生长

幼苗移植时，主根和部分侧根被切断，能刺激根部产生大量的侧根、须根，促进根系生长发育，使根系中根数显著增多，吸收面积扩大，形成完整发达的根系，提高苗木生长的质量。另外，移植后的苗木根系紧密集中分布于土壤浅层，起苗时所带吸收根数量多，有利于提高苗木绿化成活率。

3. 培养规格一致的苗木

苗木移植时，一般要进行分级栽植，将高度大小较一致的一批苗木栽到同一块地中，有利于苗木整齐、均衡地生长，也有利于统一进行管理。同时在移植过程中要对根系、树冠进行合理的整形修剪，人为调节地上与地下生长平衡，促使培育的苗木规格整齐，枝叶繁茂，树姿优美。

（二）移植的技术

1. 移植时间

苗圃中移植苗木，常在春季树木萌芽前进行。秋季移植在苗木停止生长后进行，有时也在雨季移植。

（1）春季移植　春季土壤解冻后直至树木萌芽前，都是苗木移植的适宜时间。春季土壤解冻后，树木的芽尚未萌动而根系已开始活动。移植后，根系可先期进行生长，为生长期吸收水分供应地上部分做好准备。同时土壤解冻后至树木萌芽前，树体生命活动较微弱，树体内贮存养分还没有大量消耗，移植后易于成活。春季移植应按树木萌芽早晚来安排工作，早萌芽者早移植，晚萌芽者晚移植。有的地方春季干旱大风，如果不能保证移植后充分供水，应推迟移植时间或加强保水措施。

（2）秋季移植　秋季移植在地上部分生长缓慢或停止生长后进行，落叶树从开始落叶时始至落完叶止，常绿树在生长高峰过后进行。这时地温较高，根系还能进行一定时间的生长，移植后根系得以愈合并长出新根，有利于第二年的生长。秋季移植的时间不可过早，若落叶树种尚有叶片，往往叶片内的养分没有完全回流，苗木木质化程度低，越冬时易被冻死。冬季严寒和冻害严重的地区不宜进行秋季移植。

（3）雨季移植　南方常绿树种多在雨季进行移植。移植时要起土球，保护好根系，苗木地上部分要进行适当的修剪，去掉部分叶片。移植后要喷水喷雾，保持树冠湿润，必要时应遮阳防晒。

（4）冬季移植　南方地区冬季较温暖，苗木生长较缓慢，可在冬季进行移植。

2. 苗木移植的次数与密度

培育大规格苗木往往要经过多年多次移植，而每次移植的密度又与总移植次数紧密相关。

若每次苗木移植得密，相应移植的次数就多，每次移植得稀，相对移植的次数就少。苗木移植的次数与密度还与该树种的生长速度有关，生长快的移植密度小，次数少，生长慢的移植密度大，移植次数多。一般情况下，阔叶树 2 ~3 年移植一次，针叶树 4 ~5 年移植一次。一般苗木移植的株行距为：常绿树小苗第一次移植 30cm ×40cm，第二次移植 40cm ×70cm 或 50cm ×80cm；落叶速生树种第一次移植 90cm ×110cm 或 80cm ×120cm；落叶慢生树种第一次移植 50cm ×80cm，第二次移植 80cm ×120cm；花灌木第一次移植 50cm ×80cm。

（三）苗木移植

1. 移植前的准备

移植前预先应灌好底水，使苗床湿润，增加苗体水分。常用的起苗方法有裸根起苗和带土球起苗两种。起苗时要注意保护好苗木的根系，不伤或少伤大根，尽量保存须根，以利于将来移植成活生长。起苗后移植前要对苗木进行分级，不同等级苗木分区栽植，使苗木生长一致，避免分化。结合分级对苗木进行适当修剪，通过剪去苗木部分根系和枝叶，调节苗木地上部分和根系的生理平衡。移植时的修剪主要是剪去过长的、劈裂的、无皮的根和病枝、枯枝及过密枝等，对萌芽性强的树种，可以截干栽植。

2. 移植方法

（1）穴植法　人工挖穴栽植，成活率高，生长恢复较快，但工作效率低，适用于大苗移植。在土壤条件允许的情况下，采用挖坑机挖穴可以大大提高工作效率，栽植穴的直径和深度应大于苗木的根系。

挖穴前应根据苗木的大小和设计好的株行距，拉线定点，然后挖穴。挖穴时，表土放在坑的一侧，生土放在坑的另一侧。栽植深度以略深于原来栽植地颈痕迹的深度为宜，一般可略深 2 ~5cm。覆土时混入适量的底肥，先在坑底填一部分表土，然后，将苗木放入坑内，再回填部分肥土，之后，轻轻提一下苗木，使其根系伸展，再填上踩实，浇足水。较大苗木要设立支架固定，以防苗木被风吹倒。

（2）沟植法　先按行距开沟，土放在沟的两侧，以利回填和苗木定点，将苗木按照一定的株距，放入沟内，然后填土，要让土渗到根系中去，踏实，要顺行向浇水。此法一般适用于移植小苗。

（3）孔植法　用移植铲或移植锥按株行距开孔（缝），将苗放于孔或缝中，使苗根舒展后压实土壤，适用于主根细长的小苗。

移植后要根据土壤湿度，及时浇水。由于苗木是新土定植，苗木浇水后会有所移动，等水下渗后扶正苗木，或采取一定措施固定，并且回填一些土。以后要加强松土除草、肥水管理、病虫害防治和整形修剪等后期管理工作。

二、大苗培育

（一）行道树、庭荫树大苗培育

行道树、庭荫树大苗要求主干通直圆满，具有一定的枝下高度，行道树一般要求主干高 2.5 ~3.5m，庭荫树一般要求主干高 1.8 ~2.0m。苗木根系发达，有完整、紧凑、匀称的树冠。

在行道树、庭荫树大苗培育过程中，最主要的就是树干的培育。

1. 落叶乔木大苗树干培育技术

（1）渐次修剪法　此法适用于萌芽力强、生长快、干性强的树种。例如杨树、柳树。

杨树扦插后，一年内就会长出2m以上通直的主干，一年生长就可达到行道树、庭荫树的干高要求。第二年萌芽后，主干顶芽萌发形成很多侧枝，为了不影响干高，在萌芽时或枝条长出后，对处于树干较下方的芽或枝进行抹芽或除萌，保持通直的主干。也可在生长停止后疏去靠下的分枝，保持主干高度。但一次不可疏去太多，以免影响生长。

(2) 密植法　移植时，适当缩小株行距，对苗木进行密植，可促进苗木向上生长，抑制侧枝生长，从而培养通直主干，如元宝枫。

(3) 截干（平茬）法　落叶树种中有许多干性生长不强，采用逐年养干法往往树干弯曲多节，苗木质量差，如国槐、栾树、合欢等，可采用先养根后养干的办法。秋季落叶后将一年生的播种苗按60cm×60cm株行距进行移植，尽量多保留地上部枝干，加强肥水管理，促进根系生长，地上部不修剪，重点是养根。第二年秋季在距地面5～10cm处地面进行重剪（平茬），翌年春选留一个健壮枝条培育为通直苗干，当年苗高可达到2.5m以上。

2. 落叶乔木大苗树冠培育技术

高大落叶乔木，一般多按树木自然冠型，不多加人为干预，只是上部出现较强的竞争枝时要及时疏除，否则易出现双干。为了改善树冠内部的通风透光条件，对过密枝、重叠枝要疏除，对病虫枝、创伤枝也应疏去。

国槐、元宝枫、馒头柳之类的乔木，待树干养成后，结合第二次移植，在2.0～2.5m处定干，然后选好向外放射的3～5个主枝培养成骨干枝，第二年对这些骨干枝在30cm处进行短截，促使侧枝生长，以构成基本树型。

3. 针叶树大苗培育技术

针叶树种，一般潜伏芽寿命短，萌芽力弱，生长缓慢。园林绿化应用时，一般采用低干或保留全部分枝的树形，如云杉、白皮松、油松。培育大苗时一般不进行修剪，另外还要注意保护好顶芽，无顶芽则不再长高。修剪只是剪去枯枝、病残枝。有时轮生枝过密时，可适当疏除，每轮留3～5枝。白皮松、桧柏类苗木易形成徒长枝，成为双干型，要及时疏去一枝，保持单干。

（二）花灌木类大苗培育

1. 单干式

主要有碧桃、榆叶梅、梅花、樱花、樱桃、红叶李、海棠等。这类大苗培育的规格要求具有一定主干高度，一般主干高60～80cm，定干部位直径3～5cm，有丰满匀称的冠形和强大的须根系。

培育过程是：第1年可在苗木长至80～100cm时摘心定干，留20cm整形带，促生分枝，增加干粗。整形带中多余的萌芽和整形带以下的萌芽全部清除，或进行摘心控制其生长。第二年根据苗木生长状况注意选留第一层主枝，一般留主枝3～5个，相互成120°角，其余枝条通过摘心控制其生长。以后结合移植再培养1～2年即可培养成预定规格大苗。在大苗培养期间要注意第二层和第三层主枝的培养。

2. 多干式

适用于丛生性强的花灌木，如腊梅、玫瑰、贴梗海棠、锦带花、蔷薇、木槿、金银木等。在培育过程中，注意每丛所留主枝数量，不可留得太多，否则易造成主枝过细，达不到应有的粗度。多余的丛生枝要从基部全部清除。

花灌木上的花、果，消耗养料多，为了不影响苗木生长，应及时剪去。

（三）绿篱类

培育中篱和矮篱苗时，凡播种或扦插成活的苗木，当苗高达到 20～30cm 以上时，剪去主干顶梢，使苗干的侧枝萌发并快速生长。当侧枝长至 20～30cm 时，也剪梢，促使次级侧枝抽出。经 1～2 年培养，苗木上下侧枝密集。高篱苗一般任其生长或适当修剪。

（四）球形类

当苗木达到一定高度时，修剪枝梢使树冠成圆球形，然后抽出大量分枝。当分枝达20～25cm 时，再次修剪枝梢，促进次级侧枝形成，使球体逐年增大，同时剪去畸形枝、徒长枝和病虫枝。成形后，每年在生长期进行 2～3 次短截，促使球面密生枝叶，如大叶黄杨球等。

（五）藤本类

苗本移植后，春季在近地面处截干，促进其萌生侧枝，选留 2～3 条生长健壮的枝条培养做主蔓，对枝上过早出现的花芽要及早摘去。藤本植物移植后第一年，应设立支柱固定植株并使其向上攀援生长。

（六）垂枝类大苗培养

园林中常用垂枝类苗木，如龙爪槐、垂枝樱桃等。此类苗木培育时，先培育较大的砧木，然后嫁接垂枝品种，一般砧木粗 4～5cm，嫁接高度可视需要而定，一般在 2m 处嫁接，有时也在 1m 处嫁接。垂枝类一般夏剪较少，夏剪培养的冠枝往往过于细弱，不能形成牢固树冠。生长季主要是积累养分阶段，培养树冠主要在冬季进行修剪。枝条的修剪方法是在接口位置划一水平面，沿水平面剪截各枝条，有的枝条可向上向下有所移动，一般都采用重短截，几乎剪掉枝条的 90%，剪口芽要选留向外向上生长的芽，以便芽长出后向外向斜上方生长，逐渐扩大树冠，树冠内直径小于 0.5cm 的细弱枝条全部剪除，个别有空间的可留 2～3 个枝条，短截后所剩枝条都要呈向外放射状生长，交叉比较严重的枝条要从基部剪掉。经 2～3 年培育即可成型，培育过程中注意清除掉直立枝、下垂枝、病虫枝、细弱小枝和砧木树干上的萌发条。

扩展阅读材料（四）　苗木整形修剪

苗木整形修剪主要目的是培养具有一定树体结构和形态的大苗。通过整形修剪可以改善苗木的通风透光条件，减少病虫害，促使苗木生长健壮，品质提高；整形修剪有利于培养出理想的主干，丰满的侧枝，圆满、匀称、优美的树形；通过整形修剪可以使苗木按照人们设计好的树形生长发展，有利于栽植后开花结果，提高观赏价值。

一、修剪的时期

从总体上看，一年中的任何时候都可对苗木进行修剪，但不同的树种具有不同的生物学特性，某一树种具体的修剪时间还要根据它的物候、伤流、冻寒等具体分析确定。以不影响苗木的正常生长，有利于减少营养消耗，尽量避免伤口感染为原则。如抹芽、除蘖宜早不宜迟。桦树、葡萄、复叶槭、核桃、悬铃木、四照花等伤流严重的树种不可修剪过晚，否则，会自剪口流出大量树液而使苗木受到严重伤害，可等伤流过后修剪。整形修剪一般应在植物的休眠期或缓慢生长期进行，以冬季和夏季修剪整形为主。

落叶树从落叶开始至春季萌发前，苗木生长停滞，树体内营养物质大都回归根部贮藏，修剪后养分损失最少，且修剪的伤口不易被细菌感染腐烂，对苗木生长影响较小，大部分苗木的修剪工作宜在此时间内进行。冬季修剪对树冠形成、枝梢生长等有重要作用，一般采用截、疏、放等修剪方法。

常绿树没有明显的休眠期，春夏季可随时修剪生长过长、过旺的枝条，使剪口下的叶芽萌发。常绿针叶树在6~7月进行短截修剪，还可获得嫩枝，以供扦插繁殖。

二、整形修剪方法

在苗圃大苗培育中，苗木的整形修剪方法主要有：抹芽、摘心、短截、疏枝、拉枝（吊枝）、刻枝、环剥、劈枝、化学修剪等方法。修剪的原则是：促使苗木快速生长，按照预定的树形发展。留下的枝条或芽构成植株的骨架，剪去影响树形、无用的枝条。

1. 抹芽

许多苗木移植定干后，或高接后砧木上会萌发很多萌芽。为了节省养分和满足整形的需要，需抹掉多余的萌芽，使剩下的枝芽能正常生长。

落叶灌木定干后，会长出很多萌芽，抹芽要注意选留主枝芽的数量和相距的角度，以及空间位置。一般选留3~5枝，相距相同的角度，若欲留3个主枝，应一枝朝正北，另一枝朝东南，一枝朝西南；留5枝者相距70°角左右即可。剩余芽有两种处理方法，一种是全部抹去，另一种是去掉生长点，多留叶片，这样有助于主干增粗。定干高度一般为50~80cm。高接砧木上萌芽一般全都抹除，以防与接穗争夺养分、水分，影响接穗成活或生长。

2. 摘心

就是摘去枝条的生长点。当苗木新梢抽生后，为了限制新梢继续生长，将生长点（顶芽）摘去或将新梢的一段剪去，解除新梢顶端优势，使其抽生侧枝以扩大树冠。对针叶树种由于某种原因造成的双头、多头竞争，也可采用摘心的办法来平衡枝势。

3. 短截

短截就是剪去枝条一部分，一般指一年生枝条。短截有极轻短截、轻短截、中短截、重短截、极重短截5种。

（1）极轻短截　只剪去顶芽下1~3节的枝条。可促生短枝，有利于成花和结果，轻微抑制植物生长。

（2）轻短截　只剪去一年生枝的少量枝段，一般剪去枝条的1/4~1/3。主要用于花、果类苗木强壮枝修剪。目的是剪去顶梢后刺激下部芽萌发，分散枝条养分，促发形成较多的中、短枝。

（3）中短截　剪口在枝条的中上部饱满芽处。一般是枝条总长的1/3~1/2。由于剪口处芽饱满充实，枝条养分充足，且多为生长旺盛的营养枝。常用于弱树复壮和主枝延长枝的培养。

（4）重短截　剪去枝条的2/3~3/4。重短截对局部的刺激大，对全树总生长量有影响，剪后萌发的侧枝少，由于植物体的营养供应较为充足，枝条的长势较旺，一般多用于恢复生长势和改造徒长枝、竞争枝。

（5）极重短截　就是只留枝条基部2~3芽的短截。由于剪口芽在基部，多为休眠芽，一般萌发中短营养枝，个别也能萌发旺枝。多用于处理竞争枝或降低枝位。

在一种苗木上可能所有的短截方法都能用上，也可能只用一种或几种方法。碧桃、榆

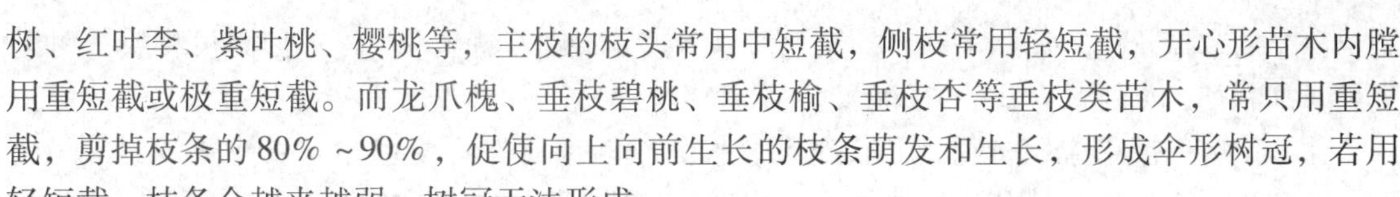

树、红叶李、紫叶桃、樱桃等，主枝的枝头常用中短截，侧枝常用轻短截，开心形苗木内膛用重短截或极重短截。而龙爪槐、垂枝碧桃、垂枝榆、垂枝杏等垂枝类苗木，常只用重短截，剪掉枝条的80%～90%，促使向上向前生长的枝条萌发和生长，形成伞形树冠，若用轻短截，枝条会越来越弱，树冠无法形成。

4. 疏枝

从枝条或枝组的基部将其全部剪去称为疏枝。疏去的可能是一年生枝条，也可能是多年生枝组。疏枝的作用是使留下来的枝条营养面积相对扩大，生长势增强。疏枝后枝条少了，改善了树冠的通风、透光条件，对于花果类树种，有利于形成花芽，开花结果，如苹果、梨、桃等。疏枝时留枝的原则是枝条疏密均匀，分布合理，通风透光，宁稀勿密。疏去背上枝、直立枝、交叉枝、重叠枝、萌芽枝、病虫枝、下垂枝和距离较近、过分密集拥挤的枝条或枝组。在培养非开花结果乔木时，要经常疏除与主干或主枝生长竞争的枝。

针叶树种轮生枝过多过密时，常疏去一轮轮生枝，也可疏主干上的小枝。为提高枝下高，可把贴近地面的老枝、弱枝疏除，使苗冠层次分明，观赏价值提高。

5. 拉枝

拉枝就是采用拉引的办法，使枝条或大枝组改变原来的方向和位置，并继续生长。如油松，由于某种原因某一方向向上的枝条被损坏或缺少，为了弥补缺枝可采用将两侧枝拉向缺枝部位的方法，弥补原来树冠缺陷，否则将成为一株废苗。拉枝在花、果类大苗培育中用得最多。由于苗木向上生长，主枝角度过小，用修剪的方法达不到开张角度的目的时，可用强制的办法将枝条向外拉开，一般主枝角度以70°左右为宜。拉枝开张角度往往比其他修剪效果好。

盆景及各种造型植物，常常用拉、扭、曲、弯、牵引等方法来固定植物造型，也都属于拉枝的范围。

6. 刻伤

用刀横割枝条的皮层，深达木质部叫刻伤。刻伤因位置不同，所起的作用不同。春季萌芽前在芽或枝的上方刻伤，可阻止根部水分和无机盐向上运输，对伤口以下的芽或枝有促进生长的作用。生长季节在芽或枝的下方刻伤，可阻止糖类向下运输，使之积累在刻伤上面的枝或芽上，促进花芽形成和枝条生长。

7. 环剥

环剥是指用刀或环剥器环状剥去树木一定宽度的树皮。环剥在一定时间内能阻止糖类向下运输，有利于环剥部位以上的枝条营养物质积累和花芽形成。环剥宽度一般是枝干直径的1/10左右，剥口最好能在一个月内愈合，弱枝不宜环剥，流胶严重、愈合困难的植物不能使用环剥。环剥后要包上塑料布以防病菌感染。

8. 劈枝

劈枝就是将枝干从中央纵向劈开。这种方法常用于植物造型。在劈开的缝隙中可放入石子，或把其他种类的植物夹在中间，使其生长在一起，制造奇特树姿。劈枝时间没有具体限制，一般都在生长季节进行。具体树种要先做劈枝试验，然后进行。

9. 化学修剪

化学修剪就是使用生长促进剂或生长抑制剂、延缓剂对植物的生长与发育进行调控的方法。

促进植物生长时可用生长促进剂，即生长素类，如吲哚丁酸（IBA）、萘乙酸（NAA）、

2，4—二氯苯氧乙酸（2，4—D）、赤霉素（GA）、细胞分裂素（BA）。抑制植物生长时可用生长抑制剂，如比久（B_9）、短壮素（CCC）、控长灵（PP333）。

化学修剪一般是应用植物生长抑制剂，抑制剂施用后，可使植物生长势减缓，节间变短，叶色浓绿，促进花芽分化，增强植物抗性，有利于开花结果和提高产量和品质。

扩展阅读材料（五） 中级园林育苗工职业技能岗位标准

一、知识要求（应知）

1. 掌握育苗操作规程。掌握苗木繁殖方法、苗木质量标准等理论知识。
2. 掌握常见苗木的习性，了解常见苗木的物候期，熟悉季节变化与苗木生长的关系。
3. 掌握一般苗木病虫害的发生规律及防治方法。了解新药剂的应用。
4. 掌握一般土壤种类的应用和改良方法。掌握肥料的利用和科学施用，了解微量元素肥料对苗木生长的作用。
5. 掌握苗圃常用机具的性能及操作规程。了解一般原理及排除故障方法。熟悉各种育苗设备的应用知识。

二、操作要求（应会）

1. 识别苗木种子40种以上。
2. 熟练掌握各种常见苗木的繁殖技术。
3. 根据苗木的不同生长习性，进行合理的修剪、定型。掌握大规格苗木的移植、出圃技术，并做好移植后的养护管理工作。
4. 对苗圃常见病虫害采取有效的防治措施。
5. 掌握苗木抚育的管理技术，包括苗木质量、规格、产量等。
6. 正确使用苗圃常用机具及设备，并判断和排除一般故障。

扩展阅读材料（六） 中级园林育苗工职业技能岗位鉴定规范

项目	鉴定范围	鉴定内容	鉴定比重	备注
知识要求			100%	
基础知识25%	1. 育苗技术操作要求6%	（1）苗木繁殖操作要求	2%	掌握
		（2）苗木养护操作要求	2%	掌握
		（3）苗木出圃操作要求	2%	掌握
	2. 植物学知识7%	（1）植物形态解剖知识	3%	掌握
		（2）植物分类知识	3%	掌握
		（3）植物物候期知识	1%	了解
	3. 土壤肥料知识6%	（1）土壤的种类及其理化特性	2%	掌握
		（2）改良土壤及恢复能力的方法	1%	了解
		（3）常用肥料的利用、调制及贮藏	2%	掌握
		（4）微量元素的作用和使用	1%	了解
	4. 植物病虫害知识6%	（1）常见病虫害的发生规律及其综合防治	3%	掌握
		（2）常用药剂的性能及其配制	2%	掌握
		（3）常用药械的工作原理	1%	了解

（续）

项目	鉴定范围	鉴定内容	鉴定比重	备注
知识要求			100%	
专业知识 65%	1. 树木学知识 20%	（1）园林树木的形态特征	4%	掌握
		（2）园林树木的生态习性	4%	掌握
		（3）园林树木的物候期	4%	掌握
		（4）园林树木分类知识及树种特性	8%	掌握
	2. 育苗学知识 40%	（1）影响苗木生长的环境因素	3%	了解
		（2）育苗场地和设施	3%	了解
		（3）苗木质量要求	4%	掌握
		（4）苗木繁殖	10%	掌握
		（5）苗木养护	10%	掌握
		（6）苗木出圃	8%	掌握
		（7）其他育苗技术	2%	了解
	3. 育苗机具知识 5%	（1）常用育苗机具的工作原理和性能	3%	掌握
		（2）育苗机具的操作规程	2%	了解
相关知识 10%	班组管理 10%	（1）育苗生产计划（计划管理）	3%	掌握
		（2）质量管理（技术管理）	4%	掌握
		（3）定额管理	3%	掌握
操作要求			100%	
操作技能 75%	1. 种子识别 20%	识别苗木种子 40 种以上	20%	掌握
	2. 苗木繁殖 20%	（1）各种播种方法、播种期及各类种子处理	6%	掌握
		（2）各种扦插方法、扦插时间及插条的采集、制作、贮藏	6%	掌握
		（3）各种嫁接方法、嫁接时间及接穗（芽）的采集制作、砧木的选择，嫁接后的管理	6%	掌握
		（4）珍贵树种、难育树种的繁殖技术	2%	了解
	3. 苗木养护 20%	（1）苗木肥水管理	3%	掌握
		（2）苗木病虫害防治	3%	掌握
		（3）各类苗木的整形修剪技术	5%	掌握
		（4）苗木移植（包括非季节性移植）	5%	掌握
		（5）大苗养护	4%	掌握
	4. 苗木出圃 15%	（1）大规格苗木出圃技术	10%	掌握
		（2）珍贵树种出圃技术	5%	掌握
工具设备的使用与维护 10%	常用苗圃机具的使用和维护 10%	（1）常用中、小型机具的使用和保养	5%	掌握
		（2）一般故障的判断和排除	5%	掌握
安全及其他 15%	1. 安全生产 10%	（1）有关机具安全操作规范	5%	掌握
		（2）育苗工作安全操作规范	5%	掌握
	2. 文明生产 5%	（1）认真执行技术操作规程	3%	掌握
		（2）工作现场整洁、文明	2%	掌握

参考文献

[1] 俞玖．园林苗圃学［M］．北京：中国林业出版社，2001.
[2] 魏岩．园林植物栽培与养护［M］．北京：中国科学技术出版社，2003.
[3] 柳振亮．园林苗圃学［M］．北京：气象出版社，2001.
[4] 陈耀华，秦魁杰．园林苗圃与花圃［M］．北京：中国林业出版社，2002.
[5] 吴少华．园林花卉苗木繁育技术［M］．北京：科学技术文献出版社，2001.
[6] 芦建国．苗圃生产与管理［M］．苏州：苏州大学出版社，1999 .
[7] 祝遵凌，王瑞辉．园林植物栽培养护［M］．北京：中国林业出版社，2005.
[8] 陈有民．园林树木学［M］．北京：中国林业出版社，1998.
[9] 赵和文．园林树木栽植养护学［M］．北京：气象出版社，2004.
[10] 张秀英．观赏花木整形修剪［M］．北京：中国农业出版社，1999.
[11] 程广有．名优花卉组织培养技术［M］．北京：科学技术文献出版社，2001.
[12] 许传森．轻质网袋容器育苗技术与设备［J］．林业科技通讯，2002.
[13] 颜启传．种子学［M］．北京：中国农业出版社，2001.
[14] 毛春英．园林植物栽培技术［M］．北京：中国林业出版社，1998.
[15] 苏金乐．园林苗圃学［M］．北京：中国农业出版社，2003.
[16] 方栋龙．苗木生产技术［M］．北京：高等教育出版社，2005.
[17] 成海钟．园林植物栽培与养护［M］．北京：高等教育出版社，2002.
[18] 苏付保．园林苗木生产技术［M］．北京：中国林业出版社，2004.
[19] 卢学义．园林树种育苗技术［M］．沈阳：辽宁科学技术出版社，2001.
[20] 张东林．中级园林绿化与育苗工培训考试教程［M］．北京：中国林业出版社，2006.
[21] 祝志勇．园林植物造型技术［M］．北京：中国林业出版社，2006.
[22] 江胜德，包志毅．园林苗木生产［M］．北京：中国林业出版社，2004.